雲を愛する技術

荒木健太郎

光文社新書

How to Love Clouds
by Kentaro Araki
Kobunsha Co., Ltd., Tokyo 2017:12

はじめに

「子どもの頃はよく空を見上げていたんだけど、最近は全然見てなかった」こんな話をよく聞きます。みなさんは覚えているでしょうか、いかにも夏という感じの、青空に映えるモクモクした雲の壮大さを。みなさんは見たことがあるでしょうか、激しい雷雨の過ぎ去った空にかかった、心打たれるような美しい虹を。

雲は空を見上げればほとんど毎日見ることのできるとても身近な大自然です。もしかすると、殺伐とした社会の中で大人になり、空を見上げる機会の少なくなってしまった方が多いのかもしれません。本書は、そんな方が空を見上げる楽しさを思い出すきっかけとなることを目指して執筆しました。また、普段から空を見上げて気になる雲や空の写真をSNSに投稿している方には、会いたい子（雲）に出会えるようになったり、もっと雲を楽しめるよう

解説動画

になるコツを共有することも目的としています。

以前、「雲を愛する技術」というタイトルの講演を最初にしたとき、気象マニアの参加者の方から「雲を愛するのに技術がいるの?」と質問を受けました。そうです、技術がいるのです。もちろん、ここでいう「雲を愛する技術」なしでも十分雲を楽しむことはできます。筋斗雲(きんとうん)のような雲に乗って空を旅することに思いを馳せてもよし、山の近くなどに佇むUFOのような形の雲を見て不思議がってもよし、ただ眺めてキャッキャウフフするもよしです。しかし、「雲を愛する技術」を身につけることで、さらに雲への愛を深めることができるようになるのです。

私は「雲研究者」と名乗って雲の研究をしていますが、昔から雲が大好きだったわけではありませんでした。前著『雲の中では何が起こっているのか』(ベレ出版)を執筆しているとき、初めて雲の心をどう表現できるかを考え、雲と真正面から向き合ったのです。すると、これまで研究対象でしかなかった雲たちが活き活きと語りかけてくれるようになり、世界が大きく変わりました。彼らのことを知り、声を聞いてその心を読めれば、雲と意思疎通をして雲を愛(め)でられるということを体感しました。知れば知るほど好きになるのです。このことを、雲を愛してやまない雲友(くもとも)のみなさんと共有し、雲愛(くもあい)を深め、そして広げていきたいと思って筆を執りました。

　本書では、まず第1章で雲を愛するための基礎として、雲に関する基本的な知識を紹介します。さらに、第2章では、雲の名前や特徴などの分類について解説します。みなさんがこれまでに出会ったことのある子の名前をぜひ確認してみてください。第3章では、美しい雲と空に注目し、それぞれの現象のしくみや出会い方を解説します。第4章では雲の心の読み方について、雲のしくみや性格なども含めて説明します。最後に第5章では、雲への愛を深めるための心得や雲との遊び方について紹介します。本書はほとんどの説明が写真や図解付きなので、とりあえずパラパラめくって気になる子の部分から読み始めても良いと思います。また、各章の概要の解説動画と、映像で見たほうがわかりやすい現象の動画を公開し、巻末にURLを収録しています。各章の冒頭に解説動画と映像資料のQRコードがありますので、動画で概要を知りたい方はこちらをご覧ください。読み進めるのがしんどくなってきたら、ひとまず第5章をご覧ください。

　本書を通して、みなさんが雲への愛を深め、美しい雲や空に出会えるようになり、天気の急変をもたらす雲からは上手く距離を置くなど、雲と上手にお付き合いができるようになっていただければ本望です。かなり主観が入っていますが、雲を愛する技術レベルを0から10

雲を愛する技術レベル

Lv.00：雲を見たことがある
Lv.01：「雲に乗ってみたい」と思ったことがある
Lv.02：雲の写真を撮ってSNSで公開し始める
Lv.03：雲の名前を3つ以上知っている
Lv.04：『雲を愛する技術』を所有している
Lv.05：レーダーを駆使して雨でぬれなくなる
Lv.06：大気光学現象を予測して出会えるようになる
Lv.07：見た目で雲粒子の種類を大体判別できる
Lv.08：雲の出現を予測して追いかけ始める
Lv.09：雲愛を布教して誰かをLife Changingさせる
Lv.10：雲なしでは生きていけなくなる

まで設定しました（これを読んでいるみなさんはすでにレベル4です）。本書を読む前と、読み終えてしばらく雲と付き合った後で、どのくらいレベルが上がったかをチェックしてみましょう。この「はじめに」のうしろに、イイ感じに青空に映える雲と虹色の雲、焼け色の雲を集めておいたので、まずはそれを眺めてみてください。

面白い雲や空に街ゆく人々が足を止め、雲友のみなさんが思う存分に雲愛を解き放ち、みんなで空を見上げて雲談議（くもだんぎ）に花を咲かせることができるような、雲愛に満ちた社会になることを私は夢見ています。そのために、まずは雲友のみなさんが充実した雲ライフを送れるようになることを切に願っています。

本書に登場する雲友たち

とある雲研究者が雲への愛をこじらせた結果、生まれた雲友たち。彼らは世界中の人々の雲愛を深めるべく、身体を張って雲愛を語る。

パーセルくん

空気の塊。本書の中心人物。温度によってテンションが変わる。水蒸気を嗜む。よく飲みすぎて水が溢れて雲を作ってしまう。素直。

クラウドン

数多の水滴や氷晶で構成された組織。多くの種類がいる。素直で几帳面な子。身体を張って、空の状態や天気が急変しそうなことを教えてくれる。

水蒸気

気体の水。雲に欠かせない存在。温度で色が変わる。

雲粒

液体の水。雲構成員の一員である。

氷晶

固体の水。水滴と違っていろいろなヤツがいる。

雪結晶たち

雲粒付結晶（うんりゅうつき）
雪片（せっぺん）
霰（あられ）
雹（ひょう）

雲の中の状態によってその姿を変えて、天の気持ちを伝えるメッセンジャー。

雨滴

空の上で出会いと別れを繰り返して降ってくる雨の粒。

潜熱

水の変身にふりまわされるエネルギーである。

エアロゾル

大気中を漂う微粒子。種類も謎も多い。雲の人生を左右する。

たつのすけ

力士

暖気

アツくて軽い。すぐ調子に乗る。

冷気

クールで重い。持ち上げ上手。

太陽

可視光戦隊虹レンジャー

温低ちゃん

台風

トラフくん

観測者

雲を愛する技術　目次

第2章　様々な雲 ……… 59

第3章 美しい雲と空 ……………………………………

第4章　雲の心を読む……

編集注：本文に掲載されている動画等へのリンクは、発売時（２０１７年12月）のものになります。予告なしに削除・移転される事がありますのでご了承下さい。

第1章 雲を愛するための基礎

解説動画

映像資料

1・1　雲を愛する技術とは

雲には様々な姿の子がいて、名前も違えば性格も違います（図1・1）。人間と同じく個性があるのです。みなさんにも気になる人がいれば、その人の名前や性格を知りたくなると思います。見た目の美しさや格好良さも含めて好きになってくると、その人を観察し続けるので、背の高さやよく一緒にいる人、育った環境、行動パターンがわかってきます。だんだん好きをこじらせてくると、行動を先読みして会いにいけるようにもなります。これらは全て人だけではなく雲の話に置き換えることができます。

地球で生きる私たちは、雲とは深い縁で結ばれています。雲はほとんど毎日顔を合わせるので、家族のような存在です。そんな身近な存在だからこそ、見た目だけでなく性格や行動パターンを少し知っておけば、相手のことを好きになって上手に付き合えるようになるのです。

雲と上手に付き合えるようになると、まず美しい雲や空に自分から会いにいけるようになります（図1・2）。現象のしくみや発生条件などの少しの背景知識があるだけで、美しい現象と出会える確率が飛躍的に上がるのです。そして、雲の機嫌が悪そうなときは適度な距離を置けるようになり、気象災害から身を守れるようにもなります。雲や空から天気の変化を予測することは「**観天望気**（かんてんぼうき）」と呼ばれており、雲たちは身体を張って私たちに空の気持ち（状態）を伝えてくれます。災害をもたらす雲は悪者扱いされがちですが、実は私たちに前兆現象を見せ、危険を知らせてくれるのです。このように、**雲を愛する技術**は日常的に雲を愛（め）でて親しみながら、雲が私たちに伝えてくれる空の気持ちを汲み取るための技術です。

雲の愛で方は人それぞれですが、何といっても見た目が美しい子や格好良い子が大勢います。夏の空に立ち昇る入道雲、虹色に染まる雲や空、朝や夕方の焼け空など、出会えただけで心躍ります。大気の流れや状態によってその姿を変えるという雲の素直さ、必ず物理法則に則った挙動をするという雲の几帳面さも「愛（め）でポイント」です。本書を読み進めていく中で、みなさんが雲

（上）図1・1　夏の暑気（しょき）と秋の涼気（りょうき）の行き合う、行合（ゆきあい）の空の雲たち。2016年8月3日茨城県つくば市。
（下）図1・2　焼け色に染まるダブルレインボー。2017年8月8日東京都西東京市、寺本康彦さん提供。

への愛を深め、自分なりの雲の「愛でポイント」を見つけていただければ嬉しく思います。

1・2　雲とは何か

そもそも**雲**（くも）とは何かというと、「無数の小さな水滴や氷の結晶の集合体が地球上の大気中に浮かんで見えているもの」です。雲が様々な姿をしているのは、雲をなす小さな水滴である**雲粒**（うんりゅう・くもつぶ）や氷の結晶（**氷晶**（ひょうしょう））が雲内の大気の流れに乗っているからなのです。雲をなす雲粒と氷晶は総じて**雲粒子**（くもりゅうし）と呼ばれています。

雲粒子は毎秒1㎝程度の速度で大気中を落下しますが、大気中にはそれを超える**上昇流**（じょうしょうりゅう）がいたるところに存在しているため、大気中に浮かんでいられます。また、個々の粒子は小さすぎて見えませんが、非常に多くの水滴や氷晶が集まって太陽光のうち私たちが目で見える**可視光線**（かしこうせん）を散乱（さんらん）することで、私たちは雲を認識できています（第3章1節・128ページ）。空に浮かぶ雲1つひとつは、膨大な数の粒子たちが作り上げた姿であることを想像すると、胸が熱くなりますね。

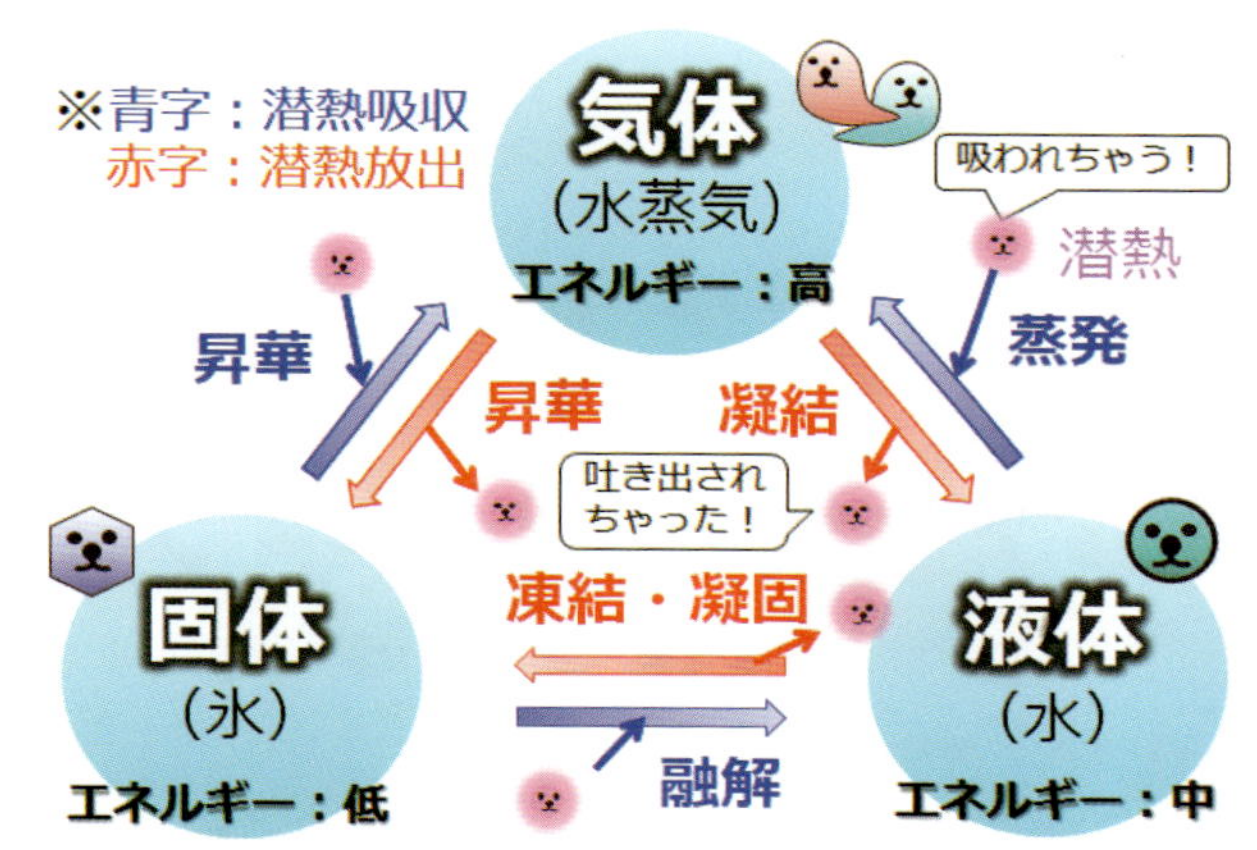

図1・3　水の相変化とそれに伴う潜熱の放出・吸収。

1・3　雲を作る空気の性質

水の相変化

ここからは雲の身体の中に迫っていきます。空に浮かぶ雲粒子を形成する水滴や氷晶は、水でできています。水は気体の水蒸気、液体の水滴、固体の氷晶と3つの顔（**相**）を持っており、この間で水が姿を変えることを**相変化**と呼んでいます（図1・3）。

水の持つエネルギーは相によって異なり、エネルギーの高いほうから気体、液体、固体となっています。このため、大気中の水が異なる相に変化するには、エネルギー（熱）をもらったり吐き出したりする必要があります。その相手が周囲の空気で、大気中の水の相変化に伴って、周囲の空気は加熱されたり冷却されます。この熱は変化する相によって呼び名が異なり、総じて**潜熱**と呼ばれています。汗を

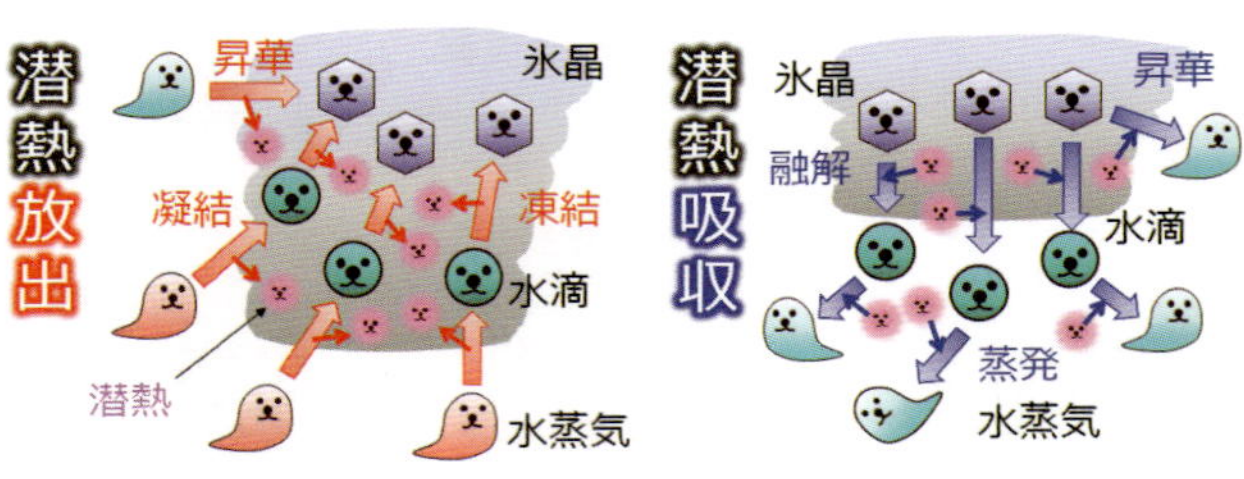

図1・4　雲内での潜熱の放出と吸収のイメージ。

かいたときに扇風機の風を受けて涼しく感じるのは、皮膚上の汗（液体の水）が蒸発して水蒸気になる際に皮膚を含む周囲から潜熱を奪っているからです。

雲が発生・成長するとき、まずは水蒸気が凝結や昇華の過程を経て雲粒子を形成します（図1・4）。これらの過程は雲の輪郭付近に加え、雲の中でも起こります。そのため、成長する雲内では水の相変化に伴う潜熱の放出があり、雲の外側の空気に比べて少し温かくなっています。

一方、雲内で成長した水滴や氷晶はやがて大きくなって雨や雪になり、雲の下へ落下します。このような雲から落下する水物質の粒子を**降水粒子**と呼んでいます。降水粒子が地上へ降る現象は「**降水**」、このときの降水粒子が雨なら**降雨**、雪なら**降雪**と呼ばれます。

降水粒子が落下する際、気温が0℃の層（**融解層**）で雪が融解したり、雲の周囲の乾燥した空気に触れて昇華・蒸発したりします。すると周囲の空気は潜熱を奪われるために冷やされ、重くなることで**下降流**（かこうりゅう）が生まれます。この下降流は落下する降水粒子が周囲の空気を引きずり下ろす効果（**ローディング**）によって加速されます。

雲は発達するときにはアツくなるけど、衰弱するときには身も心も冷えるとイメージするといいかもしれません。

水蒸気を含む空気のふるまい

雲粒子である水滴や氷晶は水であるため、雲の発生には大気中に含まれる気体の１つである**水蒸気**が必要不可欠です。ここで、ある温度の空気の塊（parcel：パーセル）を考えてみます。この空気塊を**パーセルくん**と呼ぶことにして、身体を張って説明してもらいましょう（図１・５、28ページ）。パーセルくんが水蒸気を全く含んでいなければ**乾燥空気**と呼ばれますが、水蒸気を含んでいれば**湿潤**（しつじゅん）**空気**と呼ばれます。

パーセルくんは性格的に、一定の水蒸気を含んでいる状態を好みます。彼が満足するまで水蒸気を摂取した状態を**飽和**（ほうわ）といいます。これが図１・５の水蒸気ゲージがちょうど満タンの状態です。まだまだ水蒸気を飲み足りない状態は**未飽和**（みほうわ）、限界を超えても飲み続けてしまっ

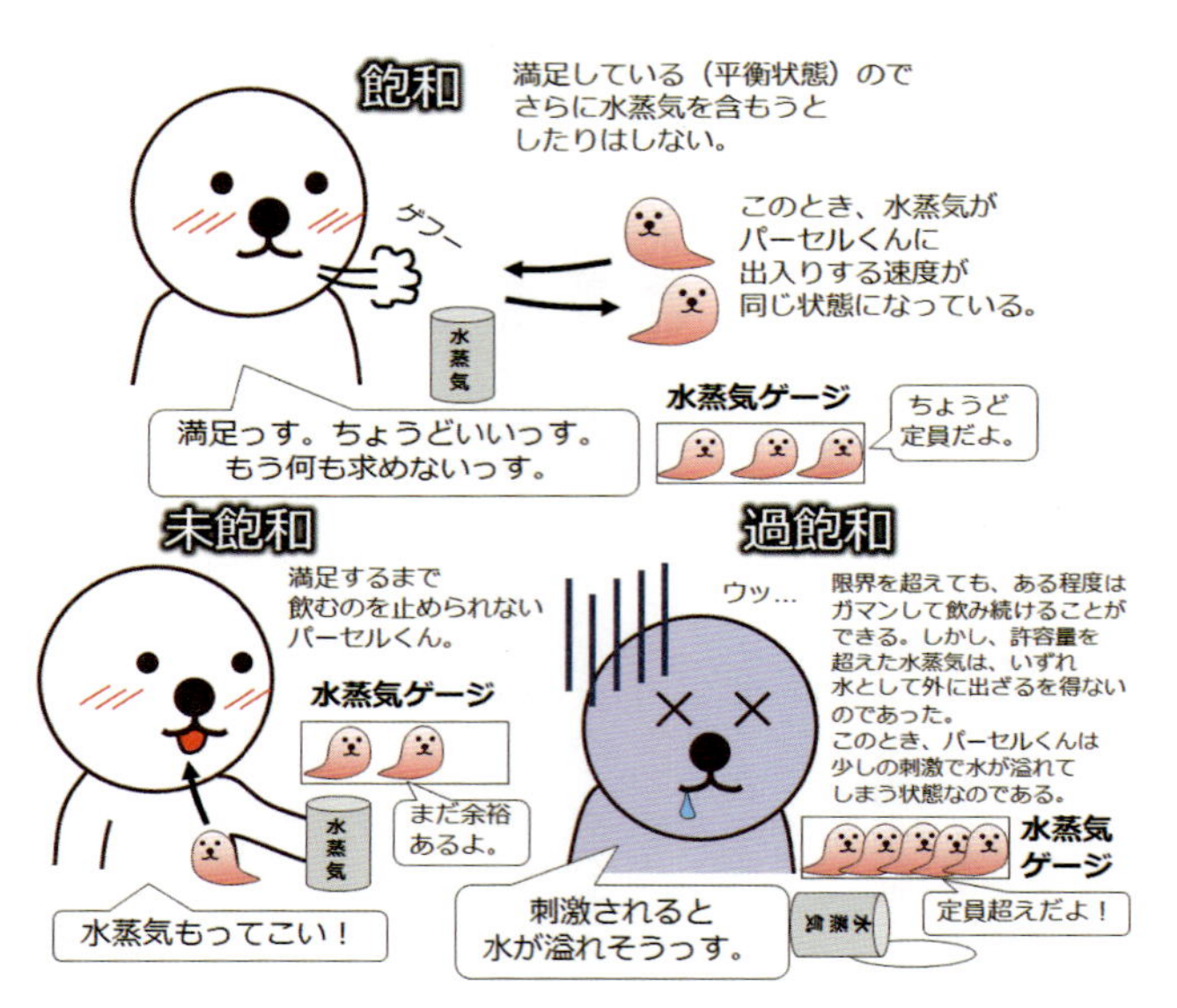

図１・５　飽和と未飽和、過飽和のイメージ。

た状態を**過飽和**（かほうわ）と呼びます。水蒸気の量を表す指標として**湿度**（しつど）（パーセント単位）が用いられますが、飽和のときは湿度１００％です。パーセルくんはけっこうガマン強く、現実の大気中では湿度が１００％を少し超えることもあります。しかし、何らかのきっかけで限界を超えると溢れて雲粒や氷晶が生まれます。これが雲粒子なのです。

　また、パーセルくんは温度が高いと水蒸気をたくさん含めるようになり、逆に温度が低いとあまり水蒸気を含めなくなります。具体的には、０℃のパーセルくんは１㎥あたり約５ｇの水蒸気を含めますが、同じ体積で40℃のアツいパーセルくんは約50ｇもの水蒸気を摂取できます。ＴＶの天気コー

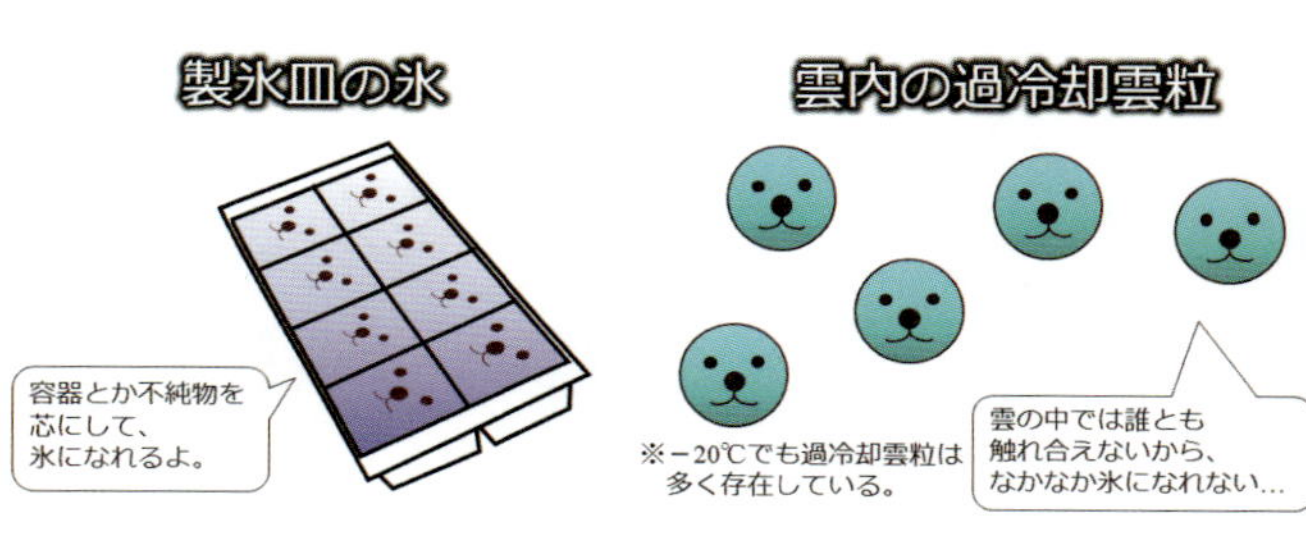

図１・６　雲内の過冷却水滴のイメージ。

ナーなどで「温かく湿った空気により（中略）大雨の降るところがあるでしょう」といわれることがありますが、これは高温な空気ほど多量の水蒸気を含むことができ、大雨などの現象に結びつきやすいからなのです。

水は０℃で凍らない

水は０℃で凍るということは一般常識として知られていますが、雲の中には０℃より低温でも液体のまま存在する水滴もあります。このように凍ることなく液体のまま過剰に冷えた状態を**過冷却**（かれいきゃく）と呼んでおり、そのときの雲粒は**過冷却雲粒**（かれいきゃくうんりゅう）（過冷却水滴）と呼ばれています。

冷凍庫の製氷皿を考えてみると、製氷皿に入っている水は容器に接しています（図１・６）。実際には「水は０℃で凍る」というのは厳しい条件です。水が氷の芯になりやすい物体に接していたり、水の中に氷の芯になる不純物が含まれていると、

氷飽和

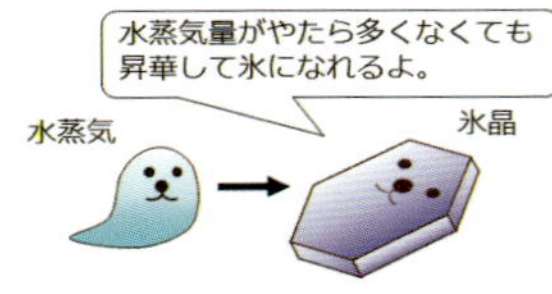

水飽和

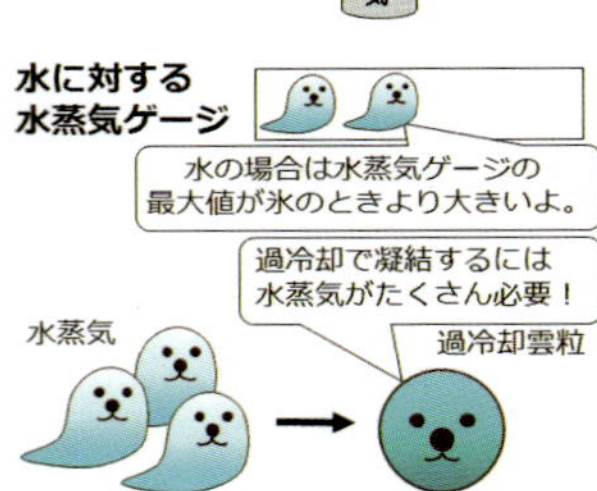

図1・7　氷飽和と水飽和のイメージ。

水は0℃より低い温度で凍結を始めます。ところが雲の中では雲粒は孤独で、誰にも接していません。そのためなかなか凍ることができず、実際に雲内にはマイナス20℃の低温環境でも過冷却雲粒が存在しています。

気温が0℃以下ではパーセルくんのふるまいも常温とは少し異なり、過冷却の水についての飽和（**水飽和**）と氷に対する飽和（**氷飽和**）を分けて考えます（図1・7）。パーセルくんは低温環境下では、液体の水はグイグイ摂取できます。しかし、氷はそうもいかず、すぐ飽和してしまいます。そのため、過冷却雲粒の成長には多量の水蒸気が必要ですが、氷晶の成長に必要な水蒸気の量は少なくて済むのです。これにより、同じ環境下に

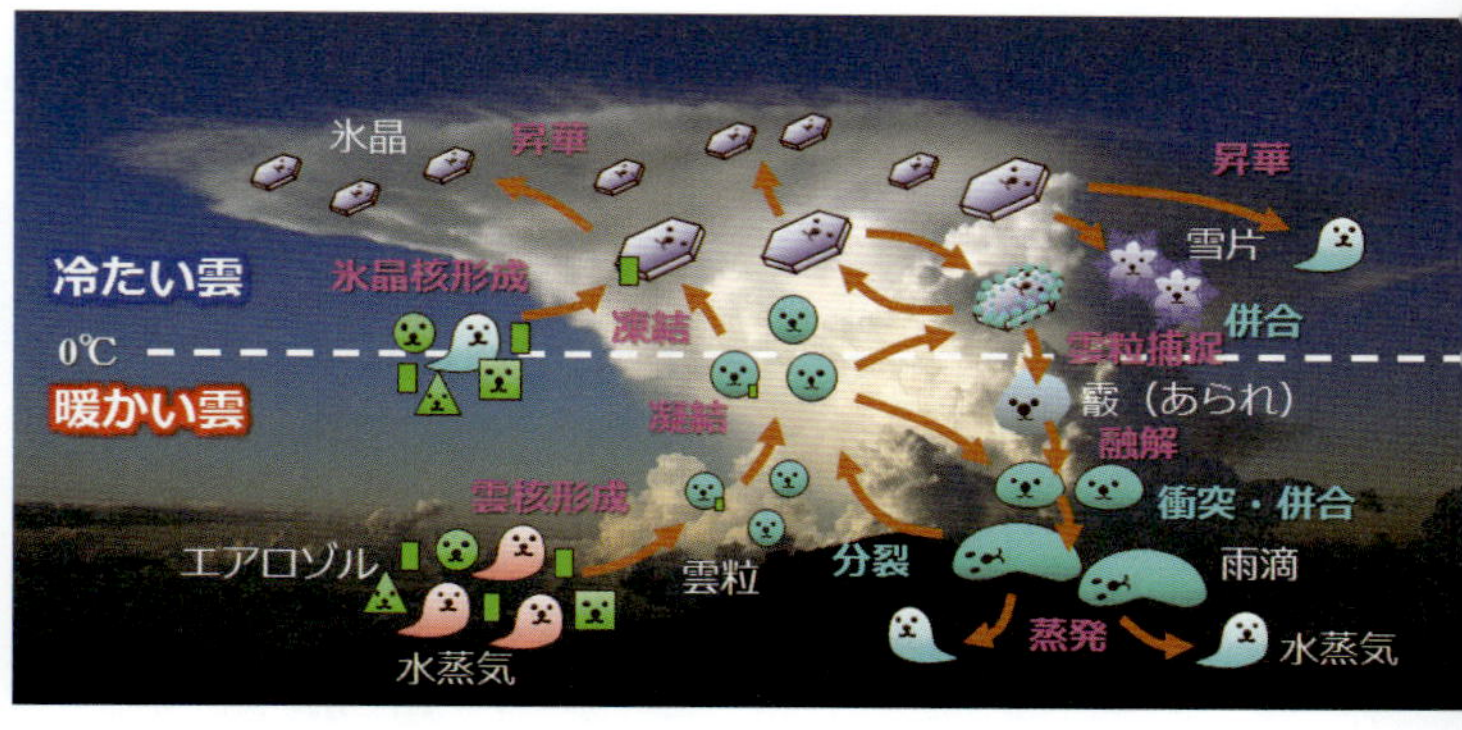

図1・8　雲物理過程のイメージ。

過冷却雲粒と氷晶が同時に存在すれば、成長させやすい氷晶に向かって周囲の大気中の水蒸気が移動し、足りなくなった大気中の水蒸気が過冷却雲粒の蒸発で補給されます。すると雲に穴が開いたり、成長した氷晶が雲の尻尾のようになります（第4章2節・207ページ）。このようにして水蒸気をやりとりする水と氷の粒たちの姿を想像すると、ニヤニヤできますね。

1・4　雲をなす粒子

雲の中で起こっていること

雲の中の世界をのぞいてみましょう。雲の中では様々な雲粒子たちがぶつかったり、手を取り合ったり、別れたりと、多彩なドラマが繰り広げられています。雲の中で雲粒子たちが相互に作用したり相変化したりする過程は、**雲物理過程**と呼ばれています（図1・8）。

雲を構成する粒子が水か氷かを考えると、液体の雲粒による「**暖かい雲**」と、固体の氷晶を含む「**冷たい雲**」に分類できます。液体の水だけでできている雲は**水雲**、固体の氷だけでできている雲は**氷雲**（**氷晶雲**）、両方を含んでいる雲は**混相雲**（**混合雲**）とも呼ばれます。雲の中では粒子たちが様々な過程を経て大きくなったり小さくなったりしてワイワイしています。図1・8（31ページ）でピンク色の文字で示している過程は水の相変化を伴うもので、水色のものは相変化を伴わず、大気と潜熱のやりとりがないことを意味しています。これらの過程について少し詳しく見ていきましょう。

雲とエアロゾル

雲粒子が生まれるとき、多くの場合は**エアロゾル**（Aerosol）と呼ばれる大気中を浮遊する液体や固体の微粒子が芯として働きます。このプロセスを**核形成**と呼んでおり、雲粒の場合は**雲核形成**、氷晶の場合は**氷晶核形成**と呼んでいます。

核形成を感じる実験をしてみましょう（図1・9、動画1・1）。まず、アツアツのお味噌汁を用意します。お味噌汁の表面から立っている湯気は、水蒸気が凝結した水滴が大気中に浮かんで見えているものなので雲粒といえます。さらにここに火のついたお線香を近づけてみましょう。すると、なんということでしょう。湯気が激しく立つようになったではありませんか。これは、お味噌汁の温度が変わったわけではなく、お線香の煙粒子が雲核形成を起こし、発生する雲粒の数が増えたからなのです。

ここでエアロゾルのことをおさらいしておきます。大気中のエアロゾルの大きさは１nm（１００万分の１mm）～１００μm（０・１mm）と様々で、小さいものは大気１cm³あたり１０００～１０００万個も存在しています。エアロゾルは一般的に都市域の陸上で多く、海上で少ないという特性があります。その種類も様々で、都市部では**硝酸塩粒子**や**硫酸塩粒子**、**すす粒子**（**黒色炭素**）、内陸では**土壌粒子**（ダスト）や鉱

（上）図１・９　お味噌汁に火のついた線香を近づける実験。
（下）図１・10　代表的なエアロゾルの電子顕微鏡写真（気象庁気象研究所）。左上：海塩粒子、右上：硫酸塩粒子、左下：すす粒子（黒色炭素）、右下：土壌粒子。財前祐二さん提供。

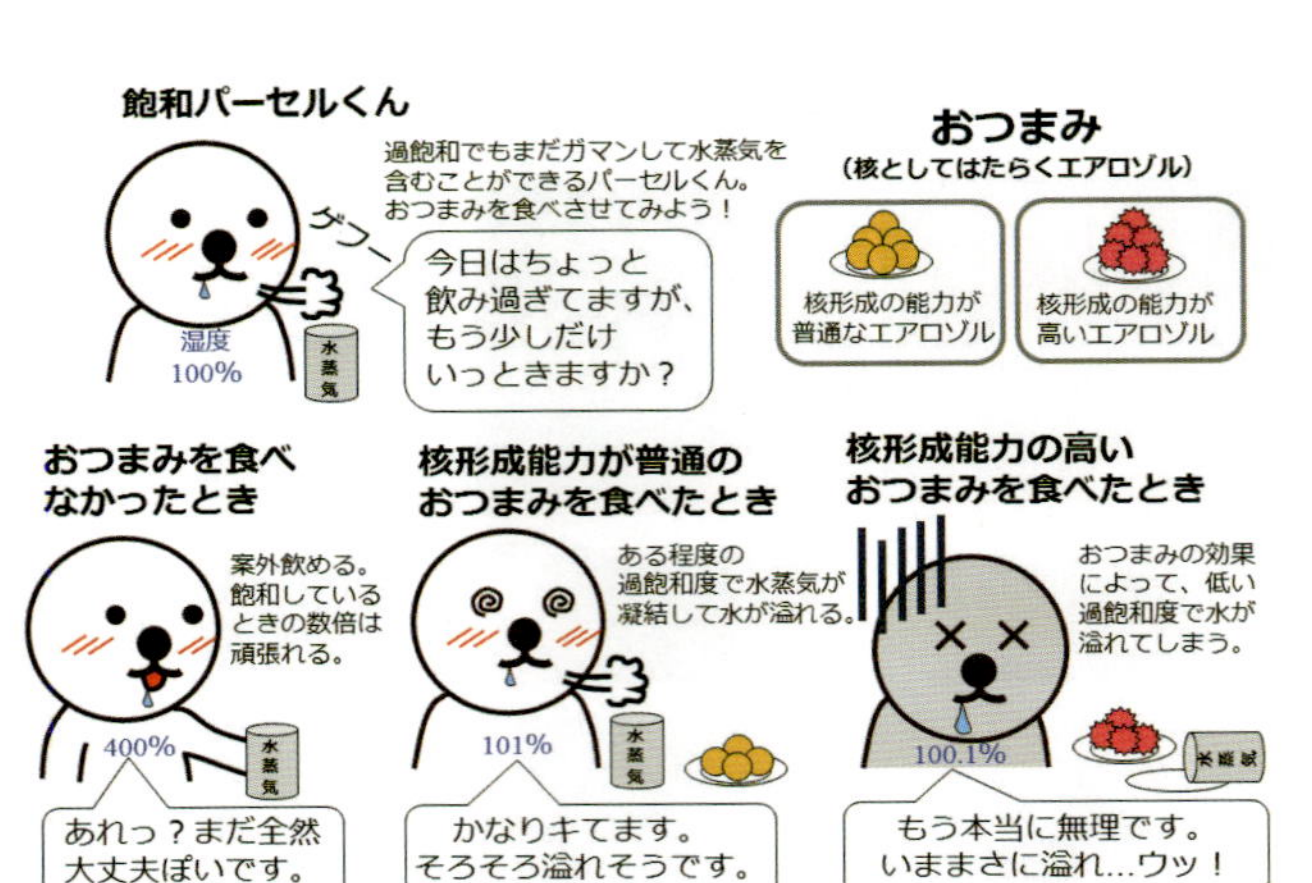

図1・11　エアロゾルによる核形成のイメージ。

物粒子、海上では**海塩粒子**などがよく見られます（図1・10、33ページ）。これらの粒子は発生源によっても分類され、海から波の飛沫で発生する海塩粒子や、砂地などで風により巻き上げられた鉱物粒子などは、自然発生する**自然起源エアロゾル**と呼ばれます。ほかに、自動車や工場などの排ガスで発生する人間活動に起因するものは**人為起源エアロゾル**、花粉やバクテリアなどの生物由来のものは**バイオエアロゾル**といいます。

エアロゾルは種類や状態によって核形成のしやすさが異なります。雲核形成のできるエアロゾルは**雲凝結核**と呼ばれ、海塩粒子や硝酸塩粒子などの水溶性のエアロゾルがその代表です。一方、鉱物粒子やバイオエアロゾルなどの不溶性（疎水性）の粒子は氷晶核形成ができ、**氷晶核**と呼ばれています。

ここで、雲核形成について飽和したパーセルくんに説明してもらいます（図１・11）。雲凝結核の存在しない綺麗な環境で飽和パーセルくんに水蒸気を与え続けると、パーセルくんは大量の水蒸気を摂取可能で、理論上は湿度が数百％になるまで雲核形成は起こりません。しかしこのような湿度が観測されることはなく、現実の大気中ではエアロゾルが雲核形成して水蒸気が空気から溢れて水に変わっています。核形成能力のあるエアロゾルがあれば、**過飽和度**（かほうわど）（１００％を超えたぶんの湿度）が１％以下でも雲核形成します。さらに核形成能力の高いエアロゾルがあれば、過飽和度０・１％程度でも雲粒が形成されます。

エアロゾル１つひとつは見えないほど小さいですが、その数によって雲の形成・発達過程が変化し、それらを介した降水現象や地球規模の気候にも大きな影響を与えています。

水の粒たち

ここからは雲の中に入って、水と氷のツブツブたちの成長を見ていきます。まず暖かい雲では、雲核形成で生まれた小さな球形の雲粒は、周囲の大気中の水蒸気を取り込んで成長して大きくなります（**凝結成長**（ぎょうけつせいちょう））。雲粒の大きさはだいたい半径１〜10㎛（０・００１〜０・０１㎜）で、人間の髪の毛（直径約０・１㎜）の５分の１程度の大きさです（図１・

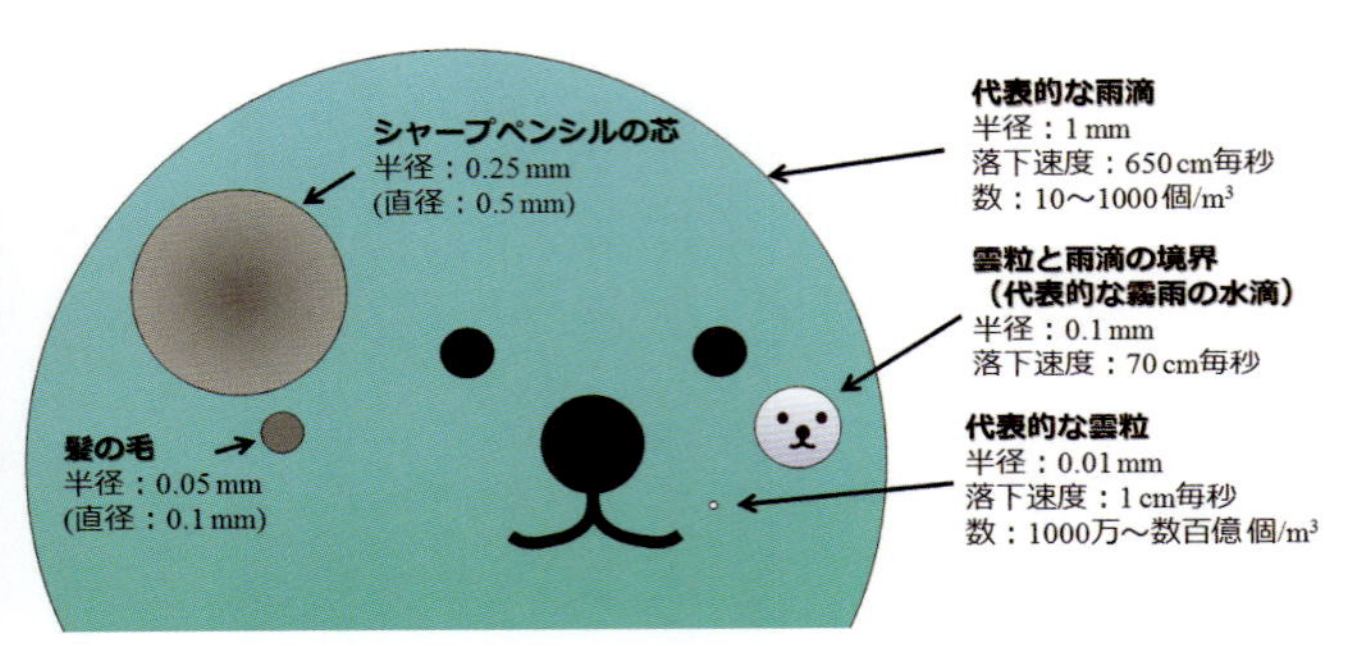

図1・12　雲粒と雨滴の大きさ。

12）。徐々に大きくなった雲粒は落下し始め、落下速度の異なる他の雲粒とぶつかってくっつくことで加速度的に大きくなっていきます（**衝突・併合成長**）。こうして成長したのが**雨滴**（**雨粒**）で、シャープペンシルの芯（直径0・5㎜）の約4倍の半径約1㎜の大きさになります。

雨滴は大きくなると、落下する際に空気抵抗を受けるようになります。このため、球形だった雨滴の下部は平たくなり、おまんじゅうのような形になります（図1・13）。雨をモチーフにしたキャラクターは頭が尖ったものとして描かれることが多いですが、現実の大気中にそのような形の雨滴は存在しません。これを踏まえると、雨滴を表現する作品でおまんじゅう型の雨滴が描写されていれば、その作品の雨滴への愛は深いということが読み取れます。雨滴がさらに大きくなり、雨滴を球形に直したときの半径（**相当半径**）が2・5～3㎜程度になると**分裂**してしまいます。

ほかにも、別の雲粒や雨滴と衝突しても分裂することがあり、別れ方も様々です。

地上に舞い降りた雨滴は、小さな雲粒たちが力を合わせて1つとなって成長し、幾度もの出会いと別れを経験してきたものなのです。その様はまるで人のようです。雨の日にはどんよりした気分になりがちですが、雨滴たちのドラマに想いを馳せてあげてください。

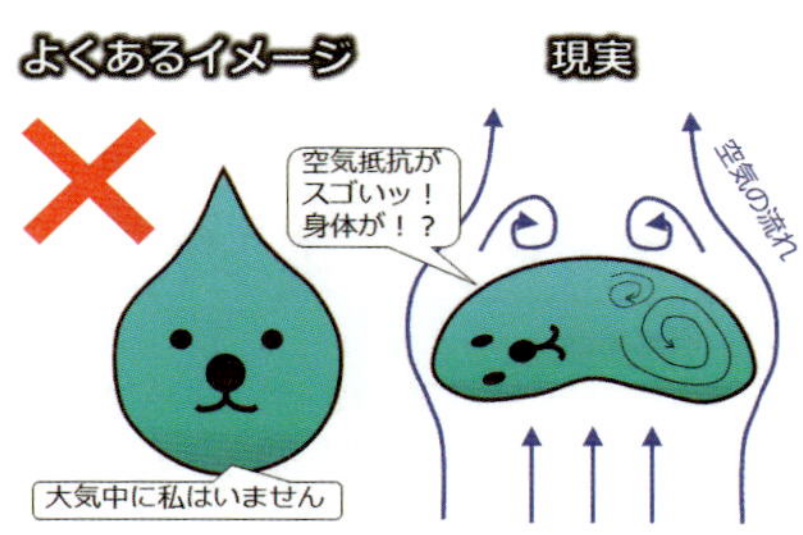

図１・13　雨滴の実際。

氷の粒たち

次に氷晶たちで賑わう氷雲の中に入ってみましょう。氷晶核形成には様々なモードがあり、氷晶はエアロゾルから直接発生したり、過冷却雲粒内のエアロゾルに氷晶の芽となる安定な結晶構造が形成されて発生したりします。また、約マイナス40℃以下のごく低温な空では、エアロゾルなしでも過冷却雲粒内に氷晶の芽が形成されることがあります。これは氷晶の**均質核形成**（**均質凍結**）と呼ばれており、逆にエアロゾルが必要な核形成を総じて**不均質核形成**と呼んだりもします。氷の粒の生まれ方は水と違って多彩です。

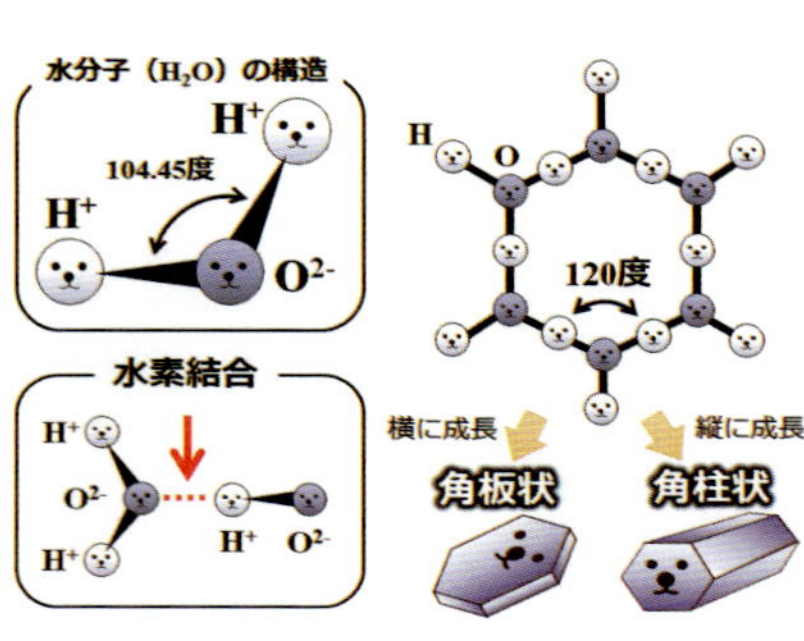

図1・14　氷晶が六角形を基本構造とする理由。

こうして生まれた氷晶が周囲の水蒸気を取り込んで成長（**昇華成長**）すると**雪結晶**になります。雪結晶というと、冬に街中で見かける手が6本生えたような飾りなどを思い浮かべられるかと思います。これは六角形の氷晶の角の部分から手がのびて成長したものです。

ではなぜ雲の中の氷晶や雪結晶が六角形になるのかを少し見てみましょう。

氷晶核形成で生まれる氷晶の芽は、水分子同士が結合することで生まれます。そもそも水分子（H_2O）は、1つの酸素原子（O）と2つの水素原子（H）が104・45度の角（結合角）をなしています（図1・14）。水分子内の電子を引き寄せる強さ（電気陰性度）は水素原子よりも酸素原子のほうが大きく、水分子になった水素原子は少しだけ正の電荷、酸素原子は逆に負の電荷を帯びるようになります。すると、正と負の電荷を持つ原子間に互いを引き寄せあう力（静電引力）が働き、ある水分子の酸素原子は別の水分子の水素原子と手を繋ぎます。これは**水素結合**と呼ばれ、水素結合をした水分子の酸素原子は3人

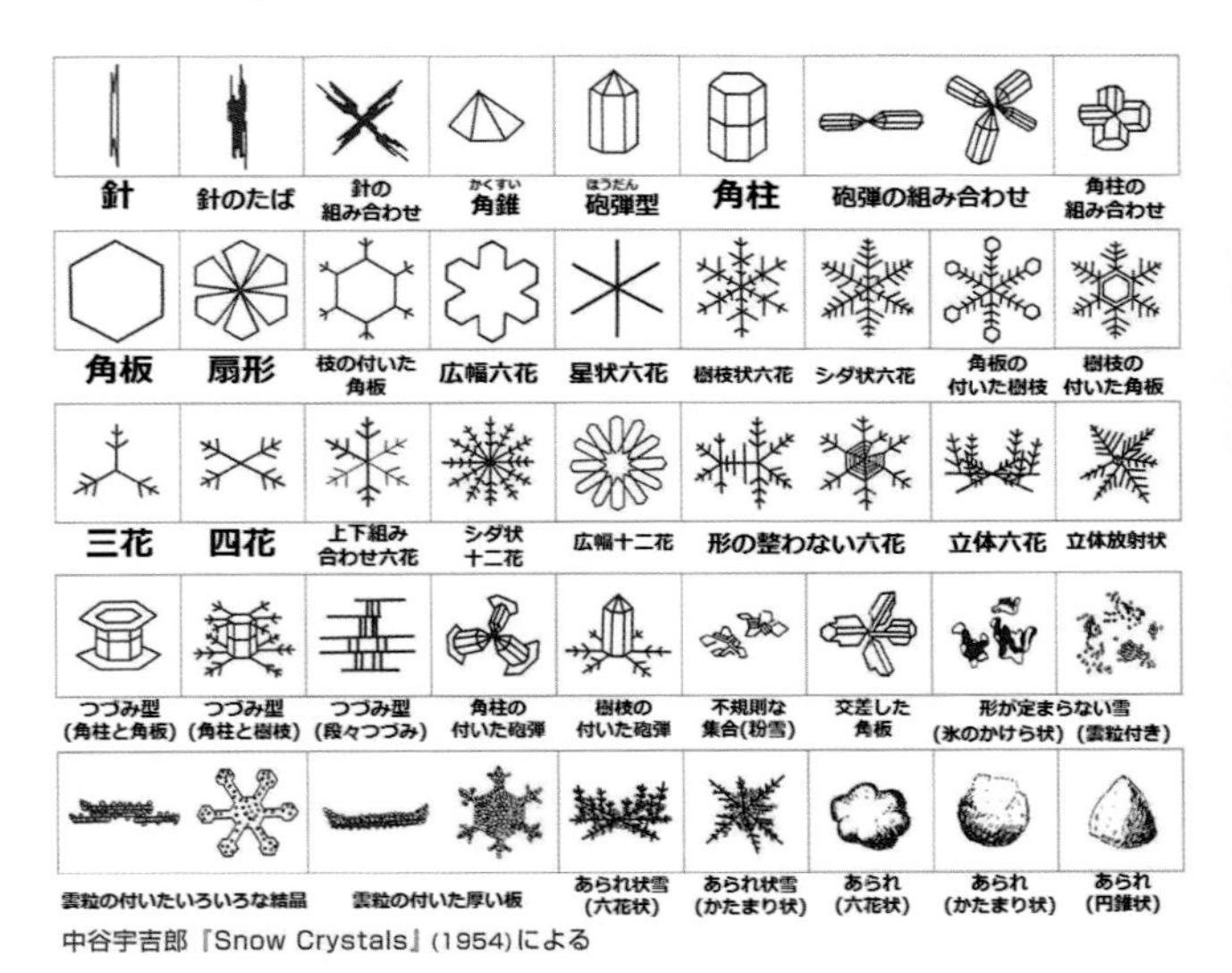

図1・15　雪結晶の一般分類。中谷宇吉郎雪の科学館提供。

の水素原子と手を繋ぐため、バランスをとるようにちょうど結合角が120度になります。そして6人の水分子がそれぞれの持つ水素原子で水素結合をすると、ちょうど六角形となって安定な構造をとれるようになるのです。これにより氷の芽は六角形になっており、横に成長するか縦に成長するかで板状になるか柱状になるかが決まります。

成長した雪結晶は非常に様々な形（**晶癖**）になります。雪結晶の分類方法にはいくつかあり、従来から用いられている**雪結晶の一般分類**では合計41個（図1・15）、近年の研究結果も踏まえて提案された**雪結晶のグローバル**

分類では大分類8個、中分類39個、小分類121個に分かれています。よく見かけるのはグローバル分類における板状結晶群の樹枝状結晶や複合板状結晶だと思いますが、そのほかにも針状結晶や御幣状結晶、鴎状結晶というものもあります（図1・16）。6枚の花びらを持つような形をした雪結晶は六花と呼ばれ、二花、三花、四花のほか、花びらの多いものでは十二花、十八花、二十四花（6の倍数）などもあります。雪結晶の造形美は眺めているだけでワクワクしますね。

雪結晶の晶癖は、その結晶の成長する大気の状態（気温・水蒸気量）によって変化し、結晶の一部が階段状になる**骸晶構造**を持つこともあります（図1・17、小林禎作博士による**小林ダイヤグラム**）。そのため、地上に舞い降りた雪結晶の形を読み解けば、その結晶の成長した雲の気持ちを知ることができるのです。このことから、1936年に世界で初めて人工的に雪結晶を作ることに成功した物理学者で随筆家の中谷宇吉郎博士（1900〜1962）は、「**雪は天から送られた手紙である**」という言葉を残しています。

雲の中で成長した雪結晶が手を繋ぐと、フワフワと空から舞い降りる牡丹雪になります（図1・18）。これは**雪片**と呼ばれており、樹枝状結晶などがくっついて大きくなった（**併合成長**）ものです。一方、表面がツブツブした丸い**霰**という氷の粒が降ってくることもあり

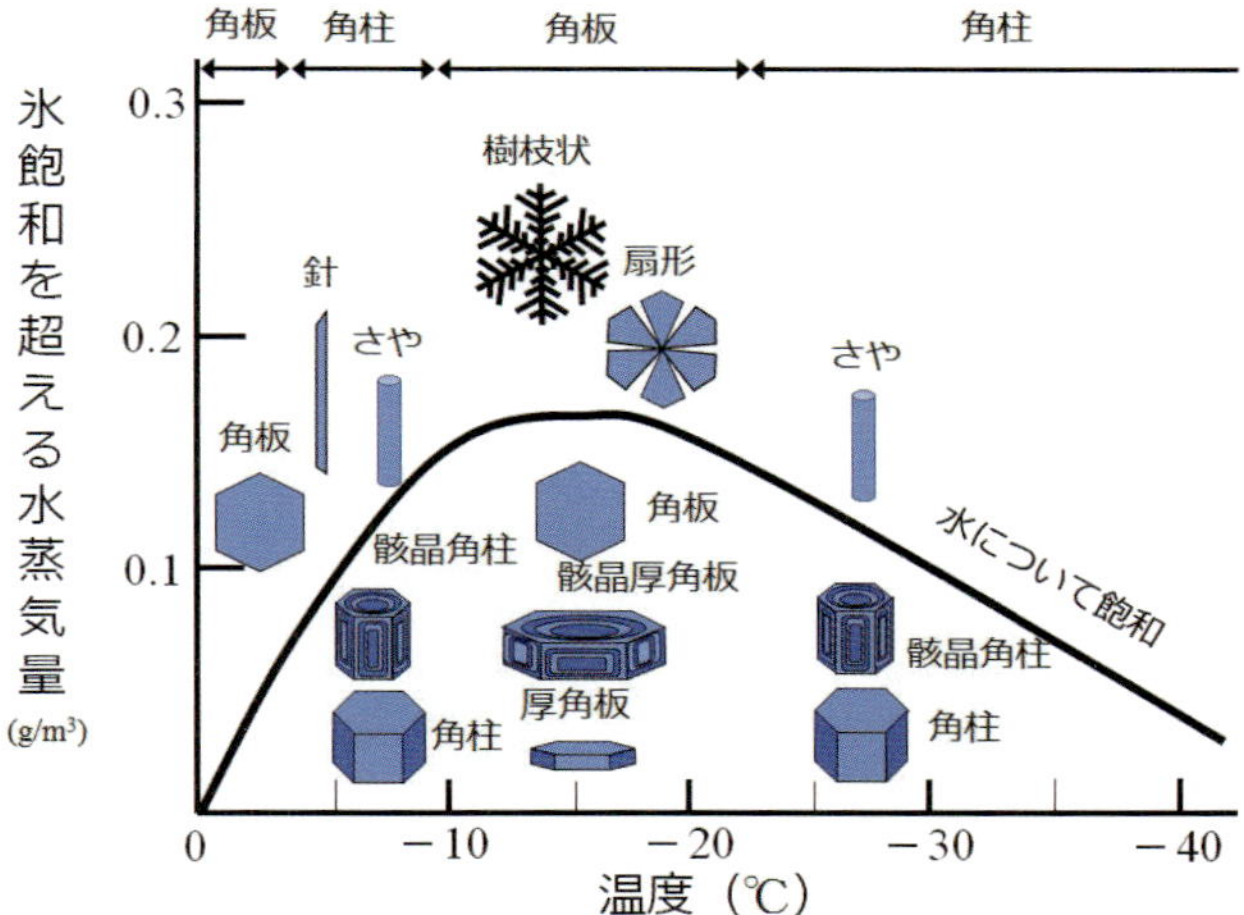

（上）図1・16　様々な雪結晶。左上：扇付角板、中央上：羊歯（しだ）六花、右上：針、左下：砲弾集合、中央下：樹枝鼓（じゅしつづみ）、右下：御幣（ごへい）、名前は雪結晶のグローバル分類による。藤野丈志さん提供。
（中）図1・17　雪結晶の晶癖とその成長環境場。小林ダイヤグラム。
（左下）図1・18　樹枝六花による雪片。2017年1月20日茨城県つくば市。
（右下）図1・19　塊霰（かたまりあられ）。2017年2月11日新潟県長岡市。

ます（図1・19、41ページ）。雲内を落下する雪結晶の表面に過冷却雲粒が付着すると、くっついた瞬間に凍結します。この雲粒の付着した結晶が回転しながら落下し、過冷却雲粒を取り込みながら大きくなった（**雲粒捕捉成長**）ものが霰なのです。これらの天から送られた手紙の読み方は、第5章2節（297ページ）で紹介します。

1・5　雲の人生を決めるもの

雲ができる大気の層

私たちは常に空気をスーハー呼吸して生きています。私たちが大気の中で生活しているのと同様に、雲も大気の中で生まれ育ちます。地球上における大気の構造について少し見ていきましょう。

地球上の大気は地上から高度約80kmまではほぼ同じ組成をしており、乾燥空気中に窒素が約78%、酸素が約21%、そのほかにアルゴンや二酸化炭素などが1%未満の体積比で存在しています。水蒸気も大気を組成する気体の1つですが、季節や場所によって量が大きく変動するために別扱いされています。

山の上にポテトチップスの袋を持っていくと膨みますが、これは上空ほど気圧が低いためです。**気圧**は文字通り空気の圧力のことで、自分の上にある空気全ての重さを指します。気圧の単位にはhPa（ヘクトパスカル）が用いられ、手のひら（10㎝四方）の上に載せたキュウリ1本（100g）から感じる圧力が1hPaです。地球上の大気では、高度10mあたり1hPa弱くらいの割合で気圧が下がります。気圧配置や日変化で気圧は変動しますが、だいたい地上では1000hPaくらいです。私たちはあまり意識しませんが、手のひらにキュウリ1000本（100kg）を載せたくらいのけっこうな重さの空気の中で生活しているのです。

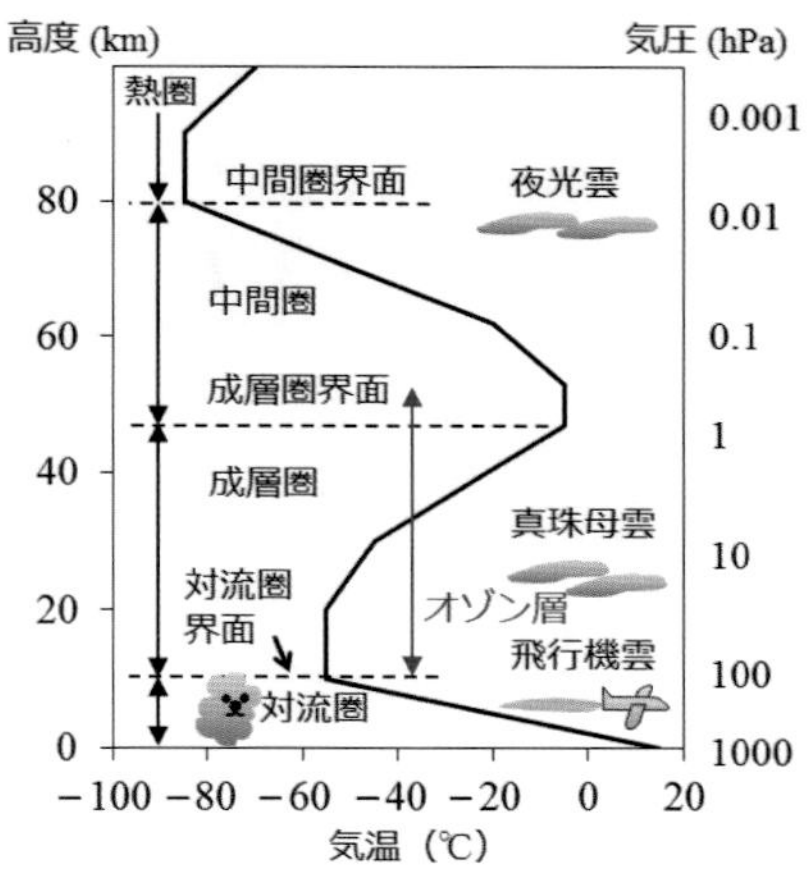

図1・20　日本付近の気温の高度分布のイメージ。

また、山に登ると寒いように地球上の大気は上空ほど低温ですが、これは地上に最も近い**対流圏**（たいりゅうけん）という大気層での話です。気温の下がる割合（**気温減率**（きおんげんりつ））は高度1kmあたり約6・5℃で、ほとんどの雲は対流圏内で発生します（図1・20）。対流圏とその上の層との境界は**対流圏界面**（かいめん）と呼ばれ、その高さは赤道に近い低緯度地域ほど高く、北極に近い高

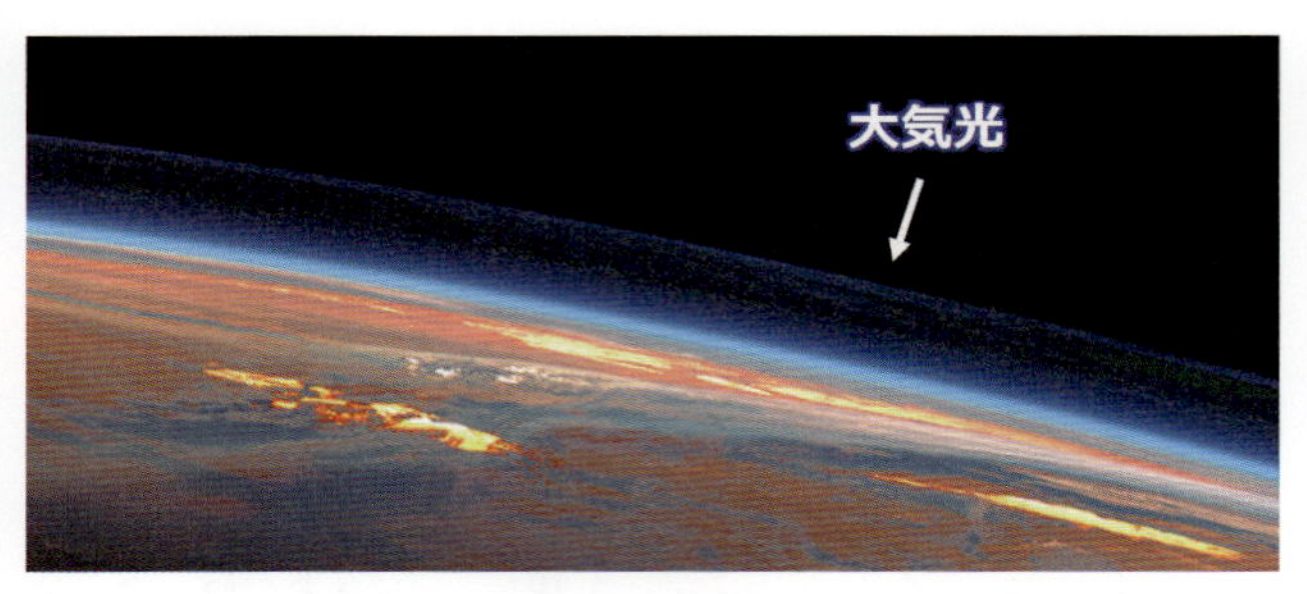

図1・21　北半球高緯度の大気層。2015年7月10日、国立研究開発法人情報通信研究機構（NICT）提供のひまわり8号による可視画像を色調補正したもの。

緯度地域ほど低くなっています。対流圏界面高度は平均的には約11㎞ですが、日本付近では冬には10㎞以下になったり、夏には15㎞以上になったりもします。雲の発達できる最大高度が対流圏界面であるため、季節によって雲の発達できる最大高度も異なることがわかります。

対流圏界面の上空には、**成層圏**（せいそうけん）が高度約50㎞まで広がっています。成層圏の下部10㎞くらいは気温がほぼ一定で、それより上では上空ほど気温が高くなっています。これは中緯度では高度約10～50㎞に存在する**オゾン層**によるもので、オゾンが太陽からの紫外線を吸収して昇温（しょうおん）するからなのです。成層圏より上空の高度80～90㎞までには**中間圏**（ちゅうかんけん）があり、ここでは上空ほど気温が下がります。成層圏や中間圏でも特殊な雲が発生することがあります（第2章4節・118ページ）。これらの層とその上の層との境界は対流圏界面と同様、それぞれ**成層圏界面**、**中間圏界面**といいます。中間圏のさらに上空には**熱圏**（ねっけん）があり、熱圏では大気の密度がとても小さく大気の組成も中間圏以下の層とは異なります。熱圏では太陽からの紫外線等の影響により上空ほど高温で、熱圏内にある**電離層**（でんりそう）でオーロラが発生します（第３章５節・１８５ページ）。

大気の層を宇宙から見てみましょう。図１・21は気象衛星ひまわり８号から見た北半球高緯度の地球です。地球を覆（おお）っているように青く見えているのが概ね対流圏です。さらにそれより上空に、薄く光っている部分が見えます。これは**大気光**（たいきこう）と呼ばれるもので、高層大気中における発光現象です。こうやって地球を宇宙から見てみると、雲が発生する対流圏は地球の大きさに比べてとても薄い層だということが実感できますね。

雲が生まれる大気の条件

雲を好きになり始めると、空で出会った気になるあの子がどのような環境で生まれたのか、知りたくなってきます。雲の生まれる大気を考えてみましょう。そもそも雲は核形成で生まれた雲粒子によって形作られますが、このときの空気は冷えることで飽和に近くなっていきます。空気が冷える要因の１つは、冷たい地面などに熱を奪われること（熱伝導）で、晴れた夜の翌朝などに放射冷却によって空気が冷えて発生する放射霧がこの典型です（第４章２

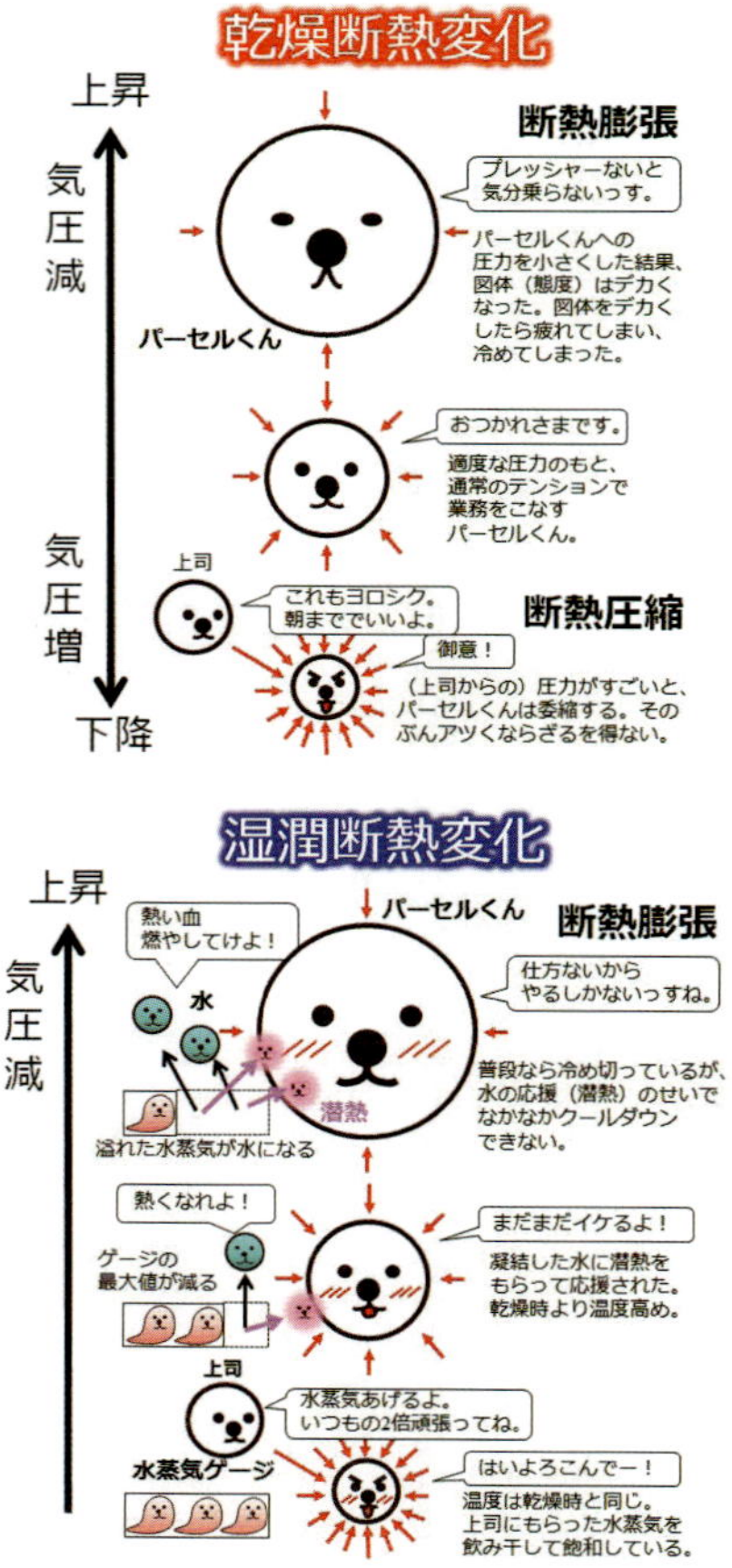

節・219ページ）。空気は冷たい空気と混ざることでも冷やされます。寒い冬の日の白い吐息やお味噌汁の湯気などは、温かく湿った空気が冷たい空気と混合することで飽和して生まれた雲です。

　そして空気は上昇することでも冷えます。空気が周囲と熱のやりとりをしない**断熱過程**を考え、周囲の気温と同じ温度のパーセルくんに上下運動してもらいましょう（図1・22）。

図1・22　乾燥断熱変化と湿潤断熱変化のイメージ。

まずパーセルくんが乾燥空気のとき、彼を上昇させると行先では気圧が低いので、身体が膨らみます（**断熱膨張**）。すると身体を大きくするぶん、彼は仕事をしたことになるので疲れて熱を失い、温度が下がります（**断熱冷却**）。逆に彼を下降させると周囲の気圧が高いため、プレッシャーを受けて**断熱圧縮**されます。するとそのぶんの仕事量が体内に宿り、温度が上がります（**断熱昇温**）。

一方、パーセルくんが湿潤空気の場合、上昇すると冷えて摂取可能な水蒸気量が減ります。このパーセルくんが飽和に達すると、水を吐きながら上昇します。このとき、水蒸気から水滴への相変化で潜熱が放出されるため、乾燥空気の場合に比べて冷え方が鈍くなります。実際、乾燥空気の気温減率は高度１kmあたり約10℃（**乾燥断熱減率**）、湿潤空気の場合は約５℃（**湿潤断熱減率**）になっています。雲の生まれる対流圏の平均的な気温減率は高度１kmあたり６・５℃なので、湿潤断熱減率よりも少し大きく、水蒸気のある環境であることがわかります。

積乱雲が育つ大気の条件

モクモクと空高く立ち昇る入道雲は夏の風物詩ですが、入道雲は俗称で気象学的には雄

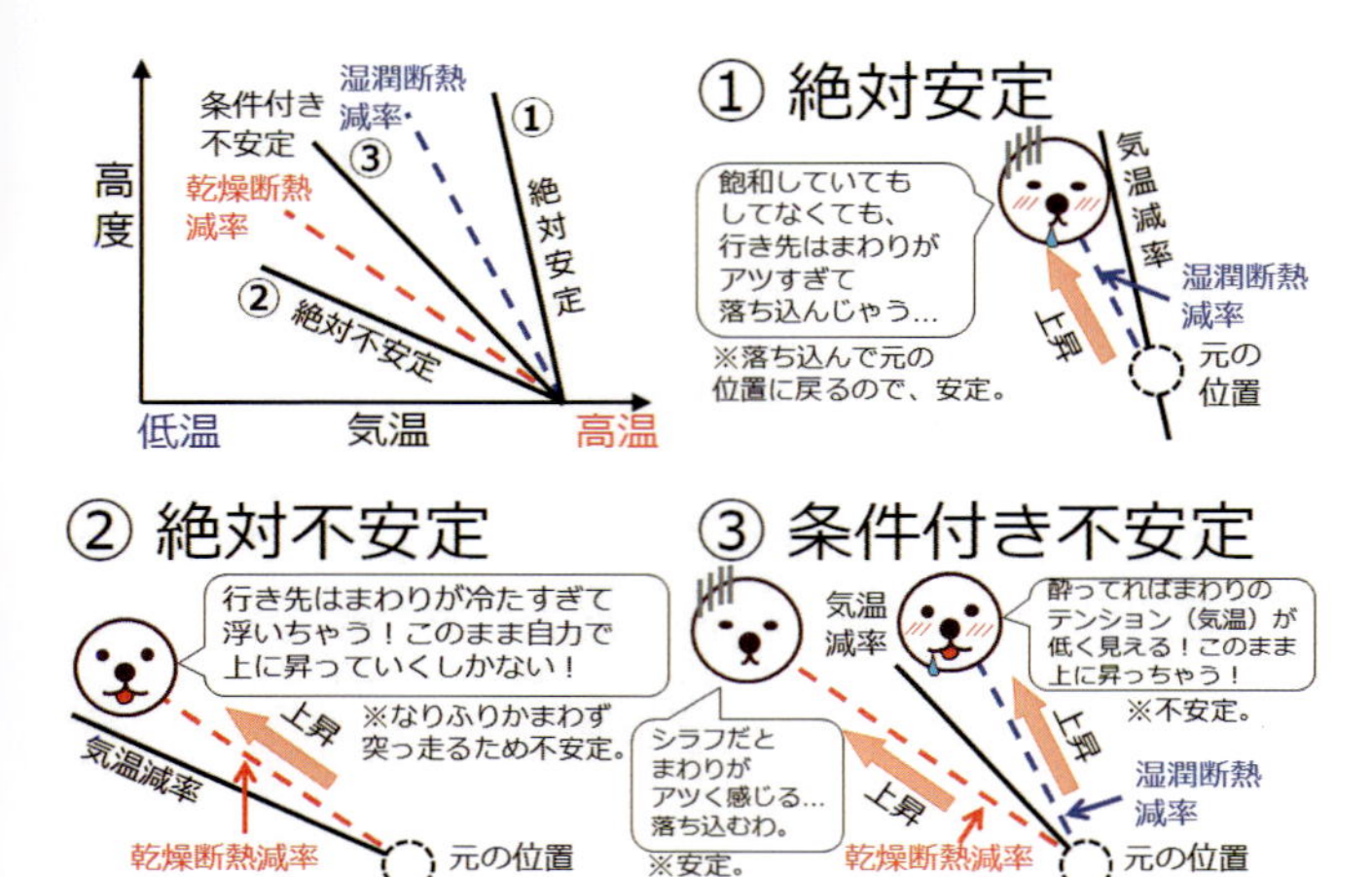

図１・23　周囲の大気の気温減率による安定度の違い。

大積雲（だいせきうん）です。雄大積雲がさらに成長した**積乱雲**（せきらんうん）は、落雷や突風、局地的大雨の原因にもなり、ＴＶの天気コーナーでは「**大気の状態が不安定**で所により雷雨」のように表現して注意が促（うなが）されます。積乱雲の発達する不安定な大気の状態がどういう状態なのかを考えてみます。

パーセルくんをある高さから無理やり上昇させるとき、上昇した後の彼の挙動は周囲の空気の気温減率に左右されます（図１・23）。まず、安定な大気の状態とは、無理やり持ち上げたパーセルくんの温度が周囲の気温よりも低く、相対的に重くなって下降し、元の高さに戻ろうとする状態のことを指します。これとは逆に不安定な大気の状態では、持ち上げたパーセルくんは周囲の気温より温度が高く、相対的に軽いために自発的にさら

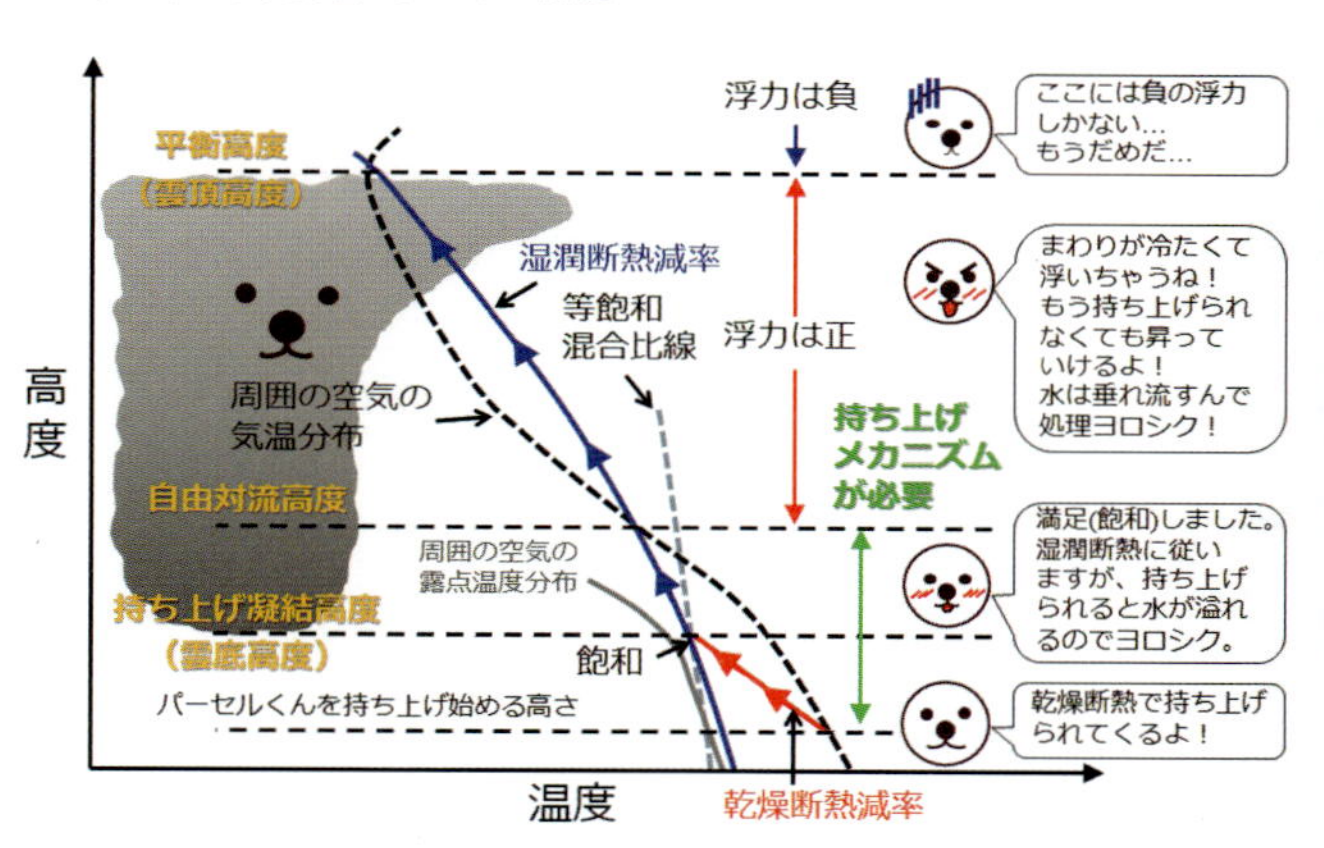

図1・24　湿潤空気が持ち上げられたときの状態の変化。

に上昇してしまいます。

周囲の気温減率が湿潤断熱減率より小さい場合、飽和パーセルくんを持ち上げても周囲よりも温度が低く、相対的に重い状態になって鉛直下向き（負）の浮力がかかります（**絶対安定**、図1・23①）。一方、周囲の気温減率が乾燥断熱減率よりも大きければ、未飽和パーセルくんを持ち上げても周囲より気温が高く、相対的に軽くなるために鉛直上向き（正）の浮力がかかって彼は自発的に上昇します（**絶対不安定**、図1・23②）。気温減率が湿潤断熱減率より大きく乾燥断熱減率より小さい場合、パーセルくんが飽和すれば不安定ですが、未飽和であれば安定です（図1・23③）。春から秋の日本付近はこの状態のことが多く、これは**条件付き不安定**と呼ばれています。なお、大気中には上空ほど気温が高い**逆転層**(ぎゃくてんそう)や、絶対安定な**安定層**という大気層が現れることもあり、対流圏界面もこれにあたります。

条件付き不安定の大気中で発達する積乱雲内でのパーセルくんの運動を考えてみましょう(図1・24、49ページ)。未飽和パーセルくんを大気下層から無理やり持ち上げたとき、彼は乾燥断熱減率で温度が低下し、ある高さで飽和して凝結が始まります。この高さを**持ち上げ凝結高度**と呼んでおり、概ね雲下部の高さ(**雲底高度**(うんていこうど))と対応します。さらにパーセルくんを持ち上げると、彼は湿潤断熱減率で温度が下がり、ある高さを越えると周囲の気温より温度が高くなります。この高さは**自由対流高度**と呼ばれ、これより上空では彼は自発的に上昇するようになります。パーセルくんがさらに上昇すると、ある高さで温度が周囲の気温より低くなり、それ以上は上昇できなくなります。この高さは**平衡高度**(へいこうこうど)(中立高度、浮力ゼロ高度)と呼ばれて、概ね雲上部の高さ(**雲頂高度**(うんちょうこうど))に対応しています。ただし、上昇するパーセルくんは平衡高度では止まれずに少しだけ上空に盛り上がって押し戻されます。これを**オーバーシュート**と呼んでおり、発達した積乱雲によく見られます。春から秋にかけては平衡高度が対流圏界面の高度であることが多く、背の高い積乱雲が形成されやすくなります。

「大気の状態が不安定」という状況は、上空に寒気が流入して低温化したり、下層に多量の水蒸気が流入した場合などに顕著(けんちょ)になります。これらの場合、自由対流高度が低くなり、平衡高度が高くなります。すると、下層空気を少し持ち上げるだけで積乱雲が発達できるようになり、さらに積乱雲が発達できる最大高度も高くなるのです。

１・６　雲と風の関係

風が吹くワケ

雲は自由気ままに空に浮かんでいるように見えますが、上空は地上と比べものにならないほど風が強く、大気（対流圏）上層には**偏西風**(へんせいふう)など強風が吹いていることがあります。雲の形は風に大きく影響を受けるため、雲の形や動きから上空の風を読むこともできます。ここでは、風がどうして吹くのかについて考えてみます。

風のある日に外にいると、空気がぶつかってくるのを体感できます。空気が動いて風になるには、空気に力が働くことが必要です。その代表的なものが、気圧の違いによっ

図１・25　気圧傾度力のイメージ。

て生まれる**気圧傾度力**です。高気圧と低気圧に挟まれた空気の運動を考えてみましょう（図1・25、51ページ）。そもそも**高気圧・低気圧**とは、周囲に比べて、相対的に気圧の高い・低いところです。気圧が何hPaからが高気圧・低気圧というように目安となる数値はありません。

高気圧のほうが低気圧よりも重くて押す力が強いため、これらに挟まれた空気には高気圧が低気圧を押し負かしたぶんの力（気圧傾度力）が働きます。このため、空気は低気圧に向かって運動するようになり、高気圧からは風が吹き出し、低気圧に向かって風が集まる流れが起こるのです。今度TVの天気コーナーで天気図を見たら、高気圧と低気圧が押し合いへし合いをしている様子を想像してみましょう。

気団の境目――前線と雲

TVの天気コーナーでは度々「**前線**」という言葉が使われますが、前線と雲には密接な関係があります。前線は密度や気温、水蒸気量、風などの性質の異なる2つの空気が接しているとき、それらの空気の地上での境界線と定義されています。ある程度水平方向に広い範囲で性質が同じ空気は**気団**と呼ばれ、地上天気図上では1000km以上の広がりを持つ気団の

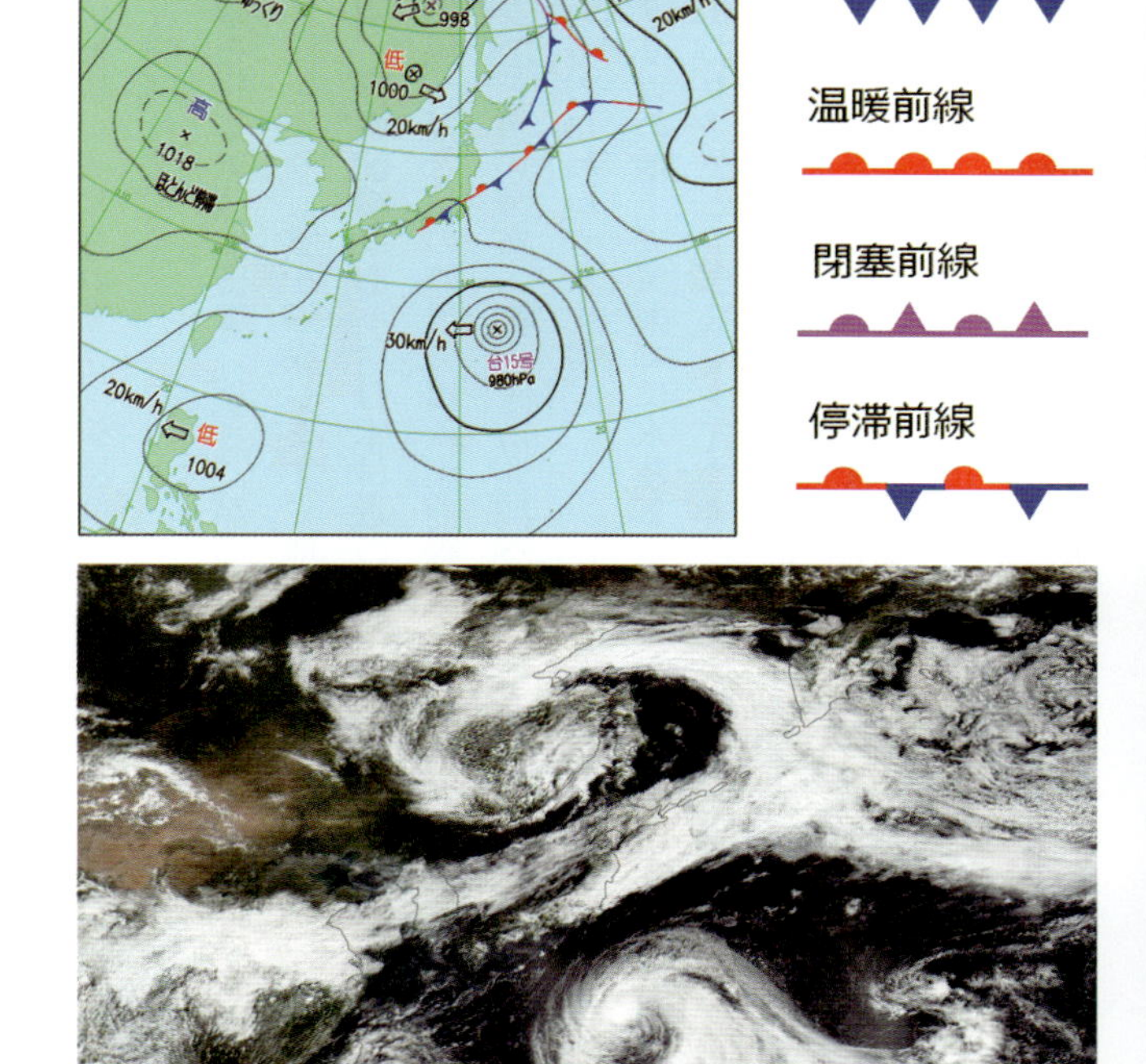

（上）図１・26　2017 年 8 月 30 日 12 時の地上天気図と前線の種類。
（下）図１・27　2017 年 8 月 29 日の日本付近の雲。NASA EOSDIS worldview の Suomi NPP による可視画像。

境界に前線が表現されます。気団同士の境界は上空にものびており、上空の気団の境界は前線面と呼ばれます。

前線を作る気団は密度（重さ）が異なるため、前線上では軽い空気が重い空気に乗り上げて上昇流を作り、雲を形成します。地上天気図上に現れる前線には**寒冷前線**、**温暖前線**、**閉塞前線**、**停滞前線**があり、日本付近の気団の入れ替わる時期の停滞前線は、梅雨の時期では梅雨前線、夏と秋の節目では秋雨前線とも呼ばれます。ある日の地上天気図（図1・26、53ページ）と雲の分布（図1・27、53ページ）を比べてみると、前線に対応して濃い雲が広がっているのがわかりますね。

アメリカの地上天気図では水蒸気量の異なる気団同士が形成する**ドライライン**という前線もあります。また、空気の性質は同じでも風速や風向の異なる空気が接しているとき、その境界は**シアライン**と呼ばれます。**シア**（shear）は「ずれ」という意味で、風向・風速のずれを**ウィンドシア**、水平方向の風のずれを**水平シア**、鉛直方向の風のずれを**鉛直シア**と呼んでいます。互いの空気が集まってくる水平シアがあり、大気下層で風が集まって（収束して）ぶつかれば、行き場をなくした空気が**上昇流**を作り、雲発生の要因となります。

前線は水平方向の広がり（水平スケール）の小さな**局地前線**もあり、海と陸の日変化の温度差などにより生じる海陸風に伴う前線（第４章１節・２０５ページ）、発達した積乱雲に伴うガストフロント（第４章３節・２３４ページ）、低気圧接近時などに関東地方沿岸部に現れる沿岸前線（第４章４節・２７２ページ）など、その種類は多岐にわたります。いずれも地上天気図には現れないやや小さなスケール（**メソスケール**）の現象ですが、雲の発生や降水の強化に重要な役割を果たしています。

雲で可視化される渦

衛星観測で地球を見ると、多くの渦が見られます。これらの渦は回転する空気の流れを雲が可視化したものです。渦は回転軸の向きによって呼び名が異なり、地面に対して垂直の方向に軸を持ち水平方向に回転する渦を**鉛直渦**と呼び、水平方向に軸を持ち鉛直方向に回転する渦を**水平渦**と呼びます。台風や低気圧は鉛直渦で、**コリオリ力**という地球の自転の影響を受けて北半球では反時計回り、南半球では時計回りの回転をするという特徴があります。ただし、これは地上天気図に現れるような大きなスケール（**総観スケール**）の渦についての話です。メソスケールの渦では、地上天気図に現れなくても数百㎞の大きさの低気圧であればコリオリ力の影響で反時計回りに回転しますが、積乱雲内の小さな渦などはコリオリ力の

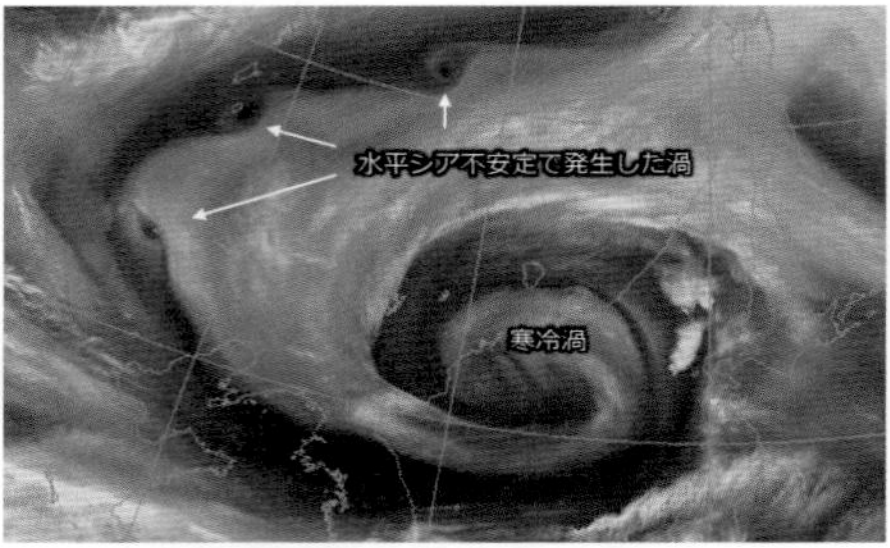

図1・28　寒冷渦と水平シア不安定の渦。2017年5月14日23時のひまわり8号による水蒸気画像。気象庁ホームページより。

影響は受けません（第4章3節・227ページ）。また、竜巻などのさらに小さいスケール（**マイクロスケール**）の渦もコリオリ力の影響は受けず、どちら向きにも回転します（第4章4節・256ページ）。

　渦の生まれる理由は多種多様です。例えば、ある日の衛星画像に現れた日本海上の大きな反時計回りの渦は、上空の偏西風が蛇行しすぎて切り離された**寒冷渦**です（図1・28、動画1・2）。寒冷渦の流れの一部には小さい渦の列があり、ここでは水平シアが大きく、風がズレています。水平シアのある環境はその場の大気にとってエネルギー的に落ち着かず、**水平シア不安定**という不安定を起こして渦列を形成します。水平シア不安定に伴う渦の間隔は渦の水平スケールによって異なり、図1・28の渦は数百km以上の間隔がありますが、竜巻等では数百m間隔で渦が起こることもあります。

　生まれた渦の育ち方も様々です。竜巻の発達は、フィギュアスケートの選手がスピンをす

図１・29　鉛直渦の強化のイメージ。

ると前にのばした脚や腕を身体に引き寄せると回転速度が大きくなるという、**角運動量保存の法則**で説明されることが多いです。竜巻に伴う鉛直渦では積乱雲の上昇流が渦を上空に引きのばすことで強まるほか、水平渦の立ち上げなどによっても強まります（図１・29）。このほか、台風や温帯低気圧の渦の育ち方については第４章４節で紹介します。

上空に向かって風がズレている（鉛直シアのある）ような状況で、わた雲のような積雲が消散しかかっているとき、馬の蹄のような雲が現れることがあります。この雲は**馬蹄渦**（Horseshoe Vortex）という渦を可視化したもので、積雲に由来する小規模な上昇流などで水平渦が発生し、変形した渦の管であると考えられています（図１・30、図１・31、58ページ）。

このように、けっこう身近なところに渦は多く存在して

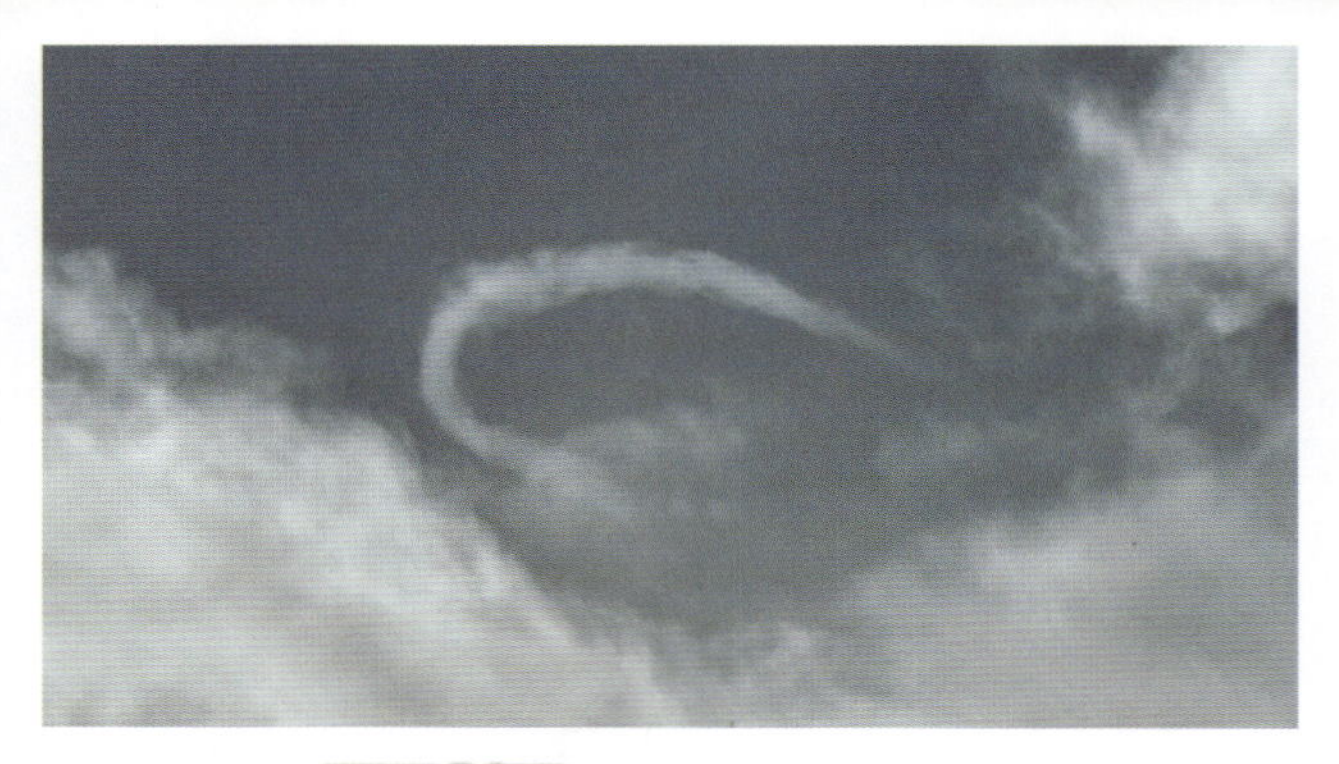

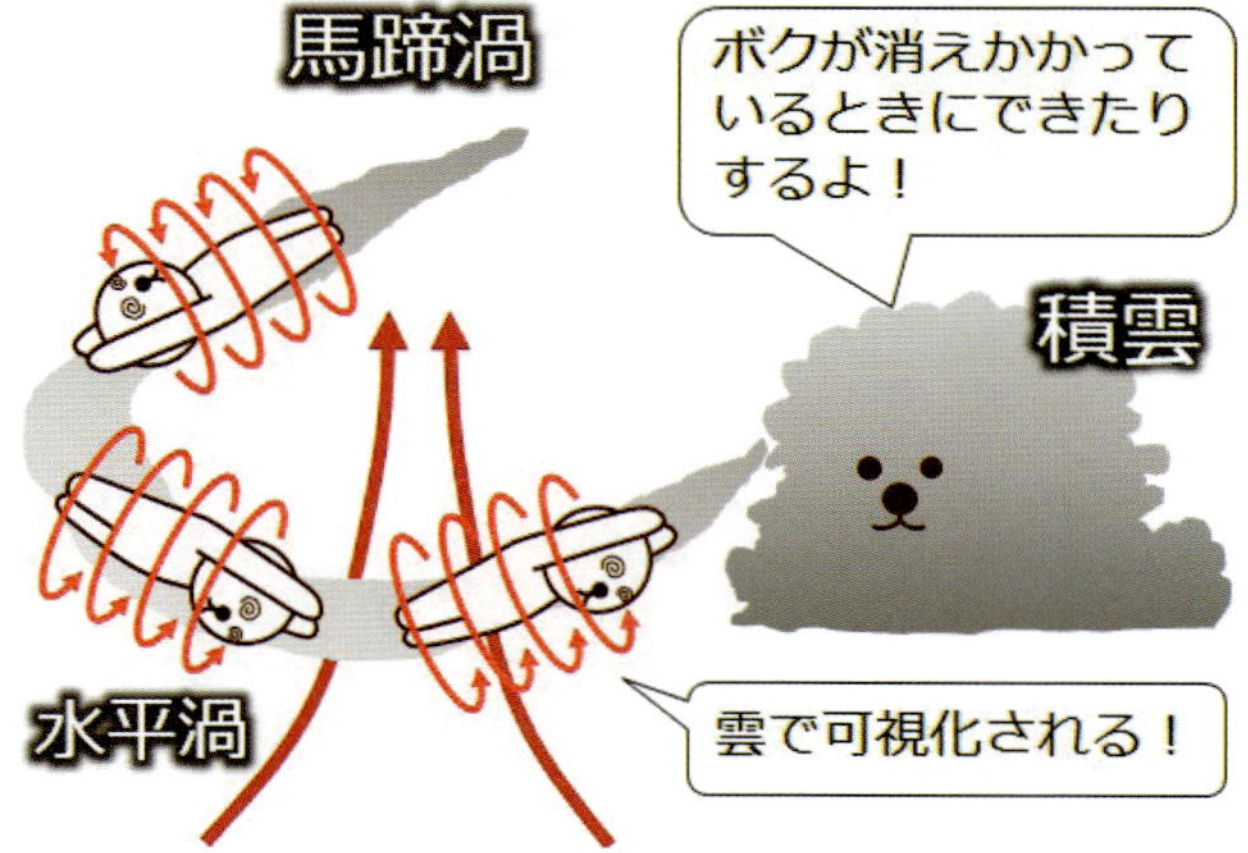

（上）図1・30　積雲に現れた馬蹄渦。2014年12月7日新潟県新潟市、藤野丈志さん提供。
（下）図1・31　馬蹄渦のイメージ。

おり、ときおり雲などによって可視化されることで私たちの前に姿を見せてくれます。渦の中には災害をもたらすものもいますが、悪さをしない渦については素直に愛でられます。

第2章

様々な雲

解説動画

2・1　十種雲形

十種雲形とは

空を見上げると様々な雲に出会えます。相手の名前を知っていると格段にその人を親しみやすく感じるように、雲の名前を知ると雲とのコミュニケーションがはかどります。雲が段々可愛い子たちに見えてきて、あなたの雲愛も一気に深まることでしょう。というわけで、第2章では雲の分類と名前について紹介していきます。

雲の分類方法として一般的なのは、雲の姿や高さ、発生過程などに基づいて雲を10種類に分類する「**十種雲形**」です。十種雲形は１９５６年に世界気象機関の発行した**国際雲図帳**(International Cloud Atlas［1］)で定義され、現在も世界中の観測機関で用いられています。

十種雲形では、雲を巻雲、巻積雲、巻層雲、高積雲、高層雲、乱層雲、層積雲、層雲、積雲、積乱雲に分類しており、ラテン語名を2字に略して表記（Ci、Cb など）します（表2・1、図2・1）。雲はその高さによっても「**上層雲**」「**中層雲**」「**下層雲**」と分類され、それぞれ雲粒子の相によっても「水雲」「混合雲（混相雲）」「氷雲」と分類されます。

十種雲形の名前に注目すると、いくつかの共通性が見られます。巻雲（Cirrus）は筋状だ

表２・１　十種雲形の略称・記号と日本付近での特徴

	名前	略	記号	別名	高度 (km)	雲の相
上層雲	巻　雲：Cirrus	Ci		筋雲、羽根雲、しらす雲	5～13	氷
	巻積雲：Cirrocumulus	Cc		うろこ雲、いわし雲、さば雲		氷/混合
	巻層雲：Cirrostratus	Cs		うす雲		氷
中層雲	高積雲：Altocumulus	Ac		ひつじ雲、叢雲 まだら雲	2～7	混合/水
	高層雲：Altostratus	As		朧雲		
	乱層雲：Nimbostratus	Ns		雨雲、雪雲	雲底は普通下層 雲頂は6くらい	
下層雲	層積雲：Stratocumulus	Sc		うね雲、曇り雲	2以下	
	層　雲：Stratus	St		霧雲	地表面付近～2	
	積　雲：Cumulus	Cu		わた雲 雄大積雲は入道雲	地表面付近～2 雄大積雲はそれ以上	
	積乱雲：Cumulonimbus	Cb		雷雲	雲頂は12以上になることがある	混合

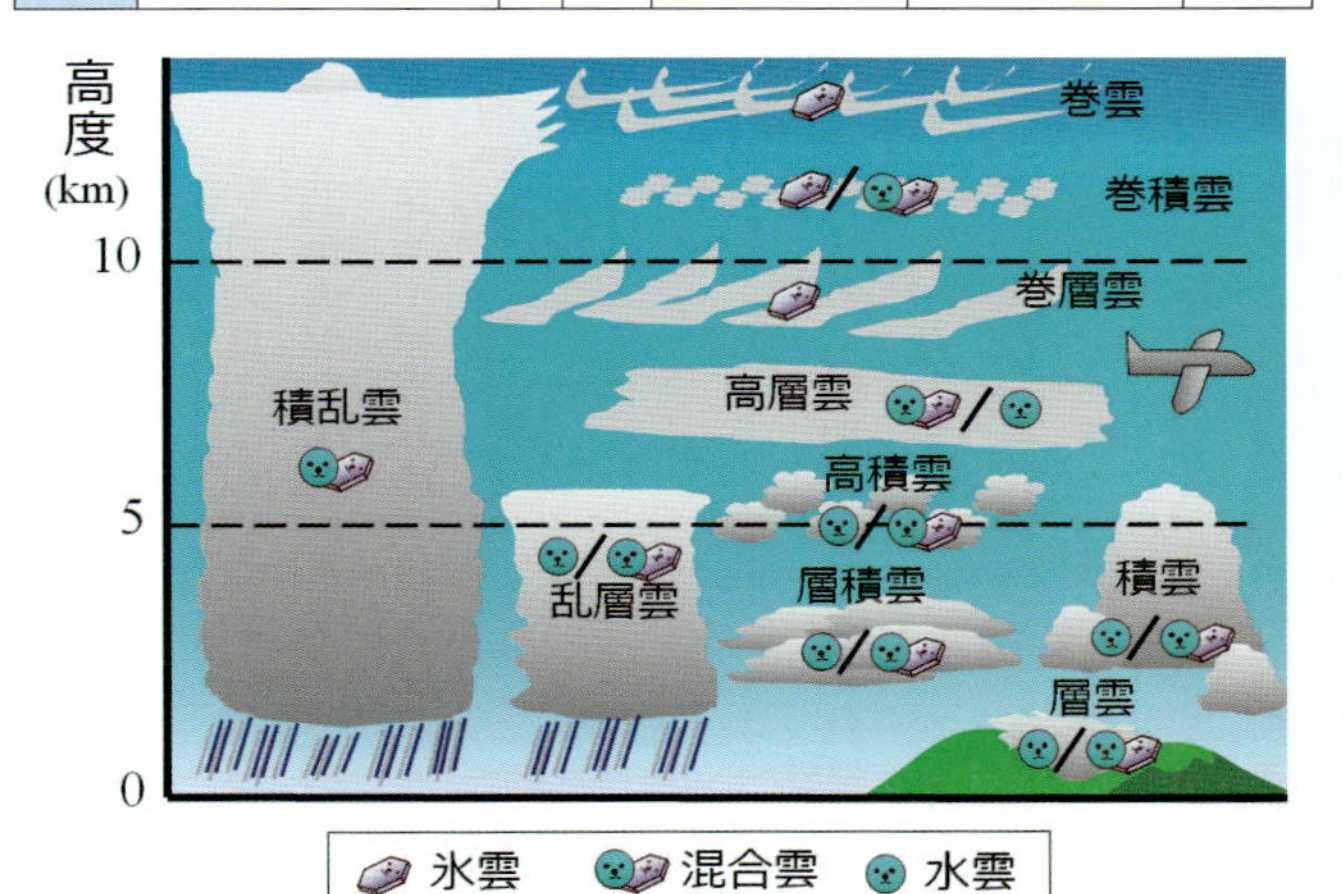

図２・１　十種雲形の雲の代表的な出現高度と雲粒子の相。

ったり羽毛のような形をした雲、層雲（Stratus）は空一面またはある部分を覆っているような層状の雲、積雲（Cumulus）は積み重なったり盛り上がったりした状態で塊になっている雲、そして乱雲（Nimbus）は雨を降らせる雲という意味です。積雲状の雲は比較的上昇流の強い雲で、上中層でも過冷却雲粒による水雲・混合雲が形成されます。積雲状の雲は不安定な大気中で形成されるため**対流雲**とも呼ばれます。積雲状の雲は上空に向かって発達しますが、これに対して水平方向に広がる雲は**層状雲**と呼ばれます。

雲の見分け方

さっそく十種雲形を使って、空に浮かぶ雲を分類してみましょう（図2・2）。まず、積乱雲・積雲かどうかを見分けます。①雷に伴う光が見えたり、雷の音が聞こえればその雲は積乱雲です。これがないとき、②個々の雲がモクモクしていたりドーム状の雲が見えていて、③雲頂の一部が毛羽状になっていれば積乱雲、なっていなければ積雲です。②の特徴が見られないとき、④ロール状だったり個々の雲がハッキリせず、一様で連続的な層状の雲であるかを確認します。この特徴を持っており、⑤太陽や月が明瞭に見えていれば巻層雲です。そうでない場合、⑥ほの暗い灰色~暗い灰色のシート状のような層状の雲であれば高層雲で

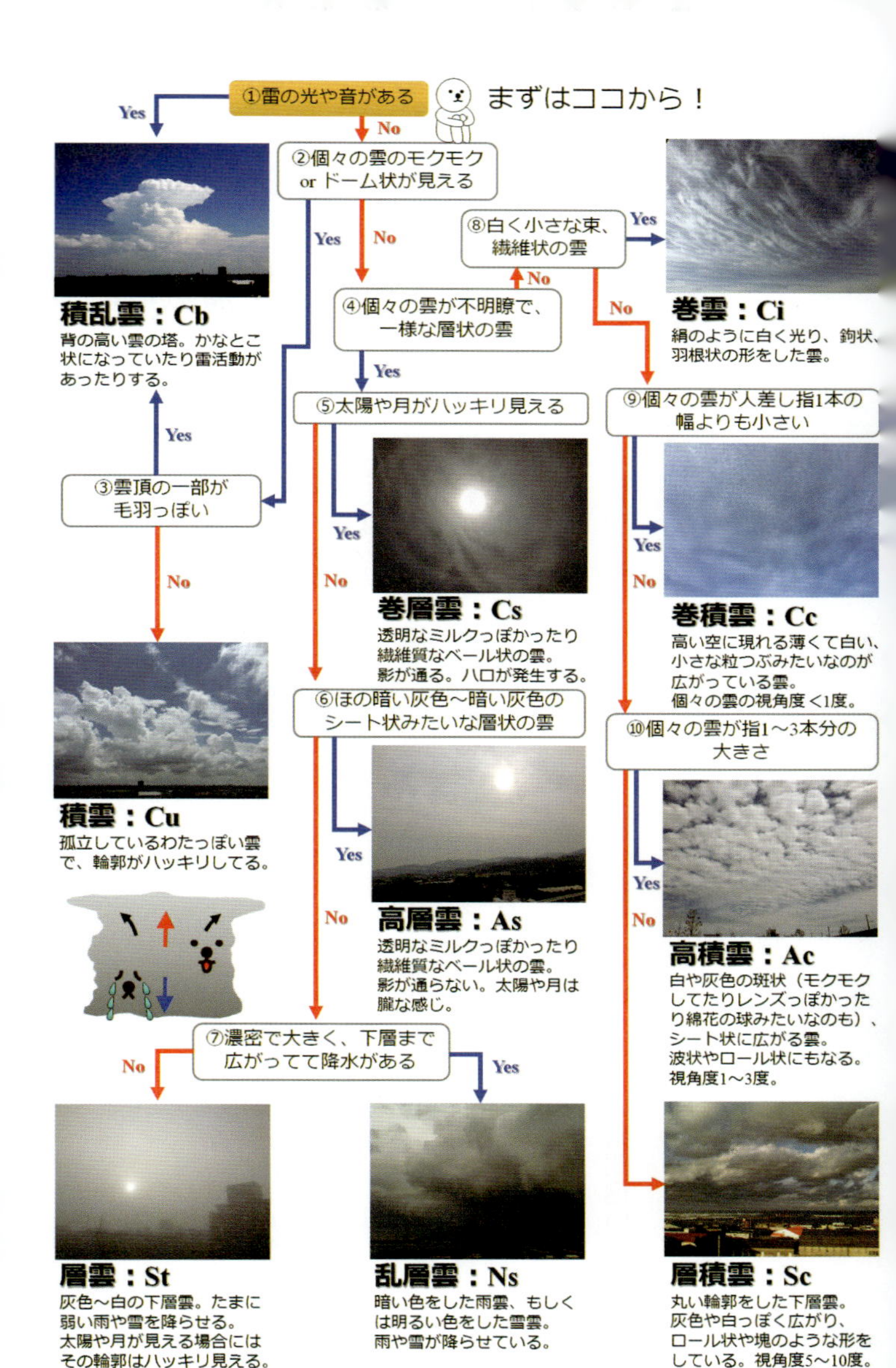

図２・２　十種雲形の見分け方。

す。⑦より濃密で大きく、下層まで広がった降水が見られるような場合は乱層雲で、このような特徴が見られなければ層雲です。

④の特徴が見られないとき、⑧白くて小さな束になったような形をしていたり、繊維(せんい)状の雲であれば巻雲です。⑨手を開いて空にのばしたときに、個々の雲が人差し指1本の幅より小さければ巻積雲、⑩個々の雲が丸みを帯びていて指1～3本分の大きさなら高積雲です。さらに雲が大きく、こぶしより大きければ層積雲です。

このように、巻積雲や高積雲、層積雲などの高さの異なる積雲状の雲は、個々の雲の見かけ上の大きさ：**視角度(しかくど)**で判別しています。雲の判別における視角度は、水平線から30度以上の高さの空を見たときに有効で、雲に向かって手をまっすぐ空にのばしたときの指1本の幅が視角度約1度に相当します。視角度の考え方は、雲に限らず虹などの大気光象(たいきこうしょう)でも使います（第3章）。街中で空に手をのばして雲や空を見つめる人がいたら、ほぼ間違いなく雲マニアと考えてよいでしょう。

とりあえずこの流れで十種雲形を見分けることができますが、空には色々な高さに複数の種類の雲があるということはよくあります。見上げた空に何種類の雲があるか、このあと紹介する雲の種なども含めて、数えてみると楽しいです。

気象観測では、空全体に対して雲に覆われた部分が何割あるかという**雲量**も観測項目のひとつとなっており、0と0プラス、1～9までの整数、および10マイナスと10で表されます。雲量が1以下なら快晴、2以上で8以下なら晴れ、9以上で上層雲が見かけ上最も多ければ薄曇り、9以上で中層雲・下層雲が見かけ上最も多ければ曇りです。薄曇りだと日差しは強いことが多いので、体感では晴れと感じるかもしれません。気象庁などの機関による正式な観測では、上・中・下層雲を雲の状態などからさらに10段階に分類します。雲観測の深層に行きたい方は『気象観測の手引き』（気象庁）を検索してぜひ観測してみましょう。

2・2　さらなる雲の分類

雲の種と変種

雲は、厳密に同じ姿をしている子はふたりとしていません。雲は大気の流れの中で絶えず姿を変えており、雲との出会いはまさに一期一会なのです。

多様な姿の雲たちは大まかに十種雲形で分類できますが、積雲だけ見ても平べったい子やモリモリと育っている子など様々です。そこで、十種雲形のさらに細かい分類として、動植物などのように**種**（Species）と**変種**（Varieties）もあります（表2・2、66～67ページ）。

表2・2　雲の分類一覧

	基本形	種	変種	副変種	親雲と特殊な雲	
					遺伝雲	変異雲
上層雲	巻雲 Cirrus： Ci	毛状巻雲： Ci fib 鉤状巻雲： Ci unc 濃密巻雲： Ci spi 塔状巻雲： Ci cas 房状巻雲： Ci flo	もつれ巻雲： Ci in 放射状巻雲： Ci ra 肋骨巻雲： Ci ve 二重巻雲： Ci du	乳房雲： mam フラクタス： flu	巻積雲 高積雲 積乱雲 人為起源雲	巻積雲 人為 起源雲
上層雲	巻積雲 Cirrocumulus： Cc	層状巻積雲： Cc str レンズ状巻積雲： Cc len 塔状巻積雲： Cc cas 房状巻積雲： Cc flo	波状巻積雲： Cc un 蜂の巣状巻積雲： Cc la	尾流雲： vir 乳房雲： mam 穴あき雲： cav	巻雲 巻層雲	巻雲 巻層雲 高積雲 人為 起源雲
上層雲	巻層雲 Cirrostratus： Cs	毛状巻層雲： Cs fib 霧状巻層雲： Cs neb	二重巻層雲： Cs du 波状巻層雲： Cs un	—	巻積雲 積乱雲	巻雲 巻積雲 高層雲 人為 起源雲
中層雲	高積雲 Altocumulus： Ac	層状高積雲： Ac str レンズ状高積雲： Ac len 塔状高積雲： Ac cas 房状高積雲： Ac flo ロール状高積雲： Ac vol	半透明高積雲： Ac tr 隙間高積雲： Ac pe 不透明高積雲： Ac op 二重高積雲： Ac du 波状高積雲： Ac un 放射状高積雲： Ac ra 蜂の巣状高積雲： Ac la	尾流雲： vir 乳房雲： mam 穴あき雲： cav フラクタス： flu アスペリタス： asp	積雲 積乱雲	巻積雲 高層雲 乱層雲 層積雲
中層雲	高層雲 Altostratus： As	—	半透明高層雲： As tr 不透明高層雲： As op 二重高層雲： As du 波状高層雲： As un 放射状高層雲： As ra	尾流雲： vir 降水雲： pra ちぎれ雲： pan 乳房雲： mam	高積雲 積乱雲	巻層雲 乱層雲
中層雲	乱層雲 Nimbostratus： Ns	—	—	降水雲：pra 尾流雲：vir ちぎれ雲：pan	積雲 積乱雲	高積雲 高層雲 層積雲

	基本形	種	変種	副変種	親雲と特殊な雲	
					遺伝雲	変異雲
下層雲	層積雲 Stratocumulus： Sc	層状層積雲： Sc str レンズ状層積雲： Sc len 塔状層積雲： Sc cas 房状層積雲： Sc flo ロール状層積雲： Sc vol	半透明層積雲： Sc tr 隙間層積雲： Sc pe 不透明層積雲： Sc op 二重層積雲： Sc du 波状層積雲： Sc un 放射状層積雲： Sc ra 蜂の巣状層積雲： Sc la	尾流雲： vir 乳房雲： mam 降水雲： pra フラクタス： flu アスペリタス： asp 穴あき雲： cav	高層雲 乱層雲 積雲 積乱雲	高積雲 乱層雲 層雲
下層雲	層雲 Stratus： St	霧状層雲： St neb 断片層雲： St fra	不透明層雲： St op 半透明層雲： St tr 波状層雲： St un	降水雲： pra フラクタス： flu	乱層雲 積雲 積乱雲 人為 起源雲 シルバ カタラクタ	層積雲
下層雲	積雲 Cumulus： Cu	扁平積雲： Cu hum 並積雲： Cu med 雄大積雲： Cu con 断片積雲： Cu fra	放射状積雲： Cu ra	尾流雲：vir 降水雲：pra 頭巾雲：pil ベール雲：vel アーク雲：arc ちぎれ雲：pan フラクタス：flu 漏斗雲：tub	高積雲 層積雲 火災雲 人為起源雲 カタラクタ	層積雲 層雲
下層雲	積乱雲 Cumulonimbus： Cb	無毛積乱雲： Cb cal 多毛積乱雲： Cb cap	—	降水雲：pra 尾流雲：vir ちぎれ雲：pan かなとこ雲：inc 乳房雲：mam 頭巾雲：pil ベール雲：vel アーク雲：arc ウォールクラウド： mur テイルクラウド： cau ビーバーズテイル： flm 漏斗雲：tub	高積雲 高層雲 乱層雲 層積雲 積雲 火災雲 人為起源雲	積雲

出典：国際雲図帳（世界気象機関、2017年版）のものを改変

ここからは最新版（２０１７年版）の国際雲図帳とアメリカ気象学会の用語集［2］に基づく雲分類を紹介します。

まず、雲は姿や内部構造などの違いにより種に分類されます。種としては毛状、鉤状、濃密、塔状、房状、層状、霧状、レンズ状、断片、扁平、並、雄大、ロール状、無毛、多毛の15種類あります。さらに、雲は個々の雲の並びや透明度によって分類され、変種はもつれ、肋骨、波状、放射状、蜂の巣状、二重、半透明、隙間、不透明の9種類あります。種と変種は十種雲形と組み合わせて毛状巻雲（Cirrus fibratus：Ci fib）、もつれ巻雲（Cirrus intortus：Ci in）のように表記されます（種の略記は3文字、変種は2文字）。

雲は単独でも発生しますが、**親雲**（Mother Clouds）というほかの雲からも生まれ育ちます。親雲は、雲の一部が成長して変化し、別の雲を形成する**遺伝雲**（Genitus）と、雲の内部構造の変化に伴ってある十種雲形の分類から別の分類へと雲の全体もしくは大部分が変化する**変異雲**（Mutatus）があります。例えば高積雲を遺伝雲として発生した巻雲は高積雲遺伝巻雲（Cirrus altocumulogenitus）、巻積雲を変異雲として発生した巻雲は巻積雲変異巻雲（Cirrus cirrocumulomutatus）と呼ばれます。

ひとくちに雲といっても、姿や性格、形成過程によって多くの雲の分類があります。それぞれどんな子たちなのか写真を見ながら愛でていきましょう。

撫でたい巻雲

巻雲（けんうん）（Cirrus、Ci）は上空の強風に伴って空に筆で書かれたような形をした、繊維状、毛羽状、細長い線のような上層の白い雲です。筋雲（すじぐも）、羽根雲（はねぐも）、しらす雲（ぐも）という俗称があり、巻雲をはじめとする「巻」の字のつく上層雲は過去には絹雲（けんうん）のように「絹」の漢字が使用されていた時期もありました。

巻雲は全て氷粒子でできた氷雲で、局所的なウィンドシアや雲粒子の大きさ（粒径（りゅうけい））の変動により、先端が斜めにのびたり不規則に曲がったりしています。巻雲は巻積雲や高積雲を遺伝雲として発生したり、積乱雲上部から形成されたりします。不均一な巻積雲の薄い部分が散らばって変異し、巻雲になることもあります。巻雲には5つの種と4つの変種があります。順番に見ていきましょう。以降、先頭が●は種、★は変種として紹介します。

●毛状巻雲：Cirrus fibratus（Ci fib）

毛状（もうじょう）巻雲はほぼまっすぐにのびているか、やや不規則に曲がった繊維状の白い巻雲です（図2・3、70ページ）。この子は常に細長い形状をしており、鉤状や房状にはなっていませ

（上）図2・3　毛状巻雲。
2017年1月28日茨城県つくば市。
（下）図2・4　鉤状巻雲。
2013年9月17日茨城県つくば市。

ん。毛状巻雲を形成する個々の雲は、大部分が互いに独立しています。スマートな子です。

●鉤状巻雲：Cirrus uncinus（Ci unc）

鉤状（かぎじょう）巻雲は上端が鉤状になっている巻雲で、灰色の部分を持たずしばしばコンマ状にもなっています（図2・4）。図のように夕焼け時にはめっちゃ美しい焼け色に染まり、スタイリッシュな金魚たちが泳いでいるような姿が見られます。

●濃密巻雲：Cirrus spissatus（Ci spi）

図２・５　濃密巻雲。2016 年８月２日茨城県つくば市。

濃密巻雲は空に斑（まだら）状に広がり、太陽を通すと灰色がかって見える濃い巻雲です（図２・５）。濃密巻雲が太陽を覆うと輪郭がぼやけたり太陽が隠れたりします。この子は特に暖候期（４〜９月）によく見られ、孤立した積乱雲の上部から発生することがあります（第４章３節・２３２ページ）。中に入って氷まみれになりたい。

●塔状巻雲：Cirrus castellanus（Ci cas）

塔状（とうじょう）巻雲は、小さくて丸い繊維質な塔状の盛り上がり（**タレット**）を伴う濃い巻雲です（図２・６、72ページ）。この子が持つ個々のタレットはそこに対流があることを意味しており、広がる巻雲を底にして不安定な大気層があることが読めます。個々のタレットの幅は水平線から30度以上の高さの空で視角度１度以上でも以

（上）図2・6　塔状巻雲。
2017年9月15日茨城県つくば市。
（下）図2・7　房状巻雲。
2016年7月28日茨城県つくば市。

下でもよく、視角度1度以下に限定される塔状巻積雲と区別されます。撫でたい雲です。

●房状巻雲：Cirrus floccus（Ci flo）

房状巻雲は、小さく丸みを帯びた房のような形の巻雲で、個々の雲は孤立していたり、しばしば尻尾のような雲を伴っています（図2・7）。この子の個々の房の視角度も、水平線から30度以上の高さの空で視角度1度以上でも以下でもOKです。

★もつれ巻雲：Cirrus intortus（Ci in）

巻雲のうち、繊維状の個々の雲が不規則に曲がっているのがもつれ巻雲です（図2・8）。上空の風が乱れているときにこの子が現れます。その不規則さにも美しさを感じられる可愛い子です。

★放射状巻雲：Cirrus radiatus（Ci ra）

放射状巻雲は、遠近法の効果によって地平線上の一点、もしくは反対側の空も含めて二点

（上）図2・8　もつれ巻雲。
2017年1月10日茨城県つくば市。
（中）図2・9　放射状巻雲。
2017年6月9日茨城県つくば市。
（下）図2・10　肋骨巻雲。
2013年9月17日茨城県つくば市。

図2・11　二重巻雲。2015年3月4日茨城県つくば市。

に収束するように見える平行に並んだ巻雲です（図2・9、73ページ）。この子の一部は巻積雲や巻層雲になっていることがあります。パノラマ撮影すると絵画的でイイ感じの空を見せてくれます。

★肋骨巻雲：Cirrus vertebratus（Ci ve）

肋骨巻雲は個々の雲が脊椎や肋骨、魚の骨のような形をした巻雲です（図2・10、73ページ）。上空が湿っていてほかの種類の巻雲の雲粒子がモリモリ成長して風に流されると肋骨巻雲になることがあります。鳥の羽にも似ているので、羽根雲とも呼ばれます。

★二重巻雲：Cirrus duplicatus（Ci du）

二重巻雲はわずかに異なる高さに広がる巻雲が重なったもので、重なる巻雲の一部がくっついていることもあります。毛状巻雲と鉤状巻雲が二重巻雲になることが多く、図2・11の二重巻雲では重なる層の下部に毛状巻雲、上部には毛状巻雲と一部房状巻雲が見られます。この子の存在からは上空に風の鉛直シアがあることが読み取れます。

穴を開けたくなる巻積雲

巻積雲（けんせきうん）（Cirrocumulus、Cc）は、ツブツブ状や波紋などのような形をした小さな雲で構成される薄くて白い斑状の上層雲です。秋の風物詩であるうろこ雲（ぐも）、いわし雲（ぐも）、さば雲（ぐも）という俗称もあります。薄いために個々の雲に影はできません。

この子を構成する個々の雲は、くっついていたり離れていたり規則的に並んでいたり様々で、水平線から30度以上の高さの空で視角度1度未満の大きさです。空を見上げて手をのばし、個々の雲が人差し指に隠れれば巻積雲です（図2・12）。シート状に広がる巻積雲には穴が開いたり裂け目ができたりします。巻積雲は過冷却雲粒で形成されていることが多く、光環（こうかん）や彩雲（さいうん）などの空の虹

図2・12　巻積雲の見分け方。2015年9月28日茨城県つくば市。

色がよく観測されます（第3章2節・152ページ）。

巻積雲はしばしば単一の層に広がる巻雲や巻層雲を遺伝雲として発生します。過冷却雲粒の巻積雲たちが急速に氷化して尾流雲（第4章2節・207ページ）の筋を空に描くのはいつ見ても儚く美しいです。巻積雲には4つの種と2つの変種があります。

●層状巻積雲：Cirrocumulus stratiformis（Cc str）

層状巻積雲は、比較的広範囲にわたって単一の層状になっている巻積雲です（図2・13）。この子にはときどき穴が開いたり亀裂が入ったりします。見つめていると穴を開けたくなります。

●レンズ状巻積雲：Cirrocumulus lenticularis（Cc len）

レンズ状巻積雲は、レンズ状やアーモンドのような形をした斑状の巻積雲です（図2・14）。個々の雲がくっついていることもあります。大部分が滑らかな感じの見た目で、全体的にとても白い雲です。この子には特に彩雲が現れやすく、虹色ハンターに好まれる雲です。

●塔状巻積雲：Cirrocumulus castellanus（Cc cas）

塔状巻積雲はある共通の水平面から上向きにのびる小さなタレットを伴った巻積雲です（図2・15）。個々のタレットは常に視角度が1度以下で、雲の層における大気の不安定を読

（上段左）図2・13　層状巻積雲。2015年9月28日茨城県つくば市。
（上段右）図2・14　レンズ状巻積雲。2016年10月27日愛知県名古屋市。
（中段左）図2・15　塔状巻積雲。2014年11月24日茨城県水海道市。
（中段右）図2・16　房状巻積雲。2017年6月29日茨城県つくば市。
（下段左）図2・17　波状巻積雲。2015年9月28日茨城県つくば市。
（下段右）図2・18　蜂の巣状巻積雲。2017年7月28日茨城県つくば市。

み取れます。この子も撫でたい。

●房状巻積雲：Cirrocumulus floccus（Cc flo）

房状巻積雲は個々の雲が房状の巻積雲です（図2・16、77ページ）。房状になった雲の下部は乱れていたり不規則だったりします。房の幅は常に視角度1度以下で、この子は塔状巻積雲が発達した結果として雲底が乱れて現れることがあります。

★波状巻積雲：Cirrocumulus undulatus（Cc un）

波状（はじょう）巻積雲は波状の形をした巻積雲です（図2・17、77ページ）。大気上層に存在する大気の振動（**大気波動**（たいきはどう））に伴って形成され、大気波動の上昇流域に雲があり、下降流域では雲が消散するために隙間ができています。ナミナミしている姿が可愛らしいです。

★蜂の巣状巻積雲：Cirrocumulus lacunosus（Cc la）

蜂（はち）の巣（す）状（じょう）巻積雲は、斑状、シート状、層状に広がっていて、規則的な丸い穴が縁どられているような巻積雲です（図2・18、77ページ）。個々の雲とその雲が作る空間は網っぽかったり蜂の巣のようなので、この名前がついています。

巻層雲は氷と光の魔法使い

巻層雲（Cirrostratus、Cs）は空を覆うように広がる白いベール状の雲で、繊維質だったり滑らかな見た目をしています。うす雲という俗称でも呼ばれています。

この子は氷晶で形成される氷雲で、氷晶と太陽や月の光がハロ（22度ハロ）という光の輪を生むことがよくあります（第３章３節・１６１ページ）。巻層雲は特に薄い雲なので夜間や霧発生時にはほとんど見分けがつきませんが、ハロの有無でこの子の存在を確認できます。太陽高度が高いとき（50度以上）は日差しが強く地上で影が弱まりませんが、太陽高度が低いと太陽の光を通しにくくなって影は弱まり、ハロも現れにくくなります。

巻層雲は巻雲をなす個々の雲がくっついて変異したり、巻積雲を遺伝雲として発生することがあります。そのほかにも高層雲が薄くなって変異したり、積乱雲の上部から形成されることもあります。巻層雲と高層雲は見た目が似ていますが、高層雲ではハロが発生せず、巻層雲より厚く、中層に位置するため早く動いて見えるという点で区別できます。巻層雲にはそれぞれ２つの種と変種があります。

●毛状巻層雲：Cirrostratus fibratus（Cs fib）

毛状巻層雲は繊維質なベール状の巻層雲で、細い縞模様も見られることがあります（図

（左上）図2・19　毛状巻層雲。2017年2月14日茨城県つくば市。
（右上）図2・20　霧状巻層雲。2017年3月23日茨城県つくば市。
（左下）図2・21　二重巻層雲。2016年12月5日茨城県つくば市。
（右下）図2・22　波状巻層雲。2016年11月25日茨城県つくば市。

2・19）。この子は毛状巻雲や濃密巻雲から変化して形成されることがあります。ごく一般的な巻層雲です。

●霧状巻層雲：

Cirrostratus nebulosus（Cs neb）

霧状巻層雲は明瞭な特徴のない霧っぽいベール状の巻層雲です（図2・20）。この子の雲の層が薄かったり雲粒子の単位体積あたりの個数（**数濃度**）が少ないときには空が明るく、雲を見るのが難しいことがあります。こういう場合にハロの有無でこの子の存在を知ることができます。

★二重巻層雲：

Cirrostratus duplicatus（Cs du）

二重巻層雲はわずかに異なる高さで層状に広がる巻層雲同士が重なったものです。図2・21は霧状巻層雲と毛状巻層雲による二重巻層雲です。写真右上あたりに毛状巻層雲がよく見えますが、霧状巻層雲は薄くてよくわかりません。しかし、写真左上あたりの巻積雲が出ている部分でもハロが出ているため、薄い霧状巻層雲が重なっていることがわかります。

★波状巻層雲：Cirrostratus undulatus（Cs un）

波状巻層雲は波状になった巻層雲です（図2・22）。ほかの波状雲との違いは、この子の場合は波動によって形成された雲の帯と帯の間の空では雲が消散しているわけではなく、よく見ると薄いベール状の雲があるということです。図の特にハロが出ている部分に注目すると、巻層雲のナミナミしている部分（背景に巻積雲、その手前に波状巻層雲があります）でもその間の空でも、ハロの輝きがあることが見てとれます。

多彩な姿の高積雲

高積雲（こうせきうん）（Altocumulus、Ac）は白や灰色をした斑状・層状の雲で、波状や丸っぽい塊になる中層雲です。ひつじ雲（ぐも）、叢雲（むらくも）、まだら雲（ぐも）と呼ばれ親しまれています。巻積雲と似ていますが、巻積雲は雲に影ができず白いのに対し、高積雲は影ができ雲底は灰色なことが多いです。視角度も1～5度と巻積雲より大きく見えます。この子のほとんどは（過冷却）雲粒による水雲で、輪郭がハッキリ見えて光環や彩雲などの大気光象もよく発生します。後述の塔状高積雲や房状高積雲に限っては、雪結晶が成長して筋状の尾流雲がのびることもあります。この場合、板状の雪結晶が落下するため、幻日（げんじつ）や太陽柱（たいようちゅう）・月柱（げっちゅう）という氷粒子による大気光象が発生しやすいです（第3章3節・164ページ、第3章4節・174ページ）。高積雲をなす雲粒子が全て氷晶の場合、個々の雲の輪郭がハッキリしなくなります。

高積雲は晴天時に単独でも発生しますが、巻積雲が厚くなって変異したり、層積雲の層が鉛直方向に分離されて変異することもあります。また、高層雲や乱層雲から変異したり、発達した積雲や積乱雲の一部が水平方向に広がって形成することもあります。

高積雲は異なる高さに同時に現れることが多く、ほかの十種雲形の雲に付随していることもよくあります。この子は素直なために大気の流れの影響を受けやすく、大気波動やウィンドシア、対流などがあるとすぐ波状、ロール状、細胞（セル）状になります。高積雲は5つの種と7つの変種を持っています。

●層状高積雲：Altocumulus stratiformis（Ac str）

層状高積雲は、分離したりくっついている個々の雲がシート状、もしくは層状に広がって

（上段左） 図 2・23　層状高積雲。2012 年 9 月 7 日茨城県つくば市。

（上段右） 図 2・24　レンズ状高積雲。

2012 年 12 月 14 日長野県車山山頂、下平義明さん提供。

（中段左） 図 2・25　レンズ状高積雲。

2014 年 10 月 26 日北海道札幌市、吉田史織さん提供。

（中段右） 図 2・26　塔状高積雲。2017 年 8 月 9 日茨城県つくば市。

（下段左） 図 2・27　房状高積雲。2015 年 9 月 20 日茨城県つくば市。

（下段右） 図 2・28　ロール状高積雲。2017 年 8 月 23 日茨城県つくば市。

いる高積雲です（図2・23、83ページ）。頻繁に出会える子です。ヒツジが群れをなしているような可愛い姿をしています。

●レンズ状高積雲：Altocumulus lenticularis（Ac len）

レンズ状高積雲は、レンズやアーモンドのような形をした斑状の高積雲です（図2・24、2・25、83ページ）。輪郭は明瞭で、しばしばやたら細長くなります。斑をなす個々の雲は小さく、1つに集まっているように見えます。斑になった雲は雲底にしっかりとした影を持っています。彩雲がよく現れるのもこの子の特徴です。ホント格好良い雲です。

●塔状高積雲：Altocumulus castellanus（Ac cas）

塔状高積雲は、鉛直方向にのびるタレットを伴う高積雲です（図2・26、83ページ）。この子の持つタレットは線状に並んで見えたりギザギザしていて、横から見ると盛り上がっています。この子はほかの塔状雲と同様、その大気層における不安定を可視化したものです。塔上高積雲のタレットが急速に大きく成長して雄大積雲や積乱雲になることもあります。

●房状高積雲：Altocumulus floccus（Ac flo）

房状高積雲は小さな房っぽい姿をした高積雲です（図2・27、83ページ）。個々の雲の房の下部は一般的に乱れていて、しばしば氷晶の尾流雲を伴っています。房状高積雲の房の部分と尾流雲は、雲粒子の数濃度の違いから白さが異なっているので区別できます。なお氷晶の尾流雲が房状高積雲から離れると巻雲になります。この子は塔状高積雲が発達して消散しかけているときに現れるため、大気層の不安定が読み取れます。つい尻尾を引っ張りたくなる。

●ロール状高積雲：Altocumulus volutus（Ac vol）

ロール状高積雲は孤立した横長で管のような形をした雲の塊で、しばしば水平軸を中心にゆっくり回転している高積雲です（図2・28、83ページ）。この子は通常単独で現れます。かなりレアな雲なので、それっぽい子を見かけたらすぐに激写です。

★半透明高積雲：Altocumulus translucidus（Ac tr）

半透明高積雲は、斑状、シート状、層状の高積雲のうち、大部分が太陽や月の位置がわかるほど透明になっている雲です（図2・29、87ページ）。層状高積雲やレンズ状高積雲によく現れます。シースルーな雲です。

★隙間高積雲：Altocumulus perlucidus（Ac pe）

隙間（すきま）高積雲は、斑状、シート状、層状の高積雲のうち、個々の雲の間から太陽や月、青空や上層雲がよく見える隙間を持った雲です（図2・30、87ページ）。この子は層状高積雲によく見られます。

★不透明高積雲：Altocumulus opacus（Ac op）

不透明高積雲も斑状、シート状、層状になっている高積雲ですが、大部分が太陽や月を完全に隠してしまうほど不透明になっている雲です（図2・31）。この子の雲底は平らで、個々の雲は繋がっているように見えます。だいたい層状高積雲に現れます。この子の上がどうなってるのか想像がはかどります。

★二重高積雲：Altocumulus duplicatus（Ac du）

二重高積雲は、斑状、シート状、層状の高積雲が重なり合っている雲です（図2・32）。この子は層状高積雲やレンズ状高積雲にしばしば現れます。

★波状高積雲：Altocumulus undulatus（Ac un）

波状高積雲は、細長く平行に並んだ波状の高積雲です（図2・33）。この子はロール状高積雲と異なり、複数の帯状の雲が波のように並んでいて、隙間がしっかり空いています。しょっちゅう見かける波状雲の1つです。格好良い。

★放射状高積雲：Altocumulus radiatus（Ac ra）

放射状高積雲は、概ねまっすぐ平行に並んだ帯状っぽい高積雲です（図2・34）。遠近法

（上段左）図２・29　半透明高積雲。2016 年 11 月 16 日茨城県つくば市。

（上段右）図２・30　隙間高積雲。2015 年 4 月 22 日茨城県つくば市。

（中段左）図２・31　不透明高積雲。2016 年 1 月 11 日茨城県つくば市。

（中段右）図２・32　二重高積雲。2017 年 7 月 13 日茨城県つくば市。

（下段左）図２・33　波状高積雲。2012 年 10 月 13 日千葉県千葉市、
木山秀哉さん提供。

（下段右）図２・34　放射状高積雲。2014 年 10 月 3 日茨城県つくば市。

で水平線の一点に向かっているように見えたりします。放射状の雲はどれも絵になる子たちです。

★蜂の巣状高積雲：Altocumulus lacunosus（Ac la）

網だったり蜂の巣のような形状をした隙間を持つシート状、層状、斑状の高積雲が蜂の巣状高積雲です（図2・35）。時間変化が早く、すぐに形が変わってしまうので、見かけたらすぐ写真を撮りましょう。

図2・35　蜂の巣状高積雲。2012年9月27日茨城県つくば市。

朧な空の高層雲

高層雲（こうそううん）（Altostratus、As）は灰色がかっていたり青みがかったシート状、層状の雲で、部分的には筋っぽかったり繊維質になっているものの、全体としては均一な雲です。広範囲の空を覆うことが多く、この子が出ていると太陽がすりガラスを通したようにぼんやりと見えます。このため**朧雲**（おぼろぐも）とも呼ばれています。高層雲ではハロは発生しません。

高層雲は温帯低気圧接近時などに広範囲に現れます。雲の厚さがかなりあるため、雲粒子も色々です。雲上部では大部分が氷晶、真ん中あたりでは氷晶や雪結晶と過冷却雲粒が混在、雲下部では大部分が過冷却雲粒や雲粒で構成されるのが典型です。太陽や月が朧になって輪郭がハッキリしないのは、雲内で雲粒子が十分均一に混ざっているためです。

この子は雨や雪を降らせる降水雲（こうすいうん）の１つで、尾流雲や乳房雲（ちぶさぐも・にゅうぼうぐも）を伴うことがあります（第４章２節・２０７ページ、第４章３節・２３３ページ）。雨や雪の降水粒子は雲内部や雲底付近によく見られ、この場合は雲底の輪郭が不明瞭になります。高層雲は巻層雲が厚くなって変異したり、乱層雲が薄くなって変異することがあります。高積雲によって広範囲に降水現象が起こった場合にも、高積雲を遺伝雲として発生することがあります。この子は見た目や構造的特徴が均一であることから種は持っていませんが、以降の５つの変種があります。

★半透明高層雲：Altostratus translucidus（As tr）

半透明高層雲は、大部分が太陽や月の位置がわかるのに十分な透明度を持った高層雲です（図２・36、90ページ）。朧雲と呼ばれ日本の先人たちにも親しまれてきたのがこの子です。

★不透明高層雲：Altostratus opacus（As op）

不透明高層雲は、大部分が太陽や月を完全に覆ってしまうほど十分に不透明な高層雲です

（左上）図2・36　半透明高層雲。2016年3月30日茨城県つくば市。
（右上）図2・37　不透明高層雲。2016年11月2日茨城県つくば市。
（左下）図2・38　二重高層雲。2017年10月29日東北地方上空。
（右下）図2・39　波状高層雲。2016年11月2日茨城県つくば市。

（図2・37）。この子はどんよりとした空模様を作ります。中に入りたい。

★二重高層雲：
Altostratus duplicatus（As du）

二重高層雲はわずかに異なる高さにある2つ以上の高層雲が重なったものです（図2・38）。高層雲自身が全天を覆うほどの広がりがあり、かつ均一な特徴を持っているので、二重高層雲を確認できるのはレアです。図2・38は飛行機から二重高層雲のちょうど間の層を飛んでいるときに撮影したものです。

★波状高層雲：
Altostratus undulatus（As un）

図2・40　放射状高層雲。2016年3月23日茨城県つくば市。

そのまんまですが、波状になった高層雲が波状高層雲です（図2・39）。ナミナミした雲底が特徴的です。素直さが愛おしい子です。

★放射状高層雲：
Altostratus radiatus（As ra）

放射状高層雲は、水平線上の一点に向かって集まるように平行に並んだ帯状の模様を持つ高層雲です（図2・40）。比較的レアな子といわれています。

雨を降らせる乱層雲

乱層雲（Nimbostratus、Ns）は灰色や暗い色で、雨や雪を降らせて雲底が乱れている雲で、雨雲や雪雲とも呼ばれます（図2・41、92ページ）。この子がいると太陽は全く見え

図2・41　乱層雲。2010年9月16日千葉県銚子市。

ません。降水は伴いますが雷や雹（ひょう）は発生しないのが特徴です。乱層雲は（過冷却）雲粒や雨滴、雪結晶や雪片で構成され、非常に濃く厚みがあるため太陽の光は地上まで届かず、暗い外観をしています。雲底は降水と繋がっていて明瞭な輪郭を持ちません。

この子は高積雲や層積雲、高層雲が厚くなって変異して発生します。また、降水をもたらしている積乱雲や雄大積雲を遺伝雲として発生することもあります。乱層雲の下部は空気が乱れているため、後述の副変種の1つであるちぎれ雲（ぐも）がよく現れます。乱層雲は高層雲や層雲、層積雲と混同されがちですが、高層雲は乱層雲よりも明るくて太陽が見えること、地上降水の有無で見分けられます。層雲でも降水に至る場合がありますが、このときの降水粒子は非常に小さいサイズです。層積雲は雲底の輪郭がハッキリしているので乱層雲と区別できます。乱層雲は十種雲形の中で唯一、種も変種も持っていません。

空を曇らす層積雲

層積雲（Stratocumulus、Sc）は灰色がかっていたり白っぽい色をした斑状、シート状の雲です。個々の雲は暗い部分を持っていて、モザイク状や丸みのある塊状、ロール状になっています。うね雲や曇り雲とも呼ばれ、個々の雲は概ね規則的に並んでいて視角度が5度以上あります。高積雲や巻積雲に見られる繊維質の尾流雲は通常伴いません。

この子は個々の雲が規則的に並んで波状雲のような姿のことが多くあります。個々の雲が繋がっていると雲底の輪郭が滑らかでハッキリしています。層積雲は水滴でできていることがほとんどで、雲が厚くない場合には光環や彩雲の大気光象が現れることもあります。層積雲からは弱い降水は起こることがありますが、しっかりした降水は起こりません。

層積雲は晴天環境下で単独で現れることがよくありますが、層雲や乱層雲内部での対流や大気波動の影響で変異して発生することもあります。また、乱層雲や高層雲を遺伝雲とし、これらの雲の雲底下の湿潤な大気層内で乱流や対流の影響を受けて空気が混合し、より湿潤化して発生することもあります。積雲や積乱雲内の上昇流が平衡高度にあたる安定層に達し、徐々に散らばりながら水平方向に広がっていくことでも層積雲は発生します。層積雲には5つの種と7つの変種があり、けっこう多様な子なのです。

●層状層積雲：Stratocumulus stratiformis（Sc str）

層状層積雲は、ロール状や大きく丸みを帯びた個々の雲がシート状、層状に広がっている層積雲です（図2・42）。個々の雲は平らなことが多く、層積雲の代表格のような子です。よく出会えるので仲良くしてあげてください。

●レンズ状層積雲：Stratocumulus lenticularis（Sc len）

レンズ状層積雲はその名の通りレンズ状やアーモンド状の形をした斑状の雲で、明瞭な輪郭を持っていてしばしば非常に長くなる層積雲です。個々の雲は水平から30度以上高い空を見上げたときに5度以上の視角度を持っており、それらが集まって滑らかで暗い部分を持つ大きな雲になります。レンズ状層積雲では彩雲も発生することがあります。この子は極めてレアな雲ですが、下層に大気波動があると出会えることがあります（図2・43）。レンズ状層積雲と後述のロール状層積雲は見た目が似ていますが、ロール状層積雲は単独で発生する

（左上）図2・42　層状層積雲。2014年12月21日茨城県筑波山。
（右上）図2・43　レンズ状層積雲。2016年5月22日茨城県沖、二村千津子さん提供。
（左下）図2・44　塔状層積雲。2015年8月6日茨城県つくば市。
（右下）図2・45　房状層積雲。2013年4月25日東京都、池田圭一さん提供。

のに対し、レンズ状層積雲は複数の列をなすことが多いです。見かけたら激写してぜひ私に送りつけてください。

●塔状層積雲：Stratocumulus castellanus（Sc cas）

塔状層積雲は、鉛直方向にのびるタレットを伴う層積雲です（図2・44）。この子が成長すると層積雲遺伝雄大積雲や層積雲遺伝積乱雲になることがあります。モリモリしてる元気な子です。

●房状層積雲：Stratocumulus floccus（Sc flo）

房状層積雲は小さな房を持つ積雲状の姿をした層積雲です（図2・45、95ページ）。個々の房の下部は通常は乱れていて、ごく低温な環境下では氷晶による尾流雲を伴うこともあります。この子はほかの房状雲と同様に大気の不安定の結果として現れ、塔状層積雲が衰退して生まれます。

●ロール状層積雲：Stratocumulus volutus（Sc vol）

ロール状層積雲は、水平方向に長くのびた管のような形の層積雲で、水平軸を中心に回転しています（図2・46）。ロール状層積雲は単独で発生し、下層雲が列をなしているときに観測されることがあります。この子もレアな雲といわれますが、関東地方などの海や山に囲まれた平野部では局地前線が発生しやすく（第4章4節・242ページ）、局地前線上で出会えることがあります。

★半透明層積雲：Stratocumulus translucidus（Sc tr）

半透明層積雲は、斑状、シート状、層状に広がるさほど濃くない層積雲です（図2・47、99ページ）。雲の大部分は太陽や月の位置がわかる透明度を持ち、空の青い部分や個々の雲がどこで繋がっているかが目視でわかります。

★隙間層積雲：Stratocumulus perlucidus（Sc pe）

図２・46　ロール状層積雲。2015年４月９日茨城県つくば市から西方向をパノラマ撮影。

隙間層積雲も斑状、シート状、層状に広がる層積雲ですが、太陽や月、青空や上中層の雲が見えるほど個々の雲同士の隙間が空いている雲です（図２・48、99ページ）。隙間に入りたい。

★不透明層積雲：Stratocumulus opacus（Sc op）

不透明層積雲は大きく暗いロール状、丸っぽい塊状の雲が概ね連続的にシート状、層状に広がった濃い層積雲です（図２・49、99ページ）。大部分が太陽や月を隠すほどの不透明さを持っています。この子の個々の雲は雲底が平らで、繋がっているように見えます。

★二重層積雲：Stratocumulus duplicatus（Sc du）

二重層積雲は２つ以上の斑状、シート状、層状の層積雲が水平方向に広く重なったものです（図２・50、99ページ）。層状層積雲やレンズ状層積雲に伴って現れます。

★波状層積雲：Stratocumulus undulatus（Sc un）

波状層積雲はかなり大きく、灰色をした個々の雲がほぼ平行に並んだ形をした層積雲です（図2・51）。下層の大気波動が直交するように重なって、二重の波状層積雲が見られることもあります。層状層積雲によく現れ、波動の成因が気になってしまう子です。

★放射状層積雲：Stratocumulus radiatus（Sc ra）

放射状層積雲は遠近法で水平線の一点に集まるように広くほぼ平行に並ぶ帯状の形をした層積雲です（図2・52）。その姿は後述の放射状積雲に似ていますが、放射状積雲は個々の雲が独立しており、放射状層積雲の場合は繋がっていることで見分けられます。この子も層状層積雲に現れます。

★蜂の巣状層積雲：Stratocumulus lacunosus（Sc la）

蜂の巣状層積雲はシート状、層状、もしくは斑状になった層積雲に、規則的な丸っぽい穴が開いて網や蜂の巣状になっている雲です（図2・53、100ページ）。個々の雲が視角度5度以上のため空全体を広く見ないと蜂の巣は目視では確認しにくいです。衛星観測では海洋上に蜂の巣状に広がるオープンセルとして現れます（第4章2節・216ページ）。この子はほかの層積雲が消散するときに現れ、時間変化の大きな雲です。すぐに姿が変わってしまうので、それらしい子を見かけたら激写しましょう。

（上段左）図 2・47　半透明層積雲。2014 年 12 月 25 日茨城県つくば市。

（上段右）図 2・48　隙間層積雲。2015 年 12 月 27 日茨城県つくば市。

（中段左）図 2・49　不透明層積雲。2015 年 3 月 8 日茨城県つくば市。

（中段右）図 2・50　二重層積雲。2017 年 8 月 2 日茨城県つくば市。

（下段左）図 2・51　波状層積雲。2013 年 9 月 22 日茨城県大洗町。

（下段右）図 2・52　放射状層積雲。2017 年 9 月 14 日茨城県つくば市。

図2・53　蜂の巣状層積雲。2017年9月19日茨城県つくば市。

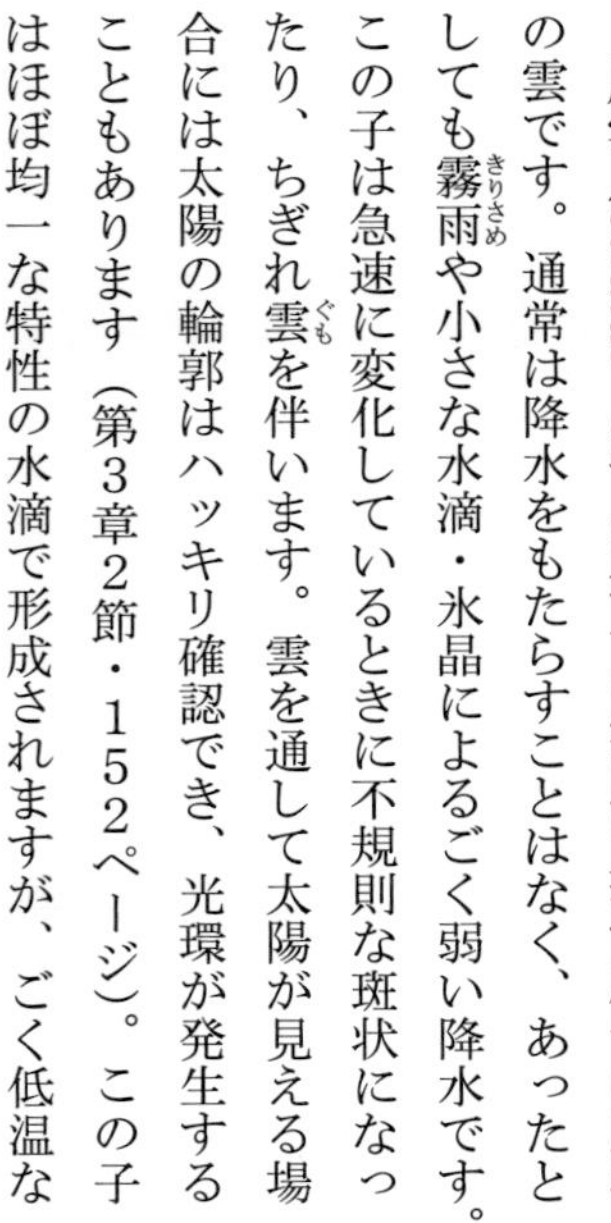

手の届きそうな層雲

層雲（Stratus、St）は均一な雲底を持つ灰色の層状の雲です。通常は降水をもたらすことはなく、あったとしても霧雨や小さな水滴・氷晶によるごく弱い降水です。この子は急速に変化しているときに不規則な斑状になったり、ちぎれ雲を伴います。雲を通して太陽が見える場合には太陽の輪郭はハッキリ確認でき、光環が発生することもあります（第3章2節・152ページ）。この子はほぼ均一な特性の水滴で形成されますが、ごく低温な環境で氷晶が層雲を作った場合にはハロが発生することもあります。

層雲が地面に接したものは霧と呼ばれ、雲物理的な性質は同じです。そのため、霧の層の上部が上昇し、地面に接する下部の雲粒が蒸発して層雲が発生することがよくあります。層雲は霧と一緒に発生することが多く、夜間や早朝によく見られます。層雲は層積雲の下部が落ち込み、明瞭な輪郭を失って変異することでも発生します。

図２・54　霧状層雲。2017 年 8 月 18 日長野県飯山市、中井専人さん提供。

この子は層積雲や乱層雲と混同されがちですが、層積雲は雲底の輪郭がハッキリしているので区別できます。また、乱層雲のほうが色濃く、ある程度の降水を伴うという点で区別できますが、判断が難しい場合には地上付近の風がそれなりに強いと乱層雲、そうでなければ層雲と見分けられることもあります。層雲には２つの種と３つの変種があります。

●霧状層雲：Stratus nebulosus（St neb）

霧状層雲はその名の通り霧状になっていて、灰色で均一な姿をした層状の雲です（図２・54）。最も一般的な層雲がこの子です。中に入ってスーハーしたい。

●断片層雲：Stratus fractus（St fra）

断片層雲は不規則に乱れた断片・破片のような形をした層雲です（図２・55、１０２ページ）。この子は乱層雲や積乱雲の雲底下で降水とともに発生し、絶え間なく姿を変化させています。見つめていると諸行無常を感じます。

（左上）図２・55　断片層雲。2012年12月4日茨城県つくば市。
（右上）図２・56　不透明層雲。2010年5月21日千葉県銚子市。
（左下）図２・57　半透明層雲。2016年5月18日茨城県つくば市。
（右下）図２・58　波状層雲。2016年6月7日茨城県つくば市。

★不透明層雲：
Stratus opacus（St op）

不透明層雲は斑状、シート状、層状になっている層雲のうち、太陽や月を完全に覆う不透明な層雲です（図２・56）。変種としてはこの子が最もポピュラーです。

★半透明層雲：
Stratus translucidus（St tr）

半透明層雲も斑状、シート状や層状になっている層雲で、大部分が太陽や月の輪郭を目視で確認できる透明度を持つ雲です（図２・57）。幻想的な景色を見せてくれる子です。

★波状層雲：Stratus undulatus（St un）

波状層雲も斑状とかシート状、層状の層雲のうち、波状になっている雲です（図2・58）。層雲のいる大気下層の波動を可視化したもので、レアな子といわれています。

食べたくなる積雲

積雲（せきうん）（Cumulus、Cu）は一般的に濃く、繊維質ではない明瞭な輪郭を伴うモクモクした下層雲で、個々の雲は互いに独立しています。カリフラワーのように上方に成長し、太陽光が当たる部分は白く輝いていますが、雲底は比較的暗くほとんど水平になっています。

この子に伴う降水はシャワーのような降水で、驟雨（しゅうう）と呼ばれます。基本的にモクモクしていて雲上部は丘やドーム状、塔状になっていますが、風が強いと雲頂付近が乱れて細かくちぎれたり、雲が列をなしてクラウドストリートを形成することもあります。この子は比較的密度の低い水滴で構成され、気温によっては過冷却雲粒も含みます。雲内で雨滴が成長すると降水雲や尾流雲を伴います。

ほとんどの場合、積雲は晴天環境下で大気下層の水蒸気を含む空気が対流によって持ち上げ凝結高度を越えて、単独で発生します。このため、この子の発生には日変化の影響が大きく、熱対流の活発になる午後にかけて水平方向にも広がりを増し、鉛直方向にも成長します。見た目からわた雲と呼ばれたり、特に晴天環境下で発生する子は**好天積雲**とも呼ばれて親しまれています。

個々の積雲がどこまで成長できるかは雲底より上空の安定層や逆転層にかかっており、そこが平衡高度（雲頂高度）になっています。層雲や層積雲から対流が強まって変異したり、高積雲や層積雲を遺伝雲として発生することもあります。積雲が最も発達すると積乱雲に分類されますが、その一歩手前の積雲を雄大積雲と呼んでいます。

この子は形の似ている高積雲とは個々の雲の大きさ、層積雲とは個々の雲が互いに独立しているかどうかで見分けることができます。この子の特徴は対流性が強く上昇流も大きいため、上空にある層状の雲を突っ切ったり部分的に融合したりすることがあります。積雲には4つの種と1つの変種があります。

●扁平積雲：Cumulus humilis（Cu hum）

扁平積雲は鉛直方向に小さくのびていて、平らになっているように見える積雲です（図2・59）。この子の上部には安定層が存在しており、それ以上成長できず平らになるのです。降水をもたらすこともない、大人しくて可愛い子です。

（左上）図 2・59　扁平積雲。2016 年 7 月 30 日茨城県つくば市。

（右上）図 2・60　並積雲。2017 年 7 月 1 日沖縄県八重山郡竹富町、
穂川果音さん提供。

（中）図 2・61　雄大積雲。2017 年 5 月 18 日茨城県つくば市。

（左下）図 2・62　断片積雲。2016 年 8 月 16 日茨城県つくば市。

（右下）図 2・63　放射状積雲。2017 年 9 月 11 日沖縄県那覇市。

●並積雲：Cumulus mediocris（Cu med）

並積雲は鉛直方向にも中程度に発達していて、頭が盛り上がったり芽が生えたような形の積雲です（図２・60、１０５ページ）。この子も普通は降水には至りません。モクモクした姿を楽しめる雲です。わたあめみたいで食べちゃいたい。

●雄大積雲：Cumulus congestus（Cu con）

雄大積雲はモクモクと空高くへ立ち昇る積雲で、明瞭な輪郭を持っています（図２・61、１０５ページ）。入道雲と呼ばれることも多い雲で、雲頂付近はカリフラワーのような形をしています。雄大積雲は驟雨性の雨や雪を降らせる雲で、熱帯域では多量の降水をもたらすこともあります。雷活動や降雹を伴わないのも特徴です。

この子の雲頂付近の雲は上空の風に流されて本体から離れることがあり、尾流雲を形成したりもします。雄大積雲は並積雲が発達してできることがほとんどですが、塔状高積雲や塔状層積雲から発生することもまれにあります。

●断片積雲：Cumulus fractus（Cu fra）

断片積雲は乱れたような形をした断片・破片状の小さな積雲です（図２・62、１０５ページ）。断片層雲と同様に時間変化が大きく、絶え間なく姿を変える子です。尊い。

★放射状積雲：Cumulus radiatus（Cu ra）

放射状積雲は、下層風の向きにほぼ平行に並んだ並積雲で形成された積雲で、クラウドストリートとも呼ばれます（図２・63、105ページ）。遠近法により放射状に見えており、水平線のある一点に向かって集まっているように見えます。なかなか絵になる子です。

図2・64　積乱雲の上部が毛羽状になっている様子。2013年8月20日茨城県つくば市。

荒天をもたらす積乱雲

積乱雲（Cumulonimbus、Cb）は山や巨大な塔のように上層まで発達した、重く濃密な雲です。雲頂の少なくとも一部分は滑らかな毛羽状や線状になっており、だいたい雲頂は平らに広がっています。この平らな部分は鍛冶で使う「かなとこ（Anvil）」に似ていることから、**かなとこ雲**（Incus、副変種の１つ）や**アンビル**と呼ばれます。雲底は非常に暗く、尾流雲や降水雲、ちぎれ雲が頻繁に現れます。

積乱雲は驟雨性の降水をもたらし、雷活動を伴うため雷雲（らいうん・かみなりぐも）とも呼ばれており、荒天をもたらす典型的な雲です（第4章3節・222ページ）。雲内には水滴や多量の過冷却雲粒、氷晶が混在しており、雲上部はほとんどが高密度な氷晶です。氷晶は落下速度が小さいため、上空の風に流されて雲上部の毛羽っぽい姿を作ります（図2・64、107ページ）。雲内では雪片や霰、雹も成長します。積乱雲は常に雄大積雲が発達して生まれますが、塔状層積雲や塔状高積雲から雄大積雲を介して発生することもあり、塔状高積雲から生まれた積乱雲は雲底高度が高くなります。

この雲は大気の状態が不安定な場合にのみ発生し、地上気温が上がって不安定の顕在化する午後に現れやすいです。また、下層水蒸気量の多い低緯度地域ほど積乱雲が発生しやすく、高緯度ほど発生しにくい雲です。積乱雲は対流圏界面まで発達することが多く、様々な雲の遺伝雲として働きます。竜巻の原因にもなり、漏斗（ろうと）雲も伴うことがあります。

積乱雲には無毛積乱雲と多毛積乱雲という2つの種があります。どんな雲なのかを見ていきましょう。

●無毛積乱雲：Cumulonimbus calvus（Cb cal）

無毛（むもう）積乱雲は、雲頂の盛り上がりが平坦になり、繊維状・毛羽状の特徴を持たない白い塊になっている積乱雲です（図2・65）。巻雲っぽい滑らかな特徴はないものの、雲内部では

（上）図 2・65　無毛積乱雲。2017 年 6 月 16 日茨城県つくば市。
（下）図 2・66　多毛積乱雲。2012 年 8 月 21 日富士山。

急速に水滴が凍結して氷晶になっています。

見た目だけで雄大積雲との区別をするのは極めて困難です。そこで、慣習的には雷活動や降雹を伴うものが無毛積乱雲、そうでないものは雄大積雲と区別されます。似た雲がいたらその姿をじっと見つめて耳を澄まし、雷活動に伴う光や音の有無を確認しましょう。

●多毛積乱雲：Cumulonimbus capillatus（Cb cap）

多毛(たもう)積乱雲は、雲の上部に明らかに繊維状・毛羽状になっている構造を持っている積乱雲で、かなとこ雲（アンビル）や柱状、毛状の塊のように広がる雲を伴います（図2・66、109ページ）。荒天をもたらす典型的な雲で、雲底に明瞭な尾流雲や降水雲を伴っています。

2・3　特殊な雲たち

雲の副変種

十種雲形、雲の種と変種に加え、**雲の部分的な特徴**（Supplementary features）と雲に付随して発生する**アクセサリークラウド**（Accessory clouds）という雲の分類もあります（表2・3）。これらを合わせて雲の**副変種**(ふくへんしゅ)と呼んでいます。

部分的な雲の特徴には、かなとこ雲(ぐも)、乳房雲（ちぶさぐも・にゅうぼうぐも）、尾流雲(びりゅううん)、

表２・３　雲の副変種(部分的な特徴、アクセサリークラウド)、特殊な雲の一覧と十種雲形との対応

種類		名前	Ci	Cc	Cs	Ac	As	Ns	Sc	St	Cu	Cb
副変種	部分的な特徴 Supplementary features	かなとこ雲：Incus(inc)										●
		乳房雲：Mamma(mam)	●	●		●	●		●			●
		尾流雲：Virga(vir)		●		●	●	●	●		●	●
		穴あき雲：Cavum(cav)		●		●			●			
		フラクタス：Fluctus(flu)	●			●			●	●	●	
		アスペリタス：Asperitas(asp)				●			●			
		降水雲：Praecipitatio(pra)					●	●	●	●	●	●
		アーク雲：Arcus(arc)									●	●
		ウォールクラウド：Murus(mur)										●
		漏斗雲：Tuba(tub)									●	●
		テイルクラウド：Cauda(cau)										●
	アクセサリークラウド Accessory clouds	頭巾雲：Pileus(pil)									●	●
		ベール雲：Velum(vel)									●	●
		ちぎれ雲：Pannus(pan)					●	●			●	●
		ビーバーズテイル：Flumen(flm)										●
特殊な雲		火災雲：Flamma									●	●
		人為起源雲：Homo	●							●	●	●
		カタラクタ：Cataracta								●	●	
		シルバ：Silva								●		

出典：国際雲図帳（世界気象機関、2017年版）

図2・67　御嶽山噴火に伴って形成された火災雲。
2014年9月27日、塩田美奈子さん提供。

穴あき雲、フラクタス、アスペリタス、降水雲、アーク雲、ウォールクラウド、漏斗雲、テイルクラウドの11種類があります。アクセサリークラウドでは頭巾雲、ベール雲、ちぎれ雲、ビーバーズテイルの4種類があります。かなとこ雲や乳房雲、尾流雲などの詳細は第4章で紹介します。

炎で生まれる火災雲

雲の中には特定の自然・人為的要因によって発生する**特殊な雲**（Special clouds）も存在します（表2・3、１１１ページ）。そのうちの1つが**火災雲**（Flamma）です。

火災雲は、森林火災や火山噴火などの自然発生の熱源に伴って局所的に発達する雲です。火災雲は少なくとも一部は水滴で構成されており、遺伝雲として働いて並積雲、雄大積雲、積乱雲を形成します。

２０１４年9月27日の御嶽山噴火時には、下層に広がる層積雲の中で山の上空に火災雲遺伝雄大積雲が立ち昇りました（図2・67）。火山噴火や森林火災などはいうまでもなく危険です。衛星観測でも火災雲は確認できるので（第５章１節・２９２ページ）、会いたくなっても画面越しに見る程度にしておきましょう。

人間活動による雲

雲は人間活動の結果としても現れることがあります。その代表格が飛行機雲です。飛行機雲は上空の水蒸気量によっては長時間存在して遺伝雲・変異雲として働き、巻雲になります（第４章２節・２０９ページ）。このように、明らかに人間活動が要因になって発生した雲を本書では**人為起源雲**（Homo）と呼びます。

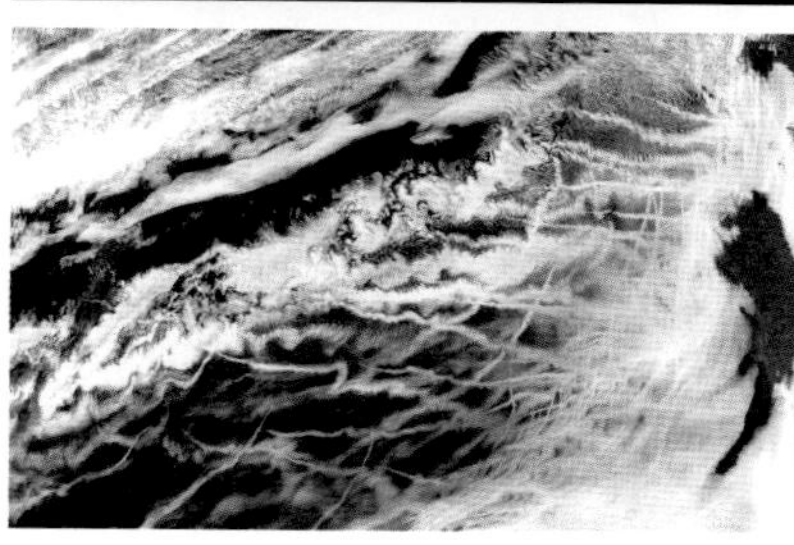

（上）図２・68　煙突から出る煙上に形成された人為起源雲。2017年６月27日新潟県新潟市、藤野丈志さん提供。

（下）図２・69　2003年１月27日ヨーロッパ沖の下層雲。NASA EOSDIS worldview の Aqua による可視画像。

人為起源雲には、発電所や工場などからの熱を伴う排ガスで発生する積雲状の雲も含まれます。図２・68（113ページ）で示すような並積雲は人為起源並積雲と呼ばれ、煙(Fumu) と積雲を掛け合わせて“Fumulus”と呼ばれることもあります。

衛星から雲を眺めていると、海上で直線やギザギザした線のようにのびる下層雲を見かけることがあります（図２・69、113ページ）。これは船の航跡に対応した**航跡雲**と呼ばれる雲で、船からの排ガスが雲凝結核として働いて発生したものです。

人間活動は私たち人類が生きていく上では必要不可欠ですが、地球環境への影響が懸念されています。**気候変動に関する政府間パネル**（ＩＰＣＣ：Intergovernmental Panel on Climate Change）により、**地球温暖化**の科学的根拠についての知見が第5次報告書にまとめられています。これによれば世界の平均気温は１８８０年から２０１２年までに０・８５℃上昇し、地球温暖化が起こっていることは疑いようがない事実とされています。さらに、地球温暖化の原因は人為起源の温室効果ガスである可能性が極めて高い（95%以上）ことがわかっています。人為起源の**温室効果ガス**としては二酸化炭素やメタンが主ですが、このほかにも地球温暖化に影響する要因として、人為起源エアロゾルによる直接効果と間接効果（雲の変質）が挙げられています。地球温暖化対策をするためには科学的に正確な要因の把握が必要ですが、人為起源エアロゾルの影響は不確実性が大きいのが現状です。特に雲への影響は、現状では温暖化を抑制する作用があると考えられていますが、その影響の程度は誤差が大きく、エアロゾルが影響する雲形成や雲を介した温暖化への寄与について検証することが必要です。

近年では地球温暖化に伴う集中豪雨（しゅうちゅうごうう）や台風への影響も議論されつつあります。梅雨末期の九州での豪雨は、温暖化に伴って東シナ海の海面水温が上昇して、大気下層への水蒸気供給量が増えるため、豪雨による降水量が今後増えるといわれています。一方、台風は温暖化に伴って地球全体での発生数は減少するものの、強い台風の発生割合は増加し、台風に伴う降水が増加、強風域の範囲も拡大するといわれています。

人間活動はエアロゾル・雲を介して降水や災害をもたらす大気現象にも影響を及ぼします。私たちにはこのような科学的事実を受け止め、地球環境問題について積極的に思考するとともに、特に気象災害への備えを再確認し、行動することが求められています。

滝に現れる雲

滝といえば虹のスポットです。壮大な滝を眺めるだけでも心が洗われますが、そこにかか

図2・70　カタラクタ。2015年7月22日イグアスの滝、関根久子さん提供。

る虹を見られるとより晴れやかな気分になることでしょう。しかし、実は滝の見どころはそこだけではありません。

滝では**カタラクタ**（Cataracta）という雲に出会えることがあります。この子は滝で落下した水が霧状になって舞い上がり、局地的に発生する雲です。大きな滝では落下する水によるローディングで下降流が発生し、これを補う流れ（補償流）として局地的に上昇流が発生します。すると、この上昇流に伴って積雲や層雲が発生するのです。規模の大きい滝に囲まれた場所では、落下する水に伴う下降流同士がぶつかって上昇流が強化されることも考えられます（図2・70）。滝に虹にカタラクタ、最高のワンシーンですね。

カタラクタは国内の滝の名所でも発生しますの

図2・71　シルバ。2013年8月6日東京都奥多摩町。

で、滝を訪れる機会があったら、カタラクタを探してみましょう。滝も雲も楽しめます。

森に現れる雲

森林をよく見ていると、湯気のように発生する雲と出会えることがあります（図2・71）。このように森林上で発生する雲は**シルバ**（Silva）と呼ばれています。

森林の地域では、海や砂漠などの地域と気候が異なります。海は障害物がなく風が吹きやすいですが、森林では樹木の存在で風は吹きにくいです。また、温まりやすさや冷えやすさも異なります。このように、森林や建築物の多い都市部では地上付近に**キャノピー層**という特有の層が形成されます。キャノピーは天蓋（てんがい）という意味で、森林や都市を蓋のように覆っています。**森林キャノピー層**では、雨が樹木の葉や幹に付着して降雨後に蒸発しやすく、光合成時に開いた葉の気孔からも水が蒸発します。森林キャノピー層内での水蒸気量増加によって雲核形成し、発生する層雲がシルバなのです。

特に樹木の生い茂った山地などでは、地形による影響（第4章1節・196ページ）とは明らかに異なる層雲が生まれるのを目にできます。大人しく可愛い子ですので、ぜひその発生過程も想像しながら愛でてあげてください。

2・4　高層大気の雲

真珠母雲の虹色の輝き

雲の中には対流圏より上空の高層大気中で発生する雲もあります。そのうちの1つが**真珠母雲**です（図2・72）。

真珠母雲は冬の高緯度地域や極域の上空20～30㎞の成層圏で発生する雲です。名前は養殖真珠の母貝とされる真珠母貝（アコヤガイ）の内側のような虹色に輝くことに由来しますが、学術的には**極成層圏雲**と呼ばれます。真珠母雲の虹色は日の入直後に最も鮮やかになり、対流圏内の雲で発生する彩雲（第3章2節・156ページ）よりも大規模な虹色を見せてくれます。日の入後2時間程度まで太陽光を受けて光っている姿を確認できます。

冬の極域では日中でも太陽光が届かなくなる**極夜**(きょくや)が起こり、上空では成層圏に**極渦**(きょくうず)（**極夜渦**(きょくやうず)）という渦が形成されて成層圏の大気が周囲から孤立します。すると極渦内部は放射冷却によって低温化し、気温マイナス78℃以下の環境下で真珠母雲が発生します。この子をなす雲粒子は、球形ではない硝酸水和物（特に硝酸三水和物）や球形で過冷却の三成分系液滴（硫酸・硝酸・水）、水でできた氷晶といわれています。このうち特に球形の粒が太陽光を回折(かいせつ)して虹色を作ります。真珠母雲は成層圏内の大気中を伝わる波動（**大気重力波**(たいきじゅうりょくは)：Gravity wave、相対論の重力波：Gravitational waveとは別のものです）上でレンズ状になり、雲粒の粒径が揃って大規模な虹色を生み出します。雲粒子の核形成には、火山噴火に伴って成層圏に達した硫酸塩粒子が重要といわれています。

図2・72　真珠母雲。2017年1月17日南極昭和基地、藤原宏章さん提供。

美しい姿をした真珠母雲ですが、オゾン層の破壊にも関係します。地上から放出されたフロンが成層圏内で紫外線を受けて分解すると塩素原子が生じ、すぐに塩化水素や硝酸塩素になって成層圏内を漂います。これらはオゾン層を破壊しませんが、真珠母雲が発生すると雲粒子の表面で塩素ガスが発生します。冬の間に極域成層圏内で塩素ガスが蓄積されると、太陽光が極域に届くようになる春に紫外線を受けてオゾン層破壊に影響する塩素原子が生まれるのです。このことから、真珠母雲は南極のオゾンホールと関連して研究対象となっています。

夜空で輝く夜光雲

地球上で最も高い空にできる雲、その名は**夜光雲**（やこううん）です（図2・73）。夜光雲は中間圏界面付近で発生し、夏の半球の高緯度地域で日の出前や日の入後に観測されます。巻雲のような見た目で、ベール状、帯状、波状、リング状のような形をした銀色や青っぽい色に輝く美しい雲です。夜に光っている雲なので夜光雲なのですが、**極中間圏雲**（きょくちゅうかんけんうん）とも呼ばれています。

夏の半球の高緯度地域の上空では、中間圏界面付近で地球の大気が最も低温となっています。その気温はマイナス１２０℃以下で、夜光雲は高度75～85㎞の非常に低温な高層大気中で生まれます。夜光雲を構成する雲粒子は水でできた氷晶で、流星などに伴う宇宙起源の鉱

図２・73　夜光雲。2009 年 7 月 21 日フィンランド、Jari Luomanen さん提供。

物・煙粒子、水素イオンと水分子が結合した多量のイオン（水和陽子）が氷晶核形成したものと考えられています。

夜光雲は緯度50～65度で見られることが多いですが、２０１５年６月21日に国内で初めて北海道（緯度43～45度）で観測されました（図２・74、１２２ページ）。観測時刻は午前２時過ぎで、高度約84㎞の空で発生していました。緯度が45度より低い地域で夜光雲が観測されるのは極めてまれで、地球温暖化に伴う対流圏の気温上昇と中間圏の気温低下が低緯度での夜光雲出現に関係している可能性が指摘されています。

（上）図２・74　夜光雲。2015年６月21日午前２時15分北海道紋別市、藤吉康志先生提供。
（下）図２・75　ロケット（H-ⅡA）による夜光雲。2017年１月24日茨城県つくば市、岩淵志学さん提供。

宇宙へ繋がるロケット雲

夜光雲は高緯度地域特有の雲のため、会いに行くにはけっこうな労力がいります。しかし、実は日本でも狙って出会える夜光雲もいます。それが**ロケット雲**です。

２０１７年１月24日の日の入直後、関東地方以西の太平洋側で広範囲に夜光雲が観測されました（図２・75）。

実はこの日、午後４時44分に鹿児島県の種子島宇宙センターからH－ⅡAロケットが打ち上げられ、ロケットの噴煙が核となって人為起源雲として夜光雲が生まれたのです。過去にロケットが同じような時間帯・軌跡で打ち上げられた際にも夜光雲が観測されています。

ロケット雲に出会うには、夜光雲が日の入直後に観測しやすいためにロケットが夕方に打ち上げられること、対流圏内に雲があまりないこと、そしてロケットの打ち上げ軌道が観測地から見やすい経路であることが必要です。街の灯りが強いと見えにくいため、灯りの少ない海岸沿いの地域などで待ち構えると出会いやすいです。

最近はスマートフォン（スマホ）等で手軽に大気現象の写真を撮影し、それをSNSで共有しやすい時代になりました。ロケット雲は観測手段の多くない高層大気中の現象なので、雲の形の時間変化を追えば中間圏の大気重力波などの実態解明ができる可能性もあります。ぜひみなさんも珍しい雲を見かけたら、連写して私に送りつけていただければ幸いです。

第3章 美しい雲と空

解説動画

映像資料

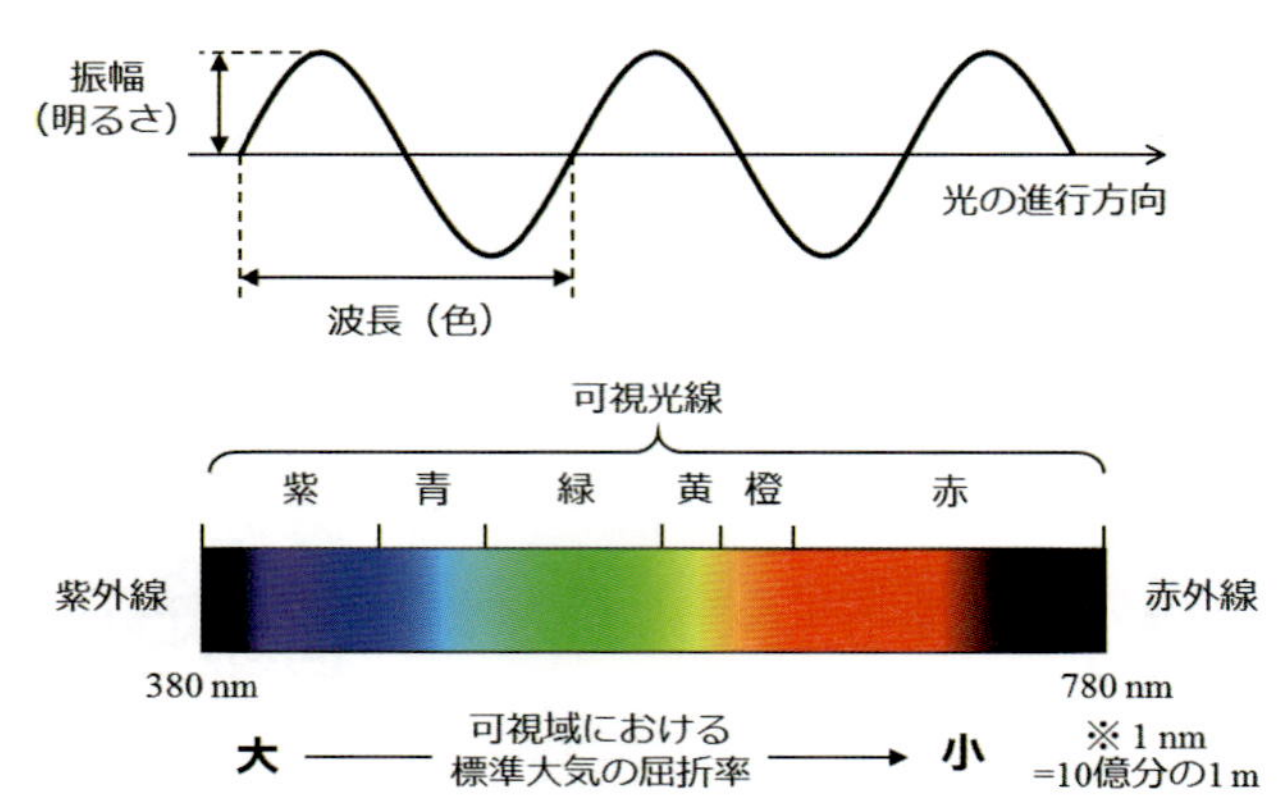

図3・1　可視光の波長と色、明るさの関係。

3・1　大気による彩り

光の特徴

雨上がりの虹や朝焼けに夕焼けなど、雲や空は私たちに感動的な光景を見せてくれます。これらの空の彩りは光と大気、雲、降水粒子などによって生まれ、**大気光象**（**大気光学現象**）と呼ばれています。第3章では、光の魔法のような美しい雲と空のしくみに迫ります。

空の光の魔法を知るために、まず光の特性をおさらいします。太陽光は様々な波長の電磁波が重なっていて、波長の短いほうから紫外線、可視光線、赤外線などに分類されます。この**可視光線**が私たちの認識できる光です。可視光線を波として考えると、波の振幅が光の明るさで、波長によっ

表3・1　要因ごとの大気光象一覧

主な要因	現　象
大気・エアロゾルによるレイリー散乱	青空、朝焼け・夕焼け
雲粒子などによるミー散乱	雲の白い色、薄明光線、反薄明光線
大気による屈折	グリーンフラッシュ、蜃気楼
水滴による屈折・反射	虹全般（主虹、副虹、過剰虹、反射虹、白虹）
水滴による回折	彩雲、光輪、光環
氷晶による屈折	22度ハロ、46度ハロ、環天頂アーク、環水平アーク、22度幻日、上部・下部タンジェントアーク、外接ハロ、上部・下部ラテラルアーク、パリーアーク
氷晶による反射	太陽柱、光柱、幻日環、映日、太陽アーク
氷晶による屈折・反射	120度幻日、ローウィッツアーク、向日アーク、映日アーク、映向日アーク

て色が変化します（図3・1）。

可視光線の波長は短いほうから紫、青、緑、黄、橙、赤の色をしており、この順に**屈折**しやすいという特徴を持っています。本書では「理科年表」（国立天文台編、丸善出版）に倣って6色で表していますが、7色で表現される虹色では紫と青の間に藍が入ります。

通常は可視光線も全ての波長の光が重なっているため、私たちは白い光に見えています。しかし、波長毎に屈折率が異なっているため、光を屈折する透明なガラスなどの多面体（**プリズム**）を通すと波長毎に光が分かれ（**分光**）、綺麗な虹色が見えるようになるのです。

光が空に射すとき、その光は大気分子や大気中のエアロゾル、雲・降水粒子と出会いま

図3・2　白い雲と灰色の雲。2016年8月1日茨城県つくば市。

す。すると、光の屈折に加えて散乱、反射、回折などが起こり、光の進む方向が変わったり分光したりして様々な大気光象が生まれます（表3・1、127ページ）。それぞれのしくみに迫っていきましょう。

雲と空の顔色を決めるもの

スカッと晴れた日の青空は心も晴れやかになります。真っ白な好天積雲などが浮かんでいると最高です。扁平積雲から並積雲に発達してくると、雲底の灰色が目立つようになります。上空にも層状の雲が出て日が陰ると積雲全体が暗くなります（図3・2）。

これらの雲の色には光の**散乱**が効いています。散乱とは、光が標的となる粒子にぶつかって進む向きを変えることです。光の散乱はぶつかる粒子の大きさによって特性が変化します。光の波長に対して極めて大きい半径約0・1mm以上の雨滴に光がぶつかると、光は雨滴表面で反射されたり、雨滴内に入って屈折、反射したりして雨滴の外に出ます。このような散乱

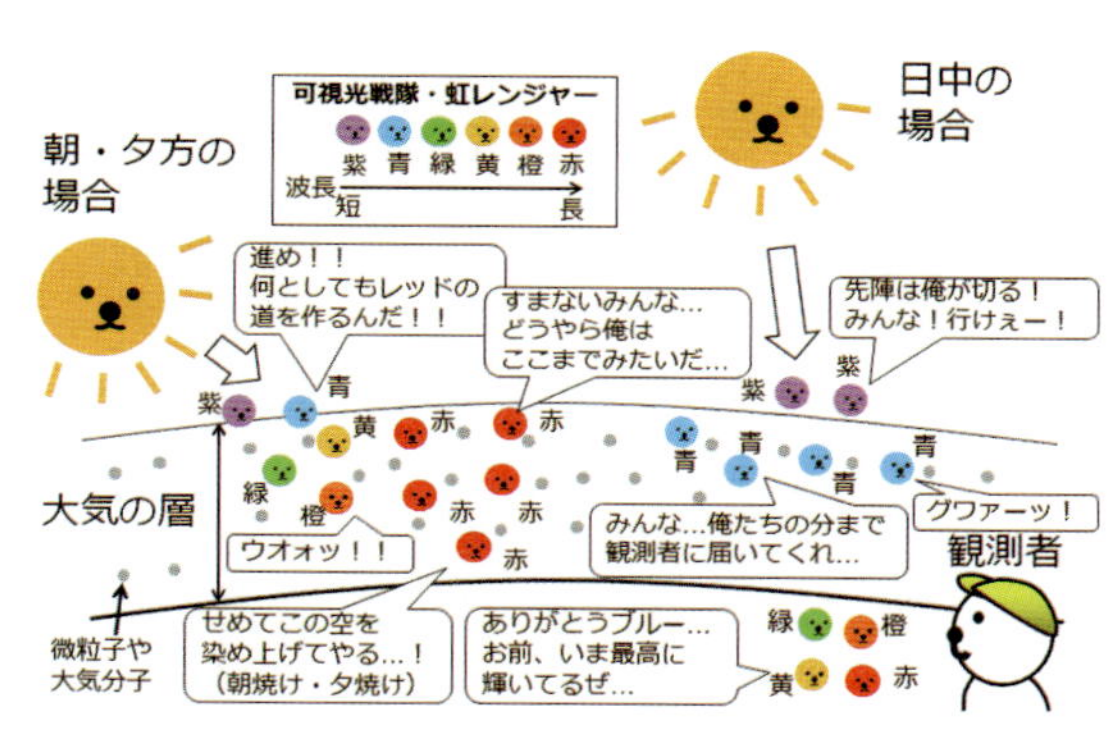

図３・３　空が青く、朝焼け・夕焼けが赤い理由。

を**幾何学的散乱**と呼び、散乱方向は標的粒子の形状によって変わります。

光の波長と同じかやや大きい雲粒やエアロゾルに光がぶつかる場合、可視光線では波長に関係なく同じように散乱される**ミー散乱**が起こります。太陽光が雲に射すとミー散乱が起こり、様々な色の光が重なった白い光が私たちの目に届きます。これが、雲が白い理由です。上空に雲があり下層の雲に届く太陽光が弱かったり、雲内で無数の雲粒によってミー散乱されて光が弱まったりすると暗い色になります。中下層の積雲状の雲や層状雲の雲底が暗いのはこのためです。

可視光線が自身の波長よりもはるかに小さい空気分子やエアロゾルにぶつかると、波長の短い光ほど強く散乱される**レイリー散乱**が起こります。この散乱の強さは光の波長の４乗に反比例する特性があるため、赤と比べて波長が約半分の紫の光は（図3・1、126ページ）、赤よりも2の4乗倍＝16倍も強く散乱されます。可視光線が地球の大気層に入ると日中は紫がまず大気上部で散乱され、その次に波長の短い青が大気中で散乱します（図3・3、129ページ）。この青い光が空に広がって私たちの目に届くため、日中の空は青く見えるのです。そのほかの光はあまり散乱されずに地上まで届くため、日中の太陽の輝きは白く見えます。

太陽高度の低い朝や夕方では、可視光線の通過する大気層の距離が長くなります。すると、波長の短い色の光は全て散乱され、残った波長の長い赤い光が空に広がります。朝焼けや夕焼けの空は、可視光線が壮絶な散乱を経て私たちに見せてくれているものなのです。なお、信号の「止まれ」が赤色なのは、赤い光がほかの色よりも散乱の影響を受けにくく遠いところまで届くという科学的根拠に基づいています。

ちなみに海が青くなるのは、水は波長の長い赤い光を吸収するという特性が要因です。海を見る私たちの目には、海面で反射された空の青に加え、海中で波長の長い光が吸収されて生まれた青が届くのです。海の色はプランクトンの影響も受けて濁りますが、プランクトン数の少ない沖縄などの海の浅瀬では白い砂や跳ね返った光の色が混ざって透き通ったエメラルドグリーンになります（図2・60、105ページ）。雲や空、海を見るとき、その色の生まれた背景も想像して楽しんでみてください。

朝焼けと夕焼け

１日の始まりの朝に壮大に焼けた空に出会えると、幸せな気持ちでその日を過ごせます。夕方に真っ赤な焼け空に出会えれば、その日感じたストレスも大体どうでもよくなります。そんな癒しの焼け空ですが、焼け空という一言では片付けられない様々な表情を持っています。

図３・４　朝焼け色に染まる雲。
2017 年 8 月 25 日茨城県つくば市。

朝焼けや**夕焼け**は大気分子やエアロゾルで可視光線がレイリー散乱を経験し、波長の長い赤い光が空に広がった状態です。この赤い光が最も深い色になるのは、可視光線の通過する大気層の距離の最も長い、日の出前と日の入後です（図３・４）。特に巻雲や巻積雲などの上層雲があり、それより下層に雲がなければ、地平線の向こう側からの太陽光が雲でミー散乱して、大気層を長く通った深紅の光が私たちの目に届きます。空の焼け色は日

（上）図3・5　夕焼け色に染まる尾流雲。
2017年6月30日茨城県つくば市。
（下）図3・6　エアロゾルが多いときの赤黒い太陽。
2017年5月20日茨城県つくば市。

の出の20～30分くらい前からの東の空や日の入後20～30分の西の空で楽しめます。

日の出や日の入の直前～直後は、橙や黄色の光も混じった明るい焼け色になります。太陽が地平線より少しだけ高い位置にいれば、雲や空は白い輝きも混じった黄金色に包まれます。短時間で空や雲の表情はガラッと変わるので見ていて飽きません。

特にオススメなのは雲のある焼け空です。雲頂付近が焼け色に染まって顔を赤らめた雄大積雲や積乱雲、金魚のようなレンズ状高積雲や房状・鉤状巻雲、どれも素晴らしいです。高積雲などからのびた尾流雲が焼けるともう最高です（図3・5）。

なお、可視光線の波長より小さいエアロゾルが多量にある状況では、日の出直後や日の入直前の低高度の太陽が赤黒くなります（図3・6）。冬の寒い朝などに地上が冷えて大気下層に強い逆転層が生じると、エアロゾルの数濃度が高まってこのような状況になります。**越境大気汚染**（えっきょうたいきおせん）などによりエアロゾルが多量に飛来しているときにもこうなります。図3・6で太陽と同じ高さの空が暗い灰色なのは、多量のエアロゾルによるレイリー散乱で赤を含む全ての波長の可視光線が散乱して撮影場所まで届いていないためです。一方で太陽から最短距離で届いた可視光線は、ギリギリ赤い光が残っているため太陽が赤黒く見えています。低高度の太陽の表情からエアロゾルが多いか少ないかも想像できるのです。

薄明の空の彩り

美しい焼け色に出会える日の出前や日の入後の時間帯は、**薄明**（はくめい）（Twilight）と呼ばれています。薄明は太陽高度によって3つに分類され、太陽が地平線に入ってからマイナス6度までは照明なしでも明るい屋外で活動でき、雲も盛大に焼ける**市民薄明**（**常用薄明**）、太陽高度マイナス6～マイナス12度は海面と空の境目が見分けられる明るさの**航海薄明**、太陽高度マイナス12～マイナス18度は6等星が肉眼で確認できない明るさの**天文薄明**と呼ばれます。

太陽高度がこれより低いと夜で、朝と夕方の太陽高度マイナス18度の時間はそれぞれ**夜明け**(Dawn)、**夕暮れ**(Dusk)と呼ばれています。ただし、日本国内では江戸時代に作られた定義をもとに、朝と夕方に太陽高度がマイナス7度21分40秒になる時間をそれぞれ夜明け、日暮れと呼んでいます。朝の薄明には暁(あかつき)、東雲(しののめ)、曙(あけぼの)、夕方の薄明には黄昏(たそがれ)、薄暮(はくぼ)と呼ばれるものもあります。

市民薄明の空は焼けるだけではなく、あたり一面が青に染まる**ブルーモーメント**にも出会えます(図3・7)。ブルーモーメントは焼け色のない日の出前と日の入後のわずかな時間に訪れ、天気がよく雲がさほど多くはない状況で出会いやすい現象です。ブルーモーメントで空が濃い青色に染まる時間帯は**ブルーアワー**と呼ばれ、この青色は大気によるレイリー散乱だけでなく、成層圏のオゾンの影響があると考えられています。日の出前のブルーモーメントで街全体が青く染まる光景は、徹夜で疲弊(ひへい)した心身も優しく癒してくれます。

市民薄明は**マジックアワー**や**ゴールデンアワー**とも呼ばれ、非常に美しい空が楽しめます。特に焼け色とブルーモーメントの混在する時間帯の空は最高に最高です。晴れていると空色の変化がよくわかりますが、上中層雲が広がっていても魔法のような桃色の空になることがあります(図3・8)。

（上）図3・7　ブルーモーメント。2016年8月1日茨城県つくば市。
（下）図3・8　マジックアワー。2017年5月16日茨城県つくば市。

薄明は毎日2回も訪れています。「昼間は仕事が忙しくてなかなか空を見上げられない」、そんな方はぜひ美しい薄明の空を見て、ひと息ついてボチボチいきましょう。

薄明光線と反薄明光線

太陽が雲や山に隠れているとき、雲の輪郭や隙間から空に**薄明光線**（はくめいこうせん）という光の筋がのびることがあります。地上にのびる薄明光線は**天使の梯子**（はしご）としても親しまれています（図3・9）。これはもともと旧約聖書の創世記に登場するヤコブという人物が、夢の中で空から射す光の

図3・9　地上にのびる薄明光線・天使の梯子。2017年3月8日茨城県つくば市。

梯子で上り下りする天使を見たことが由来となっており、**ヤコブの梯子**とも呼ばれます。

薄明光線は可視光線の波長と同程度の大きさのエアロゾルが太陽光をミー散乱し、光の経路が目に見えるようになったものです。これは、小さな粒子が浮遊して懸濁（けんだく）している物質を通る光が散乱して見える、**チンダル現象**の1つです。エアロゾルの数が多かったり、薄い雲の雲粒で発生する薄明光線は、途中で光が切れることもあります。上中層に雲がいれば、雲

（上）図3・10　日の出前に東の空に現れた薄明光線。
2016年9月5日茨城県つくば市。
（下）図3・11　夕暮れに東の空に現れた反薄明光線。
2016年9月6日茨城県つくば市。

に光や影が投影されて美しい景色になったりもします。

薄明光線自体はありふれた現象で、太陽高度の高い日中でも積雲や雄大積雲などの孤立した雲に太陽が隠れると出会えます。また、天使の梯子は層積雲や高積雲などの厚みのある雲が広がり、光を通す隙間があるときに出会えます。太陽高度によっては黄金色や焼け

図3・12　雲の影と薄明光線。
2017年7月13日茨城県つくば市。

色の梯子にもなります。目立った雲が見当たらなくても、地平線の先の雲で生まれた薄明光線が日の出前の東の空や日の入後の西の空に現れることもあります（図3・10、137ページ）。姿は見えなくても雲の存在を感じさせてくれる優しい光なのです。

　太陽と反対側の空に生まれる光の魔法も見逃せません。日の出頃の西の空や日の入頃の東の空で、太陽側の空から薄明光線がのびてきた光は**反薄明光線**（はんはくめいこうせん）と呼ばれます（図3・11、137ページ）。反薄明光線は太陽と正反対の地点（**対日点**（たいじつてん））に向かって収束しており、裏御光（裏後光）とも呼ばれます。

　薄明光線や反薄明光線は、まるで天が割れているかのような美しい空を見せてくれます。西に山地を持つ太平洋側の地域では、夏の晴れた日の午後に山地で発生した積乱雲（第4章4節・244ページ）で夕陽の光が遮られ、美しい薄明光線に出会えることが多いです（図3・12）。そんな日はレーダー情報で積乱雲の位置を確認しつつ、夕方に空を見上げてみま

（上）図3・13　地球影とビーナスベルト。2014年1月10日長野県。下平義明さん提供。
（下）図3・14　地球影。2016年3月29日茨城県つくば市。写真は南を中心に東（左）から北（右）にかけてパノラマ撮影したもの。

しょう。

地球影とビーナスベルト

日常生活の中で地球の存在を意識することはほぼ無いですが、日の出直前や日の入直後にはその存在を感じられる現象があります。それが**地球影**（ちきゅうえい）です（図3・13）。

地球影はその名の通り地球の影で、市民薄明の時間帯に太陽と反対側の空で見られます。晴天時に現れやすく、太平洋側であれば冬の晴れた朝や夕方が観測に適しています。地球影は太陽と反対側の空の地平線の少し上くらいまで広がる暗い影で、さらにその上には薄い紫やピンクの色をした帯のような部分があります。ここは**ビーナスベルト**と呼ばれていて、視角度で10～20度の幅を持っています。ビーナスベルトの色は大気中のエアロゾルの数濃度によって変わり、数が少なければ綺麗なピンク色になりますが、多ければドス黒くなったり見えなくなったりします。

太陽と反対側の空の地球影だけでなく、太陽側から反対側の空までを見渡してみると、より地球を感じられます（図3・14、139ページ）。太陽と反対側の空にいくにつれ、地球影の地平線からの高さが厚くなっているのがわかります。薄明光線と同時に現れる雲などの影と同様に、地球の影も傾いているのです。

幸せの輝き――グリーンフラッシュ

日の出や日の入のわずかな瞬間、太陽が緑色に輝く**グリーンフラッシュ**という現象が起こることがあります（図3・15）。大気の屈折率は可視光の範囲では波長が短い青ほど大きいので、青や緑の光は波長の長い赤い光よりも大きく上方に凸に曲げられます。この屈折の程度は光の通る大気層の長さが最長、つまりは太陽が地平線にあるときに最大になります。太陽の大部分が地平線に隠れると、太陽上端の青や緑の光が観測者に届くはずですが、波長の短い青の光は大気に強く散乱されるために緑色の光が残り、グリーンフラッシュの輝きが生まれるのです。

巷ではグリーンフラッシュを見た人には幸運が訪れるといわれていますが、この光の魔法に出会えること自体が幸運です。しかし、この幸運は自分で掴みにいけます。下層雲がなく、風の穏やかな日に地平線の見えるところで張っていれば出会えることがあるからです。エアロゾルが少なく大気がクリアであることも条件の1つです。海辺に行くときにはぜひ狙って見てみましょう。

図3・15　グリーンフラッシュ。2013年3月2日フィンランド、Jari Luomanen さん提供。

光の魔法で生まれた虚像——蜃気楼

空はときに幻のような景色を見せてくれます。その1つが**蜃気楼**です。大規模な蜃気楼は現実味のない光景を生み出しますが、蜃気楼自体は実は身近にありふれた現象です。

蜃気楼には遠い景色が上方に変化する**上位蜃気楼**と、

（上）図3・16　上方にのびる上位蜃気楼。
2013年5月18日富山県魚津市、菊池真以さん提供。
（中）図3・17　上方に反転する上位蜃気楼。
2013年4月10日フィンランド、Jari Luomanen さん提供。
（下）図3・18　下位蜃気楼。
2017年4月14日フィンランド、Jari Luomanen さん提供。

下方に変化する**下位**（かい）**蜃気楼**の2つがあります。このうち上位蜃気楼は比較的珍しく、遠くの景色が上方にのびるものと（図3・16）、上方に反転するものがあります（図3・17）。

一方、下位蜃気楼では遠くの景色が下方に反転して見え、海では島が浮かんでいるように見えるために**浮島**（うきしま）**現象**とも呼ばれます（図3・18）。

これらの蜃気楼は、温度（密度）の異なる大気が層状に広がっているときに大気による光の屈折が要因となって生まれます。上位蜃気楼は地上付近に気温の低い冷気層、その上部に気温の高い暖気層があるときに発生します。大気の屈折率は低温で高密度な空気ほど大きいため、暖気と冷気の境目の層で光が下方に曲げられ、上方に虚像が見えるようになります。上位蜃気楼は冷気・暖気の境目での温度変化が緩やかなら光は小さく曲がって上方にのび、温度変化が急激なら光が大きく曲がって上方に反転するのです。下位蜃気楼は暖気の上部に冷気の層があるとき、その境目で光が冷気側に曲げられることで生まれます。

蜃気楼スポットとしては富山湾が有名です。富山湾では、3月下旬から6月上旬の時期に、移動性高気圧が日本の東に抜けて、晴れた北寄りの弱風の日の昼頃に、上位蜃気楼が発生しやすいといわれています。また、冬に冷たい空気が流入すると海面が温かいために下位蜃気楼が発生しやすくなります。下位蜃気楼については全国どこでも見られ、夏の晴れた暑い日に道路に見える**逃げ水**も下位蜃気楼の1つです。

このほかに**鏡映蜃気楼**（**側方蜃気楼**）という水平方向の温度勾配が重要と考えられている非常にレアな現象もあります。熊本県八代海の**不知火**がこの1つと考えられており、海上の漁船の灯りが左右に別れて水平線上に連なったり、上下に分裂して見えます。大気下層に温度差のある層があると、太陽や月の形も変わって見えます。上位蜃気楼で四角くなったり、下位蜃気楼で水平線上の太陽や月の一部が下方に反転してだるま状やワイングラス状になったりします。これらは全国どこでも見られる現象なので、焼け空や月を追いかけるときにぜひ太陽や月の形も気にして見てみましょう。

私たちの見ている景色は、光が通過する大気層の状態に強く依存しています。車のエンジンの排熱、ロウソクや焚火の炎の上がゆらめくのも、局地的な温度変化が大気密度を変化させることで光が屈折して生じる現象である**陽炎**（かげろう）（**シュリーレン現象**）です。逃げ水や陽炎は普段気にしなければ見過ごしてしまいがちですが、今度見かけたら光を屈折させてしまう大気の気持ちに想いを馳せてみてください。

3・2　水の粒による彩り

雨上がりの空の虹色

雨上がりの空にかかる虹は、いつ見ても感動的です。美しい虹と出会う機会を格段に高め、もっと虹を楽しむために、虹の性格をフォローしておきましょう。ここでは、光と大気中の

図３・19　雷雨のちダブルレインボー。2014年４月４日茨城県つくば市。

水滴が織りなす彩りについて考えていきます。

虹（にじ）というのは、太陽と反対側の空で雨が降っているときに現れる、赤から紫までの色の並んだ円弧状の光のことです。レインボー（雨の弓）というように虹色を生み出すのは球形の雨滴で、太陽の光が強いほど綺麗な虹色になります。ときには２重の**ダブルレインボー**になり、この内側の虹は**主虹**（しゅこう）、外側の虹は**副虹**（ふくこう）と呼ばれます（図３・19）。これらの虹は対日点を中心に主虹は視角度42度、副虹は50度（いずれも赤色の部分）の位置に円状に形成されます（図３・20、１４６ページ）。飛行機や高い塔の上からなら完全に円形の虹を見られることがありますが、地上からは円の一部を見ているのです。これらの虹の幅は主虹では視角度で約２度、副虹では約４度になっています。

　ダブルレインボーをよく見ると、主虹は内側から外側に向かって紫から赤に色が変わっていますが、副虹は色の並

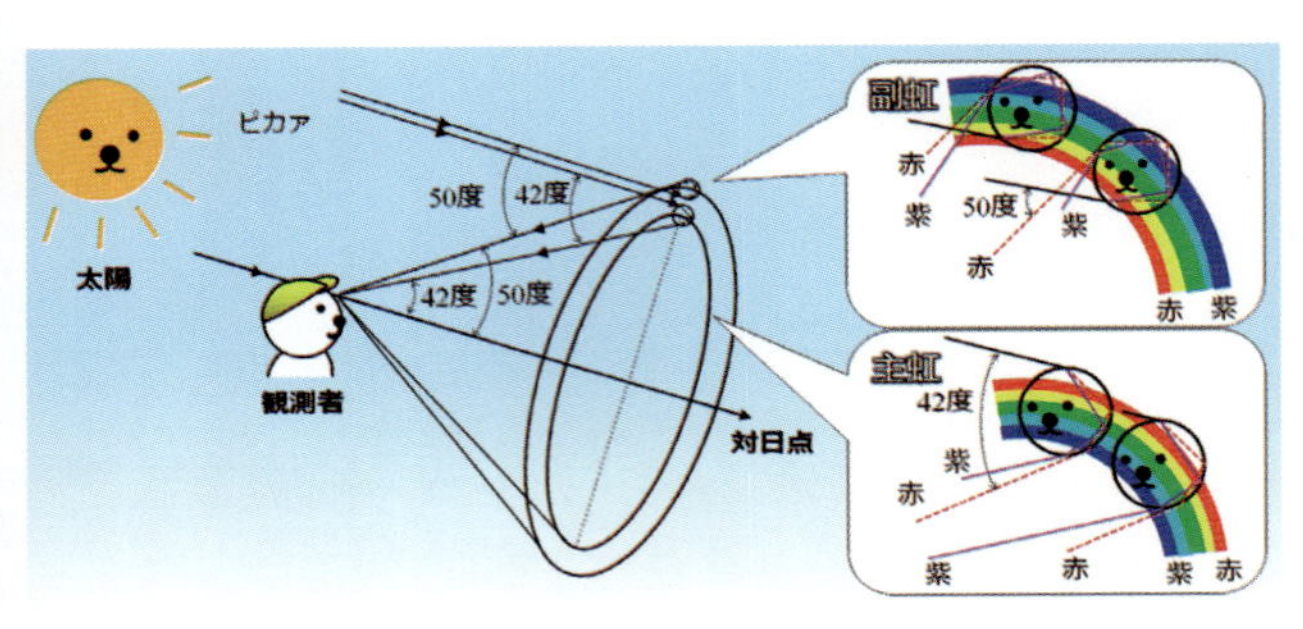

図3・20　主虹と副虹のしくみ。

びが逆になっています（図3・19、145ページ）。これを虹の弧の上部の雨滴を通る光で考えてみます（図3・20）。太陽からの可視光線は雨滴に入って屈折するために分光して虹色を作りますが、この光は主虹では雨滴上部から入って内部で1回反射して下部から出て、副虹では逆に雨滴下部から入って内部で2回反射して上部から出ます。主虹と副虹で色の並びが逆になっているのは、光の雨滴内部における反射回数の違いによるのではなく、私たちの目に届く光が雨滴内部で逆方向に回って分光しているからなのです。光の反射時には屈折光として雨滴の外に出てしまうものがあり、副虹は光の反射回数が主虹より1回多いぶん、虹色として私たちの目に届く光は弱くなっています。

また、主虹と副虹の間には**アレキサンダーの暗帯**（あんたい）という暗い空、主虹の内側には明るい空が見えます（図3・19、145ページ）。主虹の光は視角度42度付近で最も強くなっていますが、主虹の内側には雨滴に入るときの位置のわずかに異なる光たちが重なって届いていています。副虹の外側にも光が重なって届いており、主虹と副虹の間はちょうど雨滴内で反射した光が届かずに暗く見えているのです。

虹の愛でポイントの1つが、太陽高度によって姿が変わるところです。虹は対日点を中心とした円形なので、太陽が高いと円弧の上部だけの虹が現れます（図3・21）。地平線付近の虹も可愛らしいです。太陽が低いほど半円に近くなり、朝焼けや夕焼けの焼け空タイムには虹を作る可視光線も暖色系になり（図1・2、23ページ）、**赤虹**（あかにじ・せきこう）・**モノクロ虹**と呼ばれる虹になります。

図3・21　太陽高度が高いときの主虹。2016年12月18日12時頃。沖縄県嘉手納町、新垣淑也さん・田地香織さん提供。

ダブルレインボーがあるならトリプルレインボーもあるのか、気になるところです。主虹は別名1次の虹、副虹は2次の虹とも呼ばれ、実は3次以上の**高次**（こうじ）**の虹**も存在します。虹の次数は雨滴内部で光が反射される回数と対応しています。雨滴内部で反射する光の経路から、3次と4次の虹は太陽側の空、5次、6次は太陽と反対側の空のそれぞれ主虹と副虹の間、主虹の内

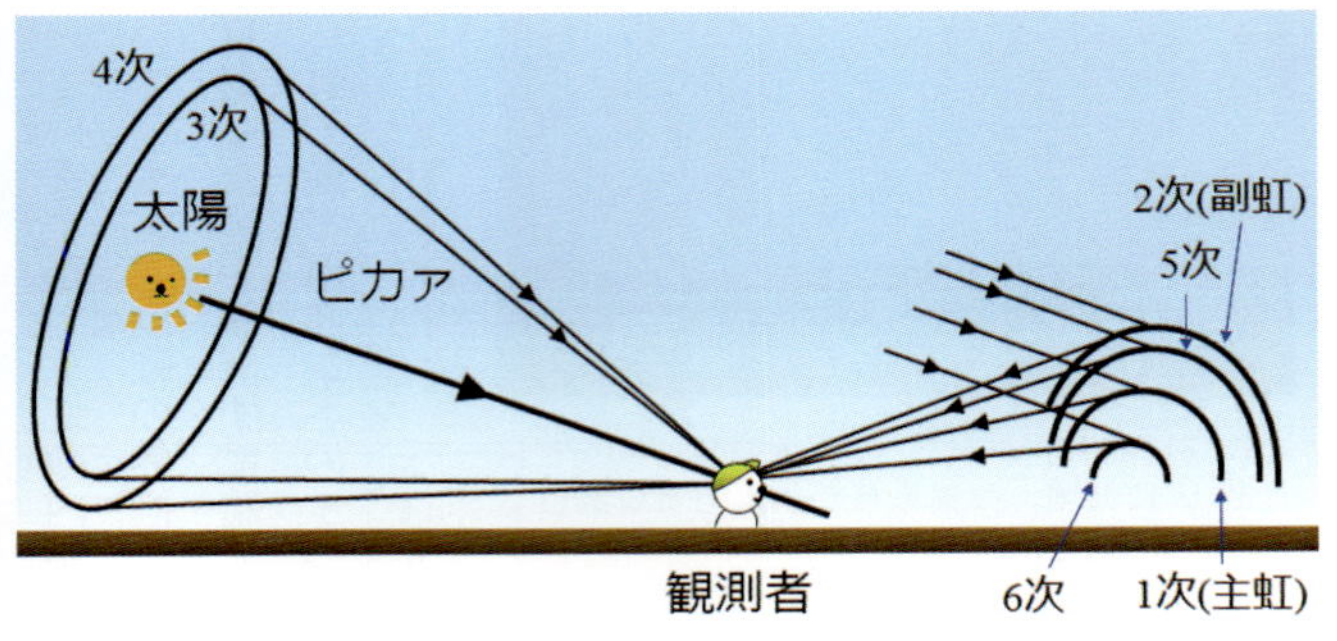

図3・22　高次の虹の位置。

側に理論上は存在します（図3・22）。ただし、副虹でもうっすら見えることがある程度の光の強さで、3次以上の虹の光は非常に弱く観測は極めて困難です。

また、雨滴は大きくなるとおまんじゅう型になるため（第1章4節・37ページ）、球形の水滴のように上手く光を反射できなくなります。このため土砂降りのときは綺麗な虹はできません。ただし、おまんじゅう型の大きな雨滴と球形の雨滴が混在するとき、まれに主虹のすぐ内側などにもう1つの虹を伴う**双子の虹**（Twinned rainbow）が現れることがあり、3つに枝分かれする非常にレアな虹も報告されています。

さて、一番重要なのは虹との出会い方ですが、太陽と反対側の空で弱い雨が降っていて太陽側は晴れて光の強い状況が最適です。例えば太平洋側なら、夏の晴れた日の夕立直後の東の空です。局地的な降水があれば、朝の西の空でも出会えます。レーダー観測の情報を使って、雨域の抜けるタイミングを見計らって空を見上げるのがポイントです。

図3・23　過剰虹。2012年8月26日長野県、下平義明さん提供。

重なる虹色――過剰虹

虹は様々な姿で空を彩り、私たちを魅了してくれます。その1つが**過剰虹**（かじょうにじ）で、主虹の内側や副虹の外側にいくつもの淡い虹色が広がります（図3・23）。

主虹の虹色になる光は、雨滴に出入りするときに2度屈折します。このため、雨滴に入るときに少しだけ位置の異なる2つの光が、雨滴から出るときに同じ向きになる部分があります。光は波（電磁波）と見なせるので、2つの光の波の山同士が重なる部分では光は強め合い、山と谷が重なる部分では打ち消し合って縞模様の光（干渉縞（かんしょうこう））が生まれます。これが過剰虹の正体で、光の干渉によって生まれるために干渉虹とも呼ばれます。

図3・24　反射虹。2015年12月28日島根県出雲市、ウェザーニュース提供。

4重の虹？——反射虹

3次以上の高次の虹はほぼ見えませんが、ある条件下では3重や4重の虹と出会えることがあります。これは、水面で反射した光が作る**反射虹**です（図3・24）。

反射虹は太陽を背にしているとき、太陽側にある湖や大きな河川などの水面で反射した光が、太陽の反対側の空の雨滴に入って生まれる虹です（図3・25）。直達光は対日点が地平線より下にありますが、反射光は対日点がより高い空にあります。そのため、反射虹は直達光による虹よりも円弧の部分が多い、まるっとした形になります。反射光にも主虹と副虹があり、直達光による主虹・副虹と重なると4重の虹になります。反射虹を作る光は水面で1度反射を経験するので、直達光による虹よりやや虹色が弱くなります。

この子と出会うには、太陽光を反射できる湖や河川の位置をおさえ、虹の出る局地的な雨の降り終わりのタイミングでその場所にいる必要があります。風が強いと水面が波立って上手く反射光が空に広がらないので、弱風も出会う条件の1つです。また、反射光が強いこと

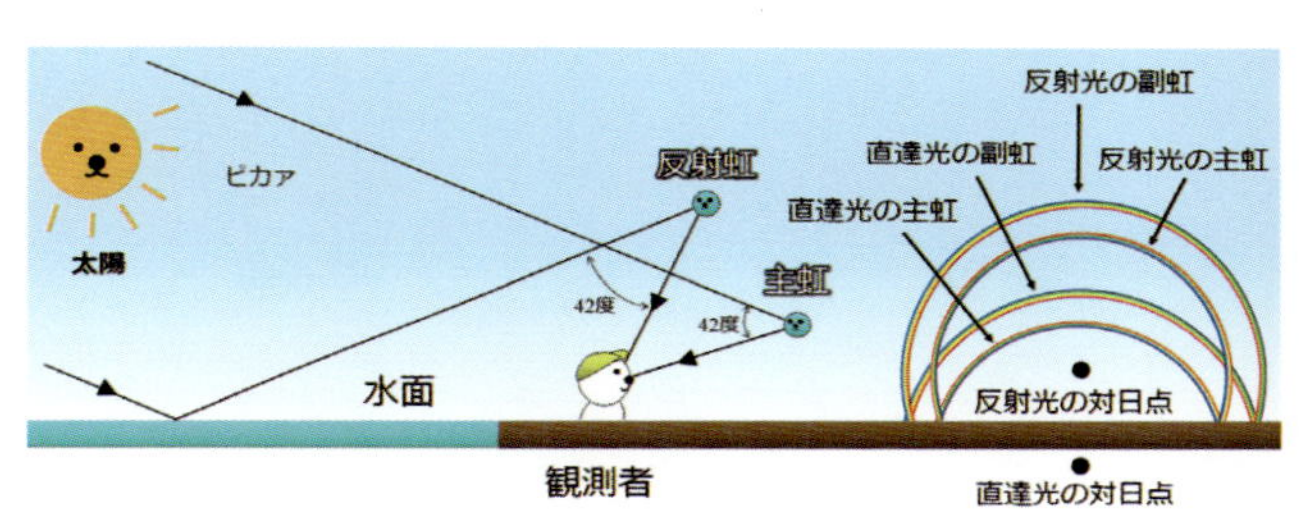

図3・25　反射虹のしくみ。

が重要で、太陽高度の低い日の入前や日の出後に出会いやすいです。良いロケーションを探して、3重や4重の虹に出会って狂喜乱舞しましょう。

雲粒が生みだす白い虹

世の中には**白虹**（しろにじ・はっこう）という白い虹も存在します（図3・26、152ページ）。白虹は雨のときではなく、霧や水雲に現れるため、**霧虹**（きりにじ）（Fogbow）や**雲虹**（くもにじ）（Cloudbow）とも呼ばれています。

白虹には雲粒程度の小さな水滴が重要です。半径0・5㎜程度の雨滴であれば紫から赤までの光が比較的狭い帯状に上手く分離され、通常の虹が現れます。水滴が小さくなると光の分離が不十分になり、半径25㎛以下の水滴では、比較的広い帯状に様々な色の光が重なって白虹が生まれるのです。ときおり白虹は雲粒によるミー散乱が要因と説明されるのを見かけることが

図3・26　白虹。2016年11月20日神奈川県海老名市、ウェザーニュース提供。

ありますが、ミー散乱では雲粒が白く光って見えることは説明できるものの、白虹のように光が弧を描くことは説明できません。

白虹は霧が出た朝の西の空や、山で発生した層雲などで出会うことができます。霧が消えかかって朝陽が出てきたときなどはチャンスです。また、濃霧の中では自分で白虹を作って遊ぶこともできます（第5章1節・302ページ）。

太陽から広がる光の環

太陽に薄い雲がかかるとき、太陽を中心に円盤状に虹色の広がる**光環**（こうかん）（**光冠**（こうかん）、Corona）が現れることがあります（図3・27）。“Corona”は皆既日食時などに太陽の表面付近に散乱光として現れるコロナと同じスペルですが、全く別の現象です。

光環は水滴でできた水雲で光が回折することで生まれます。**回折**は波に対して障害物があるとき、その障害物の背後などに波が回り込む現象です。多数の雲粒を回り込んだ光はその後方に広がり、重なり合って干渉することで縞模様（**エアリーディスク**）を作ります。回折は障害物に対して波長が長いほど**回折角**（障害物の背後に回り込む角度）が大きくなるという特徴があるため、光の色毎に回折角が異なり、光環は内側が波長の短い紫や青、外側が波長の長い赤になっています。

光環は雲粒の大きさの揃っている巻積雲や高積雲などの薄い水雲でよく見られ、太陽を中心に視角度1～5度程度の大きさです。雲粒が小さいほど光環の直径は大きくなり、色

（上）図3・27　光環。
2016年10月29日愛知県名古屋市。
（下）図3・28　花粉光環。
2017年3月3日茨城県つくば市。

も綺麗に分離されるようになります。一方、層雲などは雲粒の大きさが揃っていないために回折光が重なり、ぼやけた白い色になります（図2・57、102ページ）。不揃いな雲粒による太陽のまわりの白い光や、色が綺麗に分かれている光環でも太陽のすぐ近くの白っぽい部分は**オーリオール**と呼ばれます。

春先には雲がなくても光環が発生することがあります（図3・28、153ページ）。これは大気中を飛散する花粉による光環で、**花粉光環**（かふんこうかん）と呼ばれます。特に球形に近くサイズの大きいスギ花粉が花粉光環を作りやすいといわれています。花粉光環は、2〜4月の雨の翌日に晴れて風の強い状況で発生しやすく、花粉飛散量が多いとハッキリ見えます。花粉症の方には悪魔の光のように見えるかもしれません。花粉光環を見かけたら、自宅に入る前に衣類などに付着した花粉を入念に落とすよう心がけましょう。

また、火山噴火時に大気中に液体の硫酸塩粒子が多量に飛散すると、**ビショップリング**と呼ばれる光環が現れます。この環の内側は白っぽく、外側はかすかに赤茶色をしています。硫酸塩粒子の大きさは1・0㎛以下で、雲粒よりも小さいぶん、環のサイズは大きく幅が約10度で、太陽から環の外側の縁までは22〜23度あります。空には様々な光の環がありますね。

影から広がる虹色の光――光輪

雲がかかって見通しの悪い山の中で後ろを振り返ると、そこには光の輪を持つ大きな妖怪のような人影が!!（図3・29）。これは**光輪**（こうりん）（**グローリー**）という大気光象です。山などで雲（霧）を前にして自分の背後から太陽光が当たるとき、自分の影が非常に大きく映り、影を中心に光の輪が見えるのです。これはドイツ・ハルツ山地のブロッケン山で度々見られたことから、影の部分をブロッケンの妖怪、影と虹色の光を合わせて**ブロッケン現象**とも呼ばれます。

光輪は雲粒に入った太陽光がちょうど180度回折して生まれます。光が水滴

（上）図3・29　光輪。2013年3月17日長野県、下平義明さん提供。
（下）図3・30　飛行機から見られる光輪。2014年10月18日太平洋上空、平松早苗さん提供。

の縁から水滴内部に入って1度反射し、再び水滴の反対側の縁から外に出るのです。水による光の屈折の原理だけではこの経路をとるための角度が約14度不足しますが、回折によって波が広がってこの経路をとれるようになります。多数の水滴があれば光が干渉するため、光環と同様に内側が紫や青、外側が赤い色の輪ができるのです。輪の大きさも光環同様に雲粒の粒径が小さいほど大きくなります。

また、光輪は飛行機で上空を飛んでいるとき、水雲に映った飛行機の影にも現れます（図3・30、155ページ）。狙って光輪に出会うには、飛行機の経路と時刻を踏まえ、太陽と反対側で飛行機の影が見える窓側の座席を予約しましょう。さすれば空の旅の道中、水雲に映える美しい光輪を楽しめます。

幸せは身近なところにある――彩雲

鮮やかな空の虹色、**彩雲**（さいうん）は多くの人を魅了します。彩雲は瑞雲（ずいうん）、慶雲（けいうん）、景雲（けいうん）、紫雲（しうん）とも呼ばれ、来迎図（らいごうず）でも阿弥陀如来（あみだにょらい）が五色の雲に乗っているほか、鳳凰（ほうおう）や龍とともに多く描かれて古くから吉兆の象徴とされてきました（図3・31）。珍しい現象と思われがちですが、季節や場所を問わず頻繁に出会える子です。

（上）図3・31　首里城（沖縄県）に描かれている五色の雲（左）と鳳凰（右）。（下）図3・32　天女の羽衣系彩雲。2016年10月27日愛知県名古屋市。

彩雲は光環と同様に太陽の近くに水雲があるとき、水滴による光の回折で生まれます。彩雲の位置は太陽から視角度10度以下が多いですが、20度以上の位置でも出会えることがあります。光環は太陽から同心円状に規則的な虹色の環が広がりますが、彩雲は不揃いな大きさの雲粒によって、太陽からの距離に対して不規則な彩りになります（巻頭参照）。

薄い水雲ならどの雲でも彩雲に出会えます。例えば積雲なら、太陽が雲に隠れたタイミングで雲の輪郭付近にだいたい彩雲がいます

（動画３・１）。特に雲の輪郭付近は太陽光を回折しやすく、雲粒が蒸発して粒径が小さいので綺麗に色が分離します。また、太陽が雲に隠れていれば白い直達光が届かないので虹色を見やすいのです。積雲では雲内の空気が乱れているので、虹色がダイナミックに変化する様子が楽しめます。

ほかにも過冷却雲粒による巻積雲や高積雲などでも彩雲に出会えます。特にレンズ状の雲は雲粒の粒径が均一になりやすく、彩りが大規模に広がって天女の羽衣系彩雲になります（図３・32、１５７ページ）。彩雲の撮影方法は第５章１節（２８７ページ）でじっくりお話ししましょう。

３・３　氷の粒による彩り

ハロとアーク

空の彩りは氷晶によっても生まれます。太陽や月の光が氷晶で屈折・反射して生まれる大気光象は、総じて**ハロ**（**暈**（かさ））と呼ばれます。その種類や形状は実に多様で（図３・33）、太陽の高度によっても彩りの姿が大きく異なります。ハロは氷晶の豊富にある高緯度地域で特に観測しやすいですが、日本でも巻層雲をはじめとして氷雲がいればどこでも出会えます。

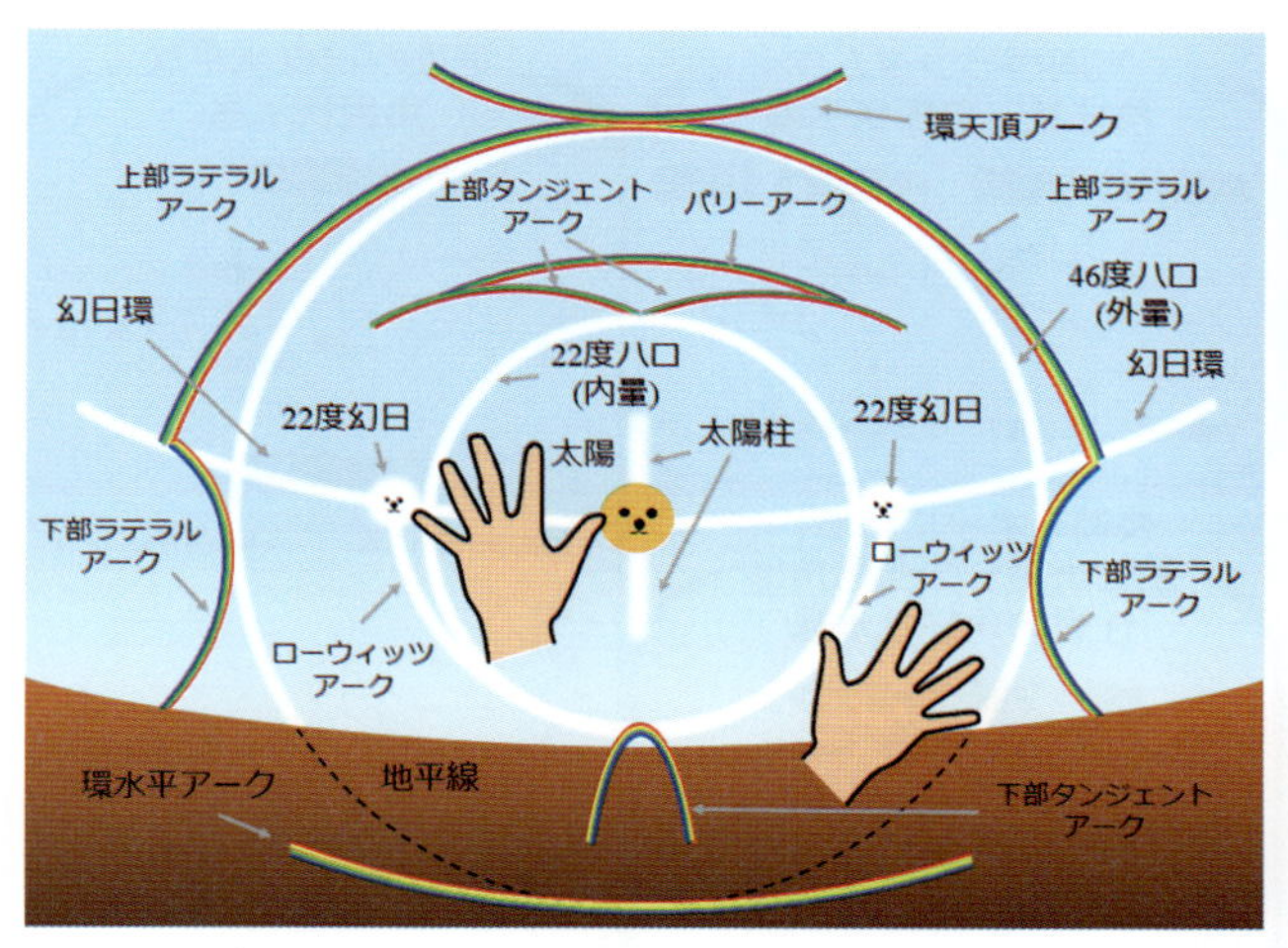

図3・33　主なハロとアークの出現位置。太陽高度が約25度のときのもの。環水平アークと下部タンジェントアークはもっと太陽高度が高いときの太陽に対する出現位置を描いたもので、地平線より手前に見えるわけではないです。

ハロは大気中に浮かぶ氷晶の向きによって大きく2つに分類できます。氷晶の向きがランダムな場合に発生する内暈・外暈は一般的にハロと呼ばれ大気光象愛好家に親しまれており、向きの揃っている氷晶によって発生する大気光象は**アーク**と呼ばれます。氷晶の向きに加えて形状や、光の屈折・反射の仕方によって多様な光が生まれます（図3・34、160ページ）。氷と光の魔法について詳しく見ていきましょう。

氷と光の初級魔法――ハロ

太陽や月にできる光の輪のうち、視角度にして22度、46度の位置の光をそ

方向がランダムな
角柱状・角板状氷晶

22度ハロ（内暈）　46度ハロ（外暈）

太陽高度によらず発生　完全に円形なものはレア

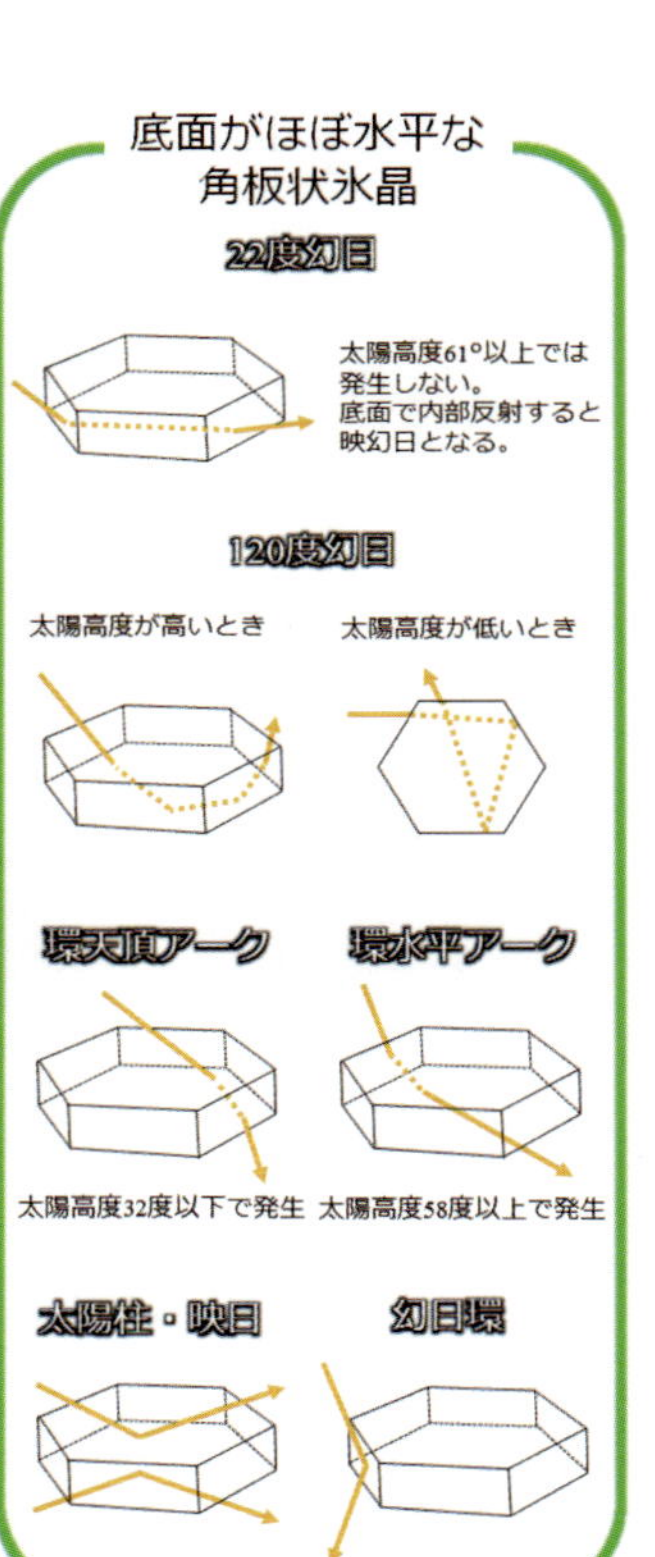

長軸を水平に保ち、
長軸まわりの回転角は
任意の角柱状氷晶

上部・下部タンジェント
アーク／外接ハロ

太陽高度が約40度
以上では上下の
アークがつながって
外接ハロになる

上部ラテラル
アーク

下部ラテラル
アーク

太陽高度32度以下で発生　太陽高度によらず発生

太陽柱・映日　幻日環

長軸が水平で側面も水平に
保つ角柱状氷晶

パリーアーク

太陽高度毎の形状
～15度：凸上部アーク
5度～：凹上部アーク
～50度：凸下部アーク
40度～：凹下部アーク

六角の頂点を通る軸を
水平にして回転する
角板状氷晶

ローウィッツアーク

図3・34　氷晶の種類・向き毎に発生するハロ・アークと光の経路。

れぞれ**22度ハロ**（**内暈**：うちかさ・ないうん）、**46度ハロ**（**外暈**：そとかさ・がいうん）と呼びます。これらは縦長の角柱状の氷晶と光のコラボによって生まれます。

角柱状の氷晶で面と面のなす角度（**頂角**）は、隣り合う側面で１２０度、１つおいた側面との60度、そして側面と底面の90度の３つがあり、それぞれプリズムとして働きます。氷晶に光がぶつかると、頂角が小さいとき（49・７７度以下）には全ての入射角に対してその面を通過する光（透過光）が存在しますが、頂角が大きくなると特定の入射角で全反射が生じて透過光が存在しなくなり、頂角99・５３度以上では全ての入射角で透過光が存在しなくなります。つまり、氷晶では上記の３つの頂角のうち60度と90度の頂角に対応するハロが存在し、それぞれが22度ハロと46度ハロなのです（図３・34）。いずれの輪も氷晶で光が屈折して分離し、内側（太陽側）が赤、外側が紫になりますが、虹のように綺麗に光は分離されません。巻層雲より下層に水雲があったりすると、雲粒による散乱などで白っぽい色合いになります。

図３・35　22度ハロ、18度ハロ、９度ハロ。2016年７月27日熊本県天草市、ウェザーニュース提供。

22度ハロは巻層雲の目安にもされており、頻繁に出会えます（図2・19〜2・22、80ページ）。一方、46度ハロはまれで、円形の完全なものは極めてレアな現象です。ハロは典型的な視角度22度、46度のほかに、9度、18度、20度、23度、24度、45度のものも存在します（図3・35、161ページ）。これらはいずれも巻でピラミッド型と呼ばれる、二十面体氷晶によって生まれるハロです。空に向かってまっすぐ手をのばしたときに、手を開いて親指から小指までの距離が視角度22度の目安です。ハロを見かけたら手を開いて大きさを測ってみましょう。

逆さ虹と水平虹

氷と光の魔法の中でもひときわ美しいのが**環天頂アーク**（図3・36）と**環水平アーク**（図3・37）です。これらはそれぞれ46度ハロの上部と下部に接するような位置に現れ、その形状から環天頂アークは逆さ虹、環水平アークは水平虹とも呼ばれます。

環天頂アークは太陽高度が32度以下の朝や夕方に、角板状の氷晶によって生まれます（図3・34、160ページ）。角板状の氷晶を上空で底面を水平にして広がっているとき、光が氷晶の底面から入って側面から出る際に、底面と側面で作る頂角90度のプリズムの屈折によって虹色が生まれます。太陽高度が32度より大きくなると、全反射が起こって環天頂アークは現れなくなります。環水平アークは角板状の氷晶の側面から入って底面から出る光で生まれ、太陽高度が58度以上の昼前後の時間に発生し、環天頂アークよりも長く空にのびます。

これらのアークはハロのように特定の位置に光が集まって明るく見えるのではなく、単純に頂角90度プリズムの屈折光によって生まれています。そのため、赤から紫までの光の分離がとても明瞭で、太陽側が赤い色の美しい虹色をしています。彩雲と間違われることがありますが、彩雲は太陽から視角度10度程度までの位置に不規則な並び

（上）図3・36　環天頂アーク。2015年5月22日長野県、下平義明さん提供。
（下）図3・37　環水平アーク。2015年5月22日広島県三次市、岩永哲さん提供。

の虹色になることが多いのに対し、これらのアークはそれぞれ太陽からだいたい手のひら2つぶん上下の位置に規則的な色の並びで現れます。太陽に対する位置・色の並びなどで見分けられるのです。

巻雲や巻層雲、巻積雲が空にあるときには、アークの現れる位置をチラ見していると出会えることが多いです。環天頂アークは年中朝や夕方の太陽高度の低い時間帯に見られ、環水平アークは日本付近では春から秋にかけてお昼頃の太陽高度の高い時間帯に観測しやすいです。気にしているとけっこう頻繁に出会える子たちです。

虹色わんわん——幻日

太陽の両側に、幻の太陽のように輝く虹色の光のスポットが現れることがあります(図3・38)。これは太陽両側の視角度22度か少し離れた位置に現れるため、**22度幻日**(げんじつ)と呼ばれます。左側の幻日が左幻日、右側の幻日が右幻日です。北欧神話に登場する天空で太陽を追いかける二頭の狼にちなみ、"Sun dogs"という名でも親しまれているため、幻日は虹色わんわんといえるでしょう。神話上の狼たちが太陽に追いつくと日食になるそうですが、大気光象の幻日は太陽に追いつけません。

幻日は角板状氷晶が底面を水平にして、底面の軸の回転に対してはランダムな分布で上空に浮かんでいるときに発生します（図３・34、１６０ページ）。22度ハロと同様に側面の頂角60度のプリズムによる屈折で光のスポットが生まれ、色の並びは内側（太陽側）が赤、外側が紫になります。三角のような形になることもあり、幻日を生む氷雲より下層に水雲があると白っぽく見えます。幻日は太陽が水平線上にあるときにちょうど太陽から視角度22度の位置に現れ、太陽が高くなるほど氷晶に入る光が傾いて22度より少し離れた位置に現れるようになります。太陽が60・75度より高くなると、光は氷晶側面で全反射して幻日は生まれません。このため、太陽の高い昼を除いた時間（特に朝や夕方など）に出会いやすいといえます。

図３・38　22度幻日と幻日環。2016年１月２日茨城県つくば市。

また、太陽とその両側の幻日を通って太陽と同じ高さに３６０度繋がった**幻日環**（げんじつかん）という光の環が現れることもあります（図３・39、１６６ページ）。幻日環は底面を水平にして浮かぶ氷晶の側面で反射された光によって生まれ、光の屈折を介さないので分光はせず白い光の環に

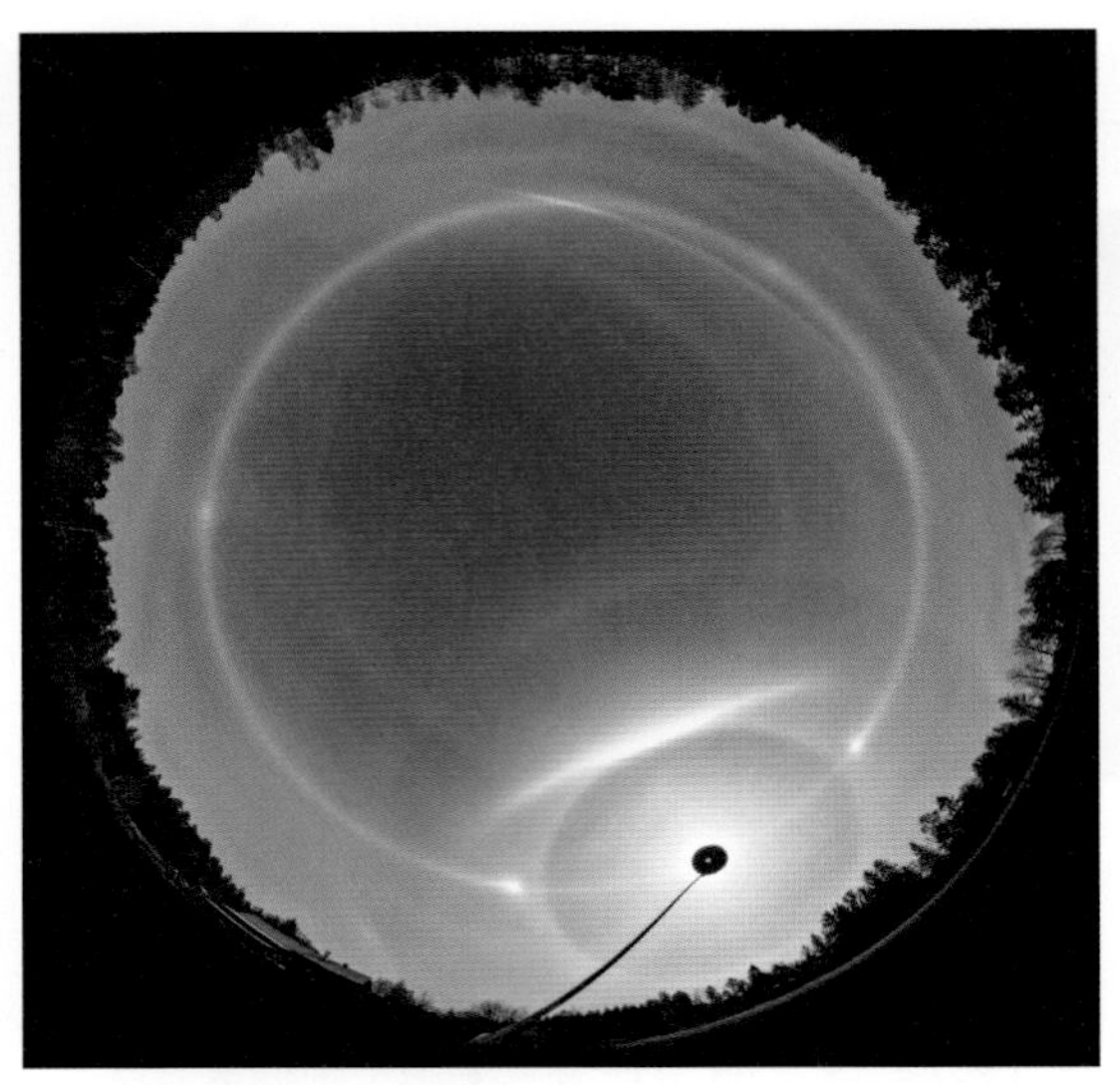

図3・39　22度幻日、120度幻日、幻日環。このほか22度ハロ、46度ハロ、上部タンジェントアーク、下部ラテラルアーク、ウェーゲナーアークも見られます。図3・48と見比べると楽しいです。2014年5月14日フィンランド、Jari Luomanen さん提供。

なります。さらに、幻日環上の太陽と反対側の空で、太陽から両側120度の位置にも**120度幻日**という2つの光のスポットが現れることもあります。この幻日は角板状の氷晶の上面や側面から入ってそれぞれ2回の屈折と反射を経て生まれます（図3・34、160ページ）。不完全な幻日環ならけっこう出会えますが、全方位に繋がった完全な幻日環や120度幻日はかなりレアです。

22度幻日もハロと同様に巻層雲などの氷雲がいるときに出会いやすいです。また、過冷却雲粒の巻積雲や高積雲から成長した角板状の氷晶は、尾流雲として落下する際に水平に保たれやすくなるため、氷晶の尾流雲がいるときは幻日や環天頂アーク、環水平アークも現れやすくなります。しかもこの場合は巻層雲発生時と比べて背景が青空で、ほかの氷晶による屈折光が重ならないので綺麗に色が分離されやすいです（図３・40）。また、雲の形によっても幻日の姿は変わり、羽根のような幻日や、尾流雲を伴う飛行機雲で龍のような姿になることもあります（図３・41）。22度幻日も彩雲と混同されますが、太陽との位置や色の並びで見分けられます。22度幻日は比較的出会いやすいので、氷雲のいるときは発生位置付近を探してみましょう。

（上）図３・40　左幻日。
2016年10月14日茨城県つくば市。
（下）図３・41　飛行機雲に現れた右幻日。
2016年10月30日茨城県つくば市。

雲に映った太陽――映日

飛行機に乗る際には高度に応じて色々な空の彩

りを楽しめます。大気下層の光輪に加え、上中層雲より高い空では、雲に太陽が映った**映日**にも出会えます（図3・42）。映日は太陽から地平線を挟んで正反対の真下に現れる白い光の帯で、氷雲の上部で底面を水平にして浮かぶ角板状氷晶の上面などで太陽光が反射して生まれます（図3・34、160ページ）。映日も屈折を経ずに反射だけで生まれるため、分光はしません。

氷雲の上部では映日と同じ高さの両側に映幻日という虹色の光のスポットも現れます。**映幻日**は角板状氷晶が底面を水平に浮かんでいるときに側面から入射した光が底面で1度反射し、また側面から出ていくことなどで生まれます。映日や映幻日に出会いたい場合には、飛行機の座席予約時に太陽側の窓際の座席を確保しておきましょう。

図3・42　映日と左側の映幻日。2015年9月10日太平洋上空。

ハロの外側に接するハロ ―― 外接ハロ

アークの中には22度ハロの上下に接するように、太陽の高度によって横にのびたりV字型になる光もあります。これらはそれぞれ**上部タンジェントアーク**（上端接弧）、**下部タンジェントアーク**（下端接弧）と呼ばれています（図３・43）。

（上）図３・43　上部タンジェントアークほか、ハロとアーク。2014年２月６日茨城県つくば市。
（下）図３・44　外接ハロと幻日環、22度ハロ。2016年４月９日岡山県浅口市、岡山天文博物館・松岡友和さん提供。

これらのアークは角柱状氷晶の底面同士を結ぶ軸（長軸）が水平に浮かんでいるとき、22度ハロと同様にある側面から入った光が１つ間を置いた側面から出ていくことで発生します（図３・34、１６０

ページ）。タンジェントアークは太陽高度が低いとV字型ですが、太陽が昇るとともにV字が開いたような形に変化していきます。太陽高度がおよそ32度で真横にのび、約40度以上では太陽を中心とした楕円のような形になって上部・下部タンジェントアークが繫がることがあります。この状態を**外接**ハロと呼んでいます（図3・44、169ページ）。外接ハロは極めてまれな現象なので、それらしいものを見かけたら激写して私に送りつけてください。

大きく広がる空の虹色 ── ラテラルアーク

氷雲の広がる空では、46度ハロの上部・下部の位置に**ラテラルアーク**という46度ハロと間違われやすいアークにも出会えます（図3・45）。ラテラルアークもタンジェントアーク同様に長軸が水平な角柱状氷晶が重要で、上部ラテラルアークは角柱側面から入った光が底面から出る際に光が屈折・分光して生まれます（図3・34、160ページ）。逆に下部ラテラルアークは光が角柱底面から入って側面から出る際に分光します。これらは大きく綺麗な虹色になることがあります。

ラテラルアークも太陽高度によって大きく形を変化させます。図3・33（159ページ）では上部ラテラルアークが46度ハロの上端に接する楕円のような形ですが、太陽高度が約25

度では真横にのび、地平線に近いと46度ハロの左右両端に接するように縦に光がのびます。下部ラテラルアークは図のような形のほか、太陽高度が上がると46度ハロの下端に接する楕円状になります。

特に上部ラテラルアークは太陽が低いとき、下部ラテラルアークは太陽が高いときに46度ハロと重なって見分けにくくなります。ただし、環天頂・環水平アーク、タンジェントアークも同時に発生している場合には、長軸を水平に保つ角柱状氷晶が空にあると読めるので、46度ハロではなくラテラルアークと判断できます。

図3・45　環天頂アークと上部ラテラルアーク、上部タンジェントアーク。2016年1月2日茨城県つくば市。

アークいろいろ

ここまででも多くのアークが登場しましたが、さらに深層の氷と光の魔法たちを紹介しておきます。まずは**パリーアーク**という、タンジェントアークに蓋をするような形や、タンジェント

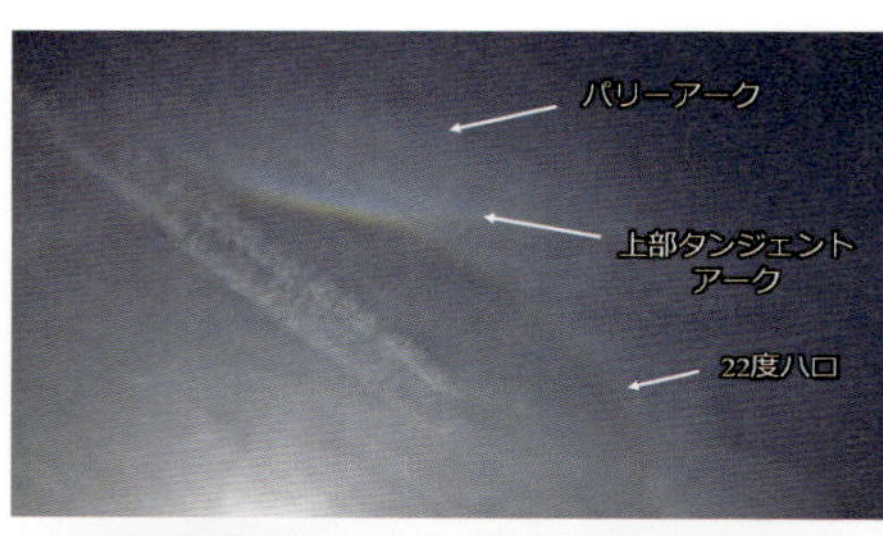

（上）図3・46　パリーアークと上部タンジェントアーク、22度ハロ。綾塚祐二さん提供。
（下）図3・47　ローウィッツアークほか、22度幻日、幻日環、22度ハロ。2017年2月10日フィンランド、Jari Luomanen さん提供。

アークと22度ハロに接する鋭いV字型として現れるアークです（図3・46）。パリーアークも長軸が水平な角柱状氷晶などで生まれますが、側面も水平になっているという条件が加わり、ある側面から氷晶に入った光が1つまたいだ側面から出るときに発生します（図3・34、160ページ）。パリーアークも上部・下部があり、それぞれ太陽に向かって凸のサンベックス型、凹のサンケーブ型があります。発生条件がタンジェントアークに似ているので同時に発生しやすいアークです。

また、22度幻日が22度の位置から少し離れているとき、幻日の上下にのびるように現れる

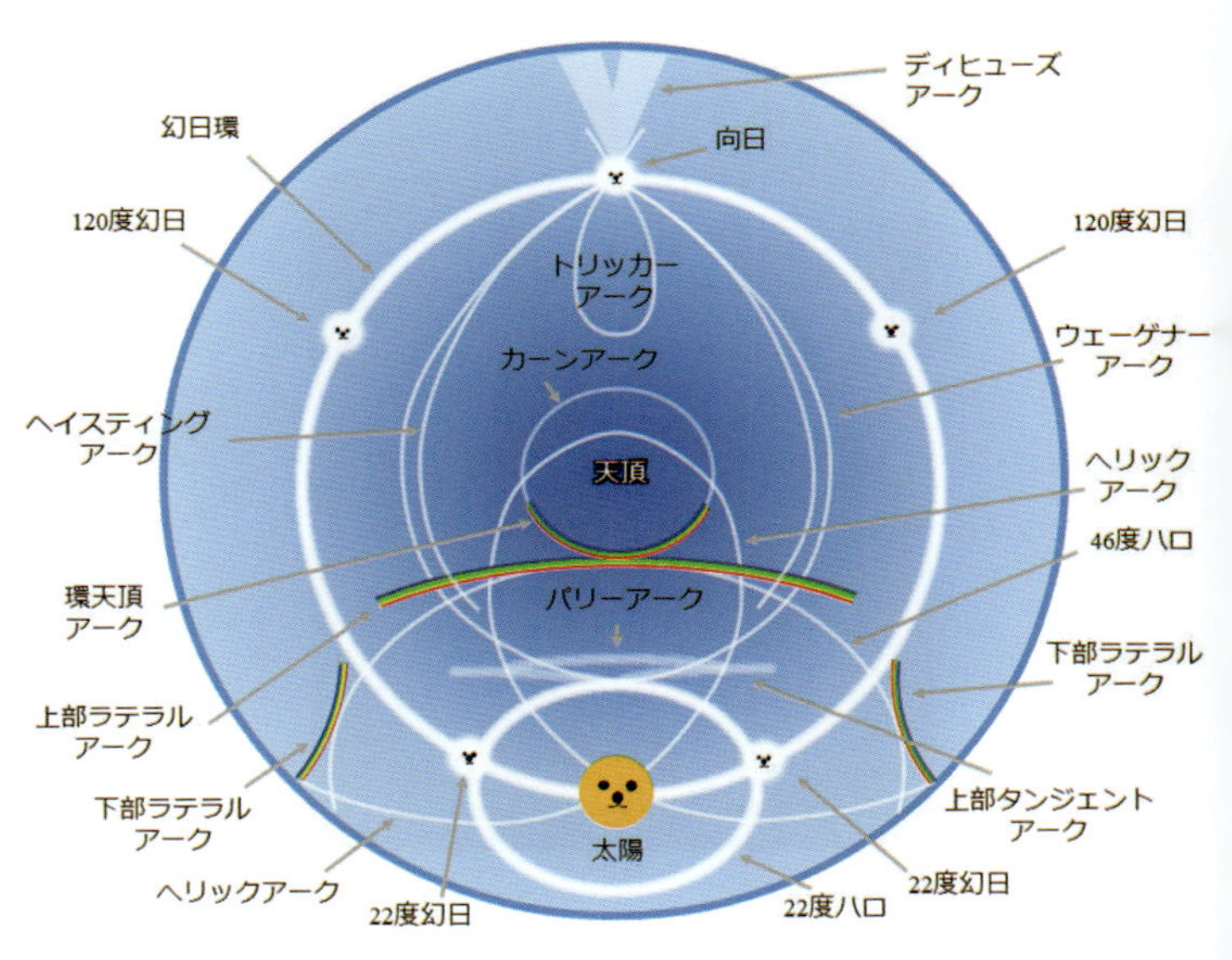

図3・48　様々なアークの出現位置。

アークを**ローウィッツアーク**と呼びます(図3・47)。このアークは角板状氷晶が六角の頂点を通る軸を水平に回転する状況で、22度ハロ・幻日と同様に側面から入った光が1つまたいだ側面から出る際に生まれます(図3・34、160ページ)。ローウィッツアークは幻日の上部・下部のものと、これらが繋がった環状のものがあります。

　これらのほかにも氷と光の魔法は多く存在しており、それらの出現位置を図3・48にまとめています。太陽と同じ高さでちょうど180度の位置には**向日**(こうじつ)という光のスポットが現れることがあり、向日に繋がるようにウェーゲナーアーク、

図３・49　太陽柱。2014年２月９日アメリカ・バーモント州。NOAA Photo Library より。

ヘイスティングアーク、トリッカーアーク、ディヒューズアークという総じて**向日アーク**と呼ばれるものもあります（図３・48、１７３ページ）。さらに、太陽を通るX字型のヘリックアークや、天頂付近のカーンアークなどの光も存在します。これらに出会うことは極めてまれですが、奇跡的に出会えたときに素通りしてしまわないように、頭の片隅に入れておきましょう。

空にのびる光の柱――太陽柱と光柱

太陽高度の低い日の出や日の入の前後には、太陽から上下に光の柱がのびる**太陽柱**（たいようちゅう）（**サンピラー**）に出会えることがあります（図３・49）。

図3・50　光柱。2010年1月21日フィンランド、Jari Luomanenさん提供。

太陽柱は角板状氷晶の底面での光の反射で生まれ、屈折を介さないので分光しません。太陽光のように平行に光がやってくる場合、上空ほどわずかに傾いた氷晶があるときにその底面が反射面となり、傾きが大きいほど太陽柱は上方に長くのびます。太陽の下方でも同じ原理で光がのびます。一方、街灯などの点光源からの光が底面の水平な氷晶で反射すると、**光柱**（こうちゅう）（**ライトピラー**）という光の柱が上方にのびます。

太陽柱は上空に角板状氷晶があれば発生するため、真夏の関東地方などでも出会えます。ただし、街灯などによる光柱は地上付近の大気最下層に角板状氷晶がいる必要があり、国内では冬季日本海側や北日本で観測できることがあります。光柱も分光が起こらず光源の色がそのまま柱になるので、街灯などによる光柱が生み出す景色はやたら幻想的です（図3・50）。手のひらをのばして太陽柱や光柱と一緒に写真を撮ると、魔法を使っているような絵になって楽しいです。

3・4　夜空の輝き

月の映える空

夜空で煌（きら）めく星たちや月明かりで光る雲、日中だけでなく夜の空も素敵です。ここでは特に月に注目し、夜空の楽しみ方を少しだけご紹介します。

月の満ち欠けの状態は新月（朔（さく））からの経過時間を日単位で**月齢**（げつれい）として表され、月齢13・9〜15・6で満月（望（ぼう））になります。新月から7日目（23日目）の上弦（下弦）の月は、月が沈むときに弦が上（下）かどうかで見分けられます。月の名は新月からの日数で三日月（3日目）や十六夜（いざよい）（16日目）などと呼ばれ、満月にはアメリカ先住民が月毎に名付けたピンクムーン（4月）やストロベリームーン（6月）というような美しい名があります。世間では特別な名前の月夜が注目されやすいですが、夜空で輝く月はいつも変わらぬ美しさを持っています。

特にオススメなのが、月の欠けた暗い部分が地球で反射した太陽光に照らされてうっすら

図3・51　地球照。2017年1月31日茨城県つくば市。

と見える地球照（ちきゅうしょう）です（図３・51）。新月を挟む月齢27から３くらいまでの細い月で見やすく、光が宇宙を行き来するのを想像して楽しめます。

そしてさらに面白いのが月面です。月も地球と同様にクレーターや海、入江、山地など地名があり（図３・52、１７８ページ）、海が織りなす模様は「月のうさぎ」として肉眼でも十分確認できます。望遠鏡を使えば月面の詳細な凹凸がよく見え、美しいアペニン山脈や虹の入江、上弦の月の欠け際に現れる月面X、月の西縁付近の月面Aなども見所です（図３・53、１７８ページ）。

月の表情の変化

月はひと晩の間にも白く輝いたり、頬を赤く染めたり、様々な表情を見せてくれます（図３・54、１７９ページ）。これは焼け空と同様に大気層を通る月光のレイリー散乱によるもので、大気中のエアロゾルの数が多いと低い月は深紅に染まります。赤みを帯びた月は不気味がられることが多いですが、雲に隠れなければどんな月夜でも出会えるのです。

また、太陽・地球・月の順に並ぶ皆既月食時は、月が地球の影に覆われて赤銅色の表情になります（図３・55、１７９ページ）。これは、地球の大気を通った太陽光がレイリー散乱

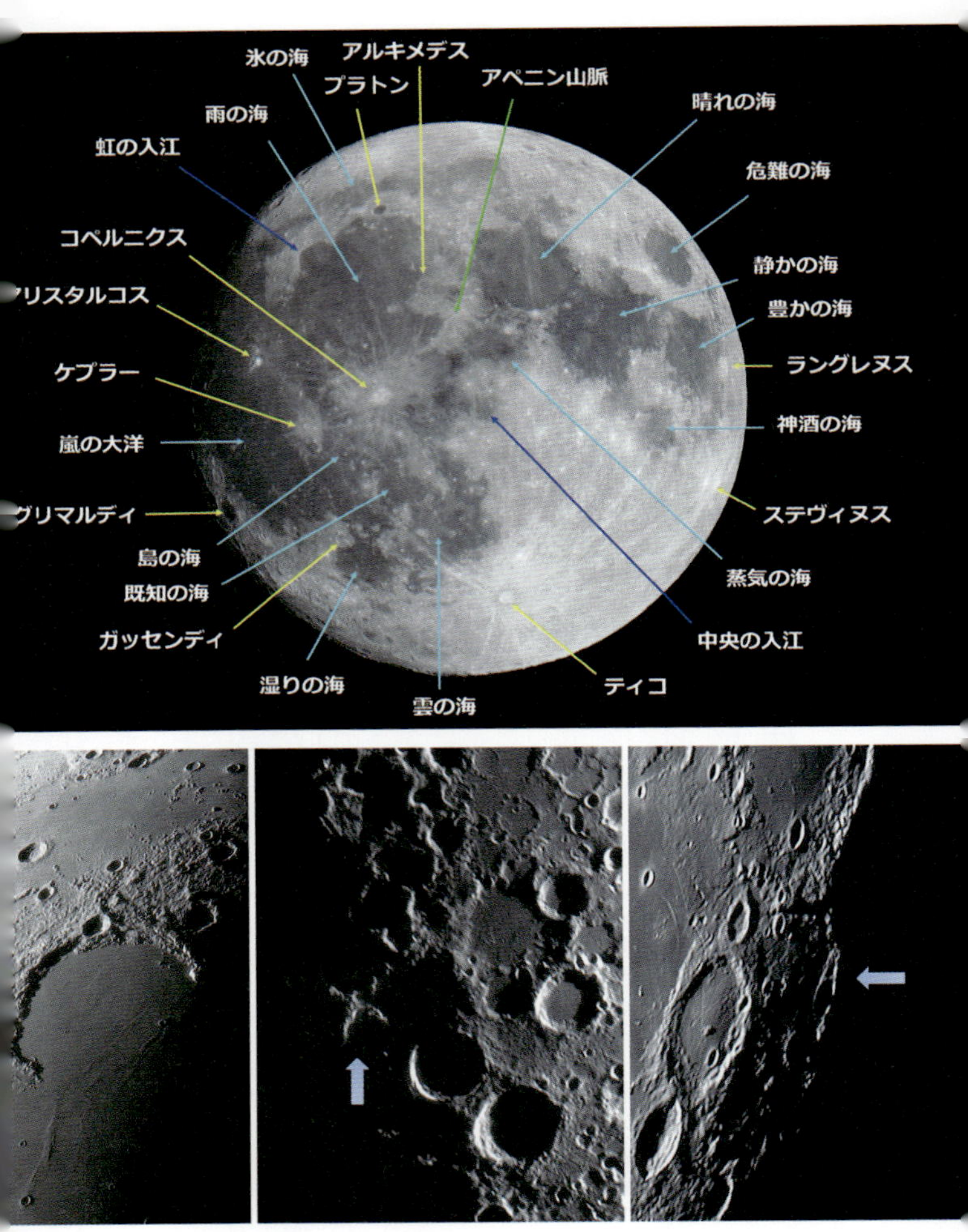

（上）図3・52　月の主な地名。矢印の色は青が入江、水色が海、黄緑が山、黄色がクレーター。写真は2017年10月4日の中秋の名月、村井昭夫さん提供の写真に加筆したもの。

（下）図3・53　虹の入江（左：2017年8月17日）、月面X（中央：2016年8月15日）、月面A（右：2017年8月27日）。いずれも村井昭夫さん提供。

（上）図 3・54　月の色の変化とその時間・月の高度。2016 年 11 月 13 日茨城県つくば市。

（下）図 3・55　2014 年 10 月 8 日の皆既月食中の月の色の変化。30 分毎の写真を合成したもの。姫路市・星の子館提供。

の影響を受けながら大気による屈折で月面に達し、そこで反射した光が地球に届くためです。地球に達する際にも大気層でレイリー散乱の影響を受けるため、見ている場所付近のエアロゾルの数が多ければ赤黒い表情にもなります。

月光による大気光象

月光による夜空の彩りも最高です。月光は太陽光が月面で反射を経験しているというだけ

（上）図3・56　月光環。
2017年8月31日茨城県つくば市。
（中）図3・57　月光環。
2016年12月16日茨城県つくば市。
（下）図3・58　月暈。2016年11月16日
山梨県山中湖湖畔、まりもさん提供。

で、太陽光の場合と同様な発生条件・原理で大気光象を生み出すのです。

イチオシの夜空の彩りは**月光環**で、雲粒の粒径が揃っていれば綺麗な光の環が見えますし（図3・56）、そうでない場合も宇宙の星雲のような美しい彩りが現れます（図3・57）。そして22度ハロの**月暈**（図3・58）や、**幻月**、**幻月環**もオススメです。

このほかに月光で現れる虹（**月虹**）や、太陽柱と同様に角板状氷晶で生まれる**月柱**などもあります。明るいものはスマホでも撮れますが、カメラで露出時間をある程度とって光を集めれば綺麗に撮影することができます。月光と雲による夜の魔法をぜひ楽しんでみてください。

3・5　電気で光る空

空の雷魔法 —— 大気電気象

暗い空が閃光に包まれ、地鳴りのような雷鳴の轟く空に恐怖や不安を感じながら、ドキドキするような高揚感を覚えた。そんな経験をお持ちではないでしょうか。これらは大気中で発生する電気に関わる現象で、**大気電気象**と呼ばれています。

雷には光だけが見える**電光**、音だけが聞こえる**雷鳴**、これらの両方が発生する**雷電**があり

（上）図3・59　対地放電。2013年8月12日神奈川県横浜市、高木育生さん提供。
（下）図3・60　雲内放電。2014年8月1日神奈川県横浜市、高木育生さん提供。

ます。これらの大気電気象は積乱雲内で電気の量（**電荷**）が局所的に偏り、この偏りを解消（中和）するために起こる放電によって生まれます。

この雷放電は、対地放電・雲内放電・空中放電の３つに分けられます。**対地放電**はいわゆる**落雷**のことで、雲と地面の間の雷放電です（図3・59、第4章4節・253ページ）。ときに対地放電は雲から数km以上離れた地面にも起こり、「青天の霹靂」と呼べるようなことも起こります。**雲内放電**は1つの積乱雲内部、もしくは雲と雲の間での雷放電（図3・60）で、積乱雲のアンビルの下で水平に枝分かれしながら広がる様子からアンビルクローラーとも呼ばれています。**空中放電**は雲から大気への雷放電で、この雷も枝分かれした構造を持ちます。

私たちが目で見える雷放電では、実に数㎝と非常に細い経路に大量の電気が流れています。放電時はこの経路の空気が一瞬で約３万℃にも加熱されるため、空気が急激に膨張し、すぐに周囲の空気に冷やされて圧縮します。この空気の膨張・圧縮が大気の振動となり、**音波**となるのが雷鳴なのです。音速は約３４０ｍ毎秒なので、光速で伝わる電光を感じてから雷鳴が聞こえるまでの時間（秒数）に３４０をかければ、その距離（ｍ）だけ離れた位置で積乱雲に伴う雷放電が起こっていることがわかります。

雲内での電荷の偏りは、電荷が正と負の極性を持つようになる**電荷分離**（でんかぶんり）によって生じます。電荷分離は積乱雲内の上昇流と雲・降水粒子の落下速度の違いにより、大きさの異なる粒子が雲の下方・上方に移動することで起こるといわれています。粒子が電荷を帯びる（帯電（たいでん）する）プロセスはいくつかあり、雲粒子に大気中の電荷をもった原子（イオン）が吸着することや、氷晶同士の衝突や分裂、水滴の凍結・融解・分裂、１つの氷晶内での温度の偏り、霰の融解・着氷などが指摘されています。

また、放電現象には**球雷**（きゅうらい）という暖色系や金属光沢のような色をした10～20㎝の発光体が空中を浮遊する現象もあります。球雷はゆっくり空中を移動し、消える際に大きな爆発音を伴います。ほかにも雷雨時や大雪、強風時に電線や船のマスト、飛行機の翼などから大気中

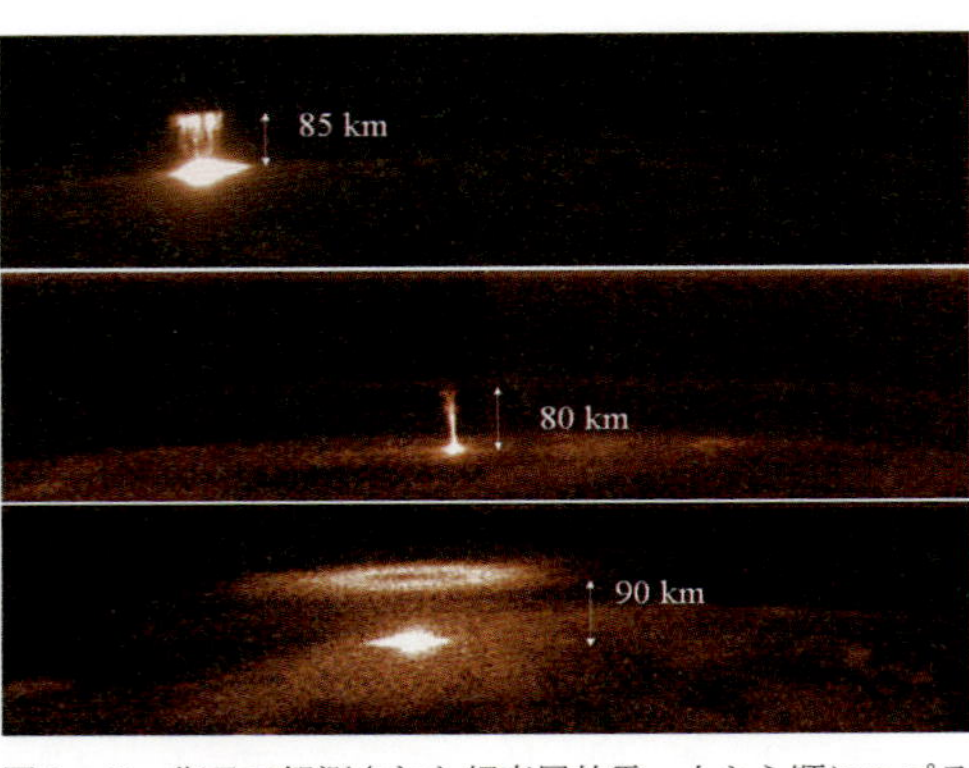

図3・61　衛星で観測された超高層放電。上から順にスプライト、巨大ジェット、エルブス。台湾国家宇宙センター・国立成功大学ISUAL（Imager of Sprites and Upper Atmospheric Lightnings）チームの許諾のもと、足立透さん提供。

に放電が起こる**セントエルモの火**という現象もあります。

高い空の輝き――超高層放電

雷放電が起こるとき、成層圏から熱圏にかけても**超高層放電**（ちょうこうそうほうでん）という発光現象が起こります。青いブルージェットや赤いスプライト、エルブスなどその姿も様々です（図3・61）。**ブルージェット**は、雷雲の雲頂から高度40～50kmの成層圏にのびる、青く光る細長いビーム状の発光現象です。ブルージェットより暗く高度20km程度までの**ブルースターター**、高度80kmには**巨大ジェット**があり、1秒未満のわずかな時間で輝きます。**スプライト**は高度約90kmにまで達する赤い円柱状の発光現象で、レッドスプライトとも呼ばれます。継続時間は数ミリ秒～数秒で、夏の雷雲による対地放電のうち約1％で発生するといわれています。

また、**エルブス**は上部中間圏から下部熱圏に広がる赤いリング状の発光現象で、水平方向に直径400kmに広がることもあり、0・001秒以下しか持続しません。明るさも弱く、高感度カメラでないと観測の難しい現象です。

近年では、全国の高校でスプライトやエルブスの観測の取り組みがなされ、同時観測によってエルブスの出現高度の解析も行われています。街灯りの少ない場所で観測できることがあるため、雷愛好家のみなさんはチャレンジしてみてはいかがでしょうか。

夜空で輝くオーロラ

夜空で輝くオーロラは多くの人を魅了します。そもそも**オーロラ**は、高緯度地域で見られるカーテンのような形の発光現象です（図3・62、186ページ）。その水平方向の広がりは数千kmにもおよび、高度100kmから300〜500kmの高さに現れるといわれています。

オーロラは太陽から吹きつける超高温な電離した粒子（荷電粒子(かでんりゅうし)）の流れ（**太陽風**(たいようふう)）が地球の磁場（**地球磁気圏**(ちきゅうじきけん)）に侵入するときに発生します。普段地球は地球磁気圏によって宇宙線や放射線などの粒子から守られていますが、太陽風が吹きつけると地球の夜側の磁場の隙間から荷電粒子が入ってくることがあります。高いエネルギーを持つ荷電粒子が地球の超

図3・62　オーロラ。南極昭和基地、藤原宏章さん提供。

高層大気に入るとき、酸素原子や窒素分子のイオンに衝突してエネルギーを与えます。これらの酸素原子や窒素分子が元の状態に戻ろうとして発する光がオーロラの要因の1つと考えられています。高度１５０km以上の密度の低い大気では酸素原子による赤色の光、高度１００〜１５０kmの密度の高い大気では酸素原子による緑色や緑白色の光、高度１００km付近では窒素原子による赤色や青色の光が現れます。

　太陽からの多量の荷電粒子を伴う大規模な太陽風が発生すると、数日程度の時間をかけて地磁気が通常の状態から変化して乱れ、**磁気嵐**（じきあらし）という状態になります。このようなときにはオーロラが発生しやすく、日本でも北海道など北日本での観測例が多くあります。このような低緯度のオーロラは強い磁気嵐によるために高い空の酸素原子による赤い色をしていることが多く、平安・鎌倉時代の歌人・藤原定家（ふじわらのていか）が『明月記（めいげつき）』に記した１２０４年２～３月の京都における「赤気（せっき）」も、太陽の異常な活発化によって発生したオーロラであることが指摘されています。世の中には世界のオーロラ観光のためのツアーもあるので、これらを利用して会いに行くのも良いかもしれません。

３・６　汚れた空も愛おしい

空の土魔法――大気塵象

空と雲への愛を深めるには、様々な空の表情も知っておくことが必要です。というわけで、ここでは汚れた空に注目します。固体や液体の水をほとんど含まない状態で大気中のエアロゾルが見通し（**視程**（してい））を悪化させる現象を**大気塵象**（たいきじんしょう）と呼んでいます。

大気塵象以外で視程を悪化させる現象には**霧**があり、霧は大気中に浮遊する水滴で視程が１km未満になり、特に視程が悪化すると**濃霧**（のうむ）と呼ばれます（第4章2節・２１９ページ）。これに対し、大気中に浮遊する小さな水滴や吸湿性エアロゾルで空が白くなり、視程が１km以上かつ10km未満の状態は**靄**（もや）と呼ばれます。そのため霧では湿度が１００％に近いですが、靄では75％以上はあるものの100％近くにはなりません。

ところが、大気塵象は大気中に液体の水をほとんど含まず、大気の湿り具合に関係なく発生します。大気塵象には煙霧（えんむ）、煙（けむり）、黄砂（こうさ）、降灰（こうはい）、風塵（ふうじん）、砂塵（さじん）、砂塵嵐（さじんあらし）、砂嵐（すなあらし）、塵旋風（じんせんぷう）など様々な種類があります。それぞれを見ていきましょう。

霞の正体 ―― ヘイズとスモーク

春などの季節に空が霞（かすみ）がかって白っぽくなることがあります。大気中のエアロゾルによって空が乳白色のような色に濁って見えることを**煙霧**（えんむ）（**ヘイズ**）といいます（図3・63）。ヘイズでは視程10㎞未満になり、その湿度は75％未満の場合がほとんどです。ヘイズをもたらすエアロゾルは、工場や自動車からの排気ガス、地面から舞い上がった砂や**土壌**（どじょう）**粒子**（**ダスト**）、火災による煙など、様々な要因で発生します。大気環境分野では**PM2・5**（微小粒子状物質）で議論することも多いですが、これは直径2・5㎛（0・0025㎜）以下のエアロゾル全てを指しています。特にダストで視程が10㎞未満になった状態は**ダストヘイズ**と呼ばれ、砂のような茶色い空になります。

火災に伴って大気中に放出される燃焼物質は**煙**（けむり）（**スモーク**）と呼ばれ、スモーク発生時には灰色や赤みを帯びた空になり、朝陽や夕陽は深紅に染まります。スモークの発生源は国内のみならず、ロシアで大規模な山火事発生時に上空の風に流されてくることがあります（図3・64）。低緯度の沖縄などではインドなどでの大規模森林火災に伴う粒子が飛来することもあります。

また、工場からの排気ガスなど、明らかに人為起源エアロゾルが要因の煙霧は**スモッグ**と呼ばれます。夏などに晴れて気温が上がり、風も弱い日には**光化学**（こうかがく）**スモッグ**が発生します。これは、大気中の炭化水素と窒素酸化物の光化学反応によって地表付近の光化学オキシダ

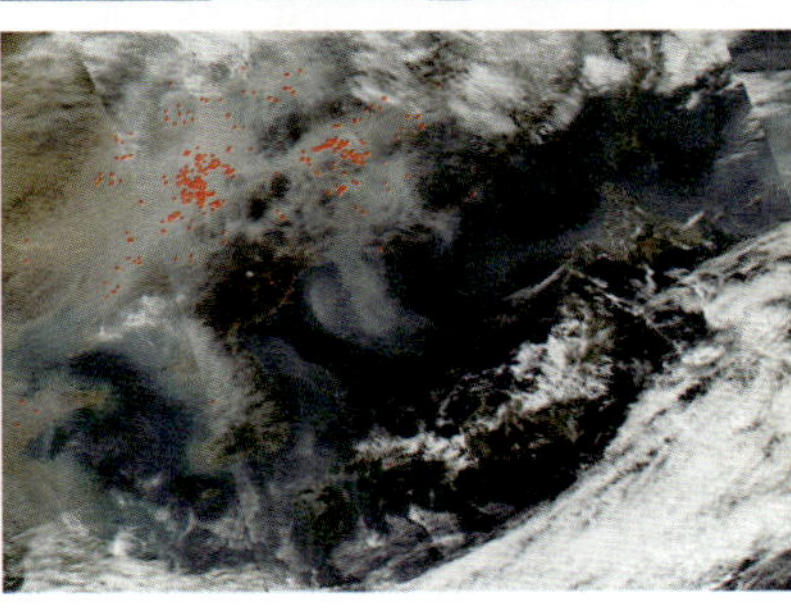

（上）図3・63　ヘイズ。2017年2月7日茨城県つくば市。
（下）図3・64　大陸から流れ出るスモーク。赤点は衛星 Terra・Aqua で推定された熱源。2015年11月3日、NASA EOSDIS worldview の Aqua による可視画像。

ント濃度が高まって発生する現象で、人体や動植物に悪影響を及ぼします。特に関東地方や九州北部で発生しやすく、光化学スモッグが予想される場合には気象庁からスモッグ気象情報が発表されて注意喚起がなされます。情報を上手く使ってマスクを着用したり、洗濯物を部屋干しにするなどの対策をしましょう。

砂の舞う空

空気が乾燥して風も強い冬の太平洋側では、畑などからダストや砂が巻き上げられることがあります。これらが地表面付近だけで、一時的に視程悪化をもたらす現象は**風塵**(ふうじん)、ダストよりも粒の大きい砂が多く巻き上げられている場合は**砂塵**(さじん)と呼ばれます。風塵・砂塵はそれぞれ2つずつ種類があり、大人の目線の高さ(地上高度1・8m)で視程に影響のないものは"Drifting dust (sand)"、影響のあるものは"Blowing dust (sand)"と区別されます(図3・65)。

強風で風塵・砂塵が大規模になり、高度数kmまで達するものは**砂塵嵐**(さじんあらし)(**ダストストーム**)・**砂嵐**(すなあらし)(**サンドストーム**)と呼ばれます。これらの水平スケールはときに数千kmにもおよび、低気圧に伴う風の流れを可視化することもあります(図3・66)。前線通過時などに砂塵嵐が局地的に発生すると、その境目には砂の壁が現れることもあります。乾燥・半乾燥地域で砂塵嵐や砂嵐をもたらす強風はハブーブ（Haboob）と呼ばれています。
風塵や砂塵嵐の中に立っているとダストがめちゃくちゃ顔にぶつかってきます。痛い上に目も開けられず、ダストがカメラ内部に入り込むこともあります。外に干した洗濯物も砂まみれです。晴れて乾燥した風の強い日には、特に畑や裸地が近くにある方は風塵や砂塵嵐に気をつけましょう。

（上）図３・65　風塵（Blowing dust）。2013 年３月 13 日茨城県筑西市、青木豊さん提供。
（下）図３・66　ダストストーム。2016 年６月 27 日サハラ砂漠、NASA EOSDIS worldview の Suomi NPP による可視画像。

海を越えてやってくる黄砂

春の風物詩ともいえる大気塵象、それが**黄砂**（こうさ）です。黄砂は中国のタクラマカン砂漠やゴビ砂漠、黄土高原などの砂漠・乾燥地域で発生した砂塵嵐・砂嵐により、大気上層にまで巻き上げられた砂塵が地上に降る現象です（図3・67）。黄砂発生時には空が黄褐色になり、地面にも砂塵が積もります。黄砂は視程悪化に伴って交通機関に影響を及ぼすだけでなく、屋外に干した洗濯物や車を汚す原因にもなります。黄砂は春だけでなく秋にも発生することがあります。

黄砂発生時には、砂塵に加えて硫黄酸化物や窒素酸化物などの大気汚染物質や、土壌中にいた菌類（バクテリア）やカビも一緒に飛来します。そのため、黄砂時はアレルギー性鼻炎や花粉症が悪化したり、呼吸器官に悪影響があることが知られています。気象庁では黄砂観測状況や予測についても発表しているので、それらの情報を上手く使ってマスクを着用したり、洗濯物や洗車のタイミングを見計らうことをオススメします。

図3・67　北日本に飛来する黄砂。2017年5月7日、NASA EOSDIS worldview の Terra による可視画像。

図３・68　ダストデビル。2011年７月19日アメリカ・オクラホマ州、伊藤純至さん提供。

ダストデビルと火災旋風

晴れた日にグラウンドなどで砂ぼこりが渦を巻き、テントを吹き飛ばす様子がしばしばニュースで取り上げられますが、これは古くからつむじ風として知られている**塵旋風**（じんせんぷう）（**ダストデビル**）という現象です（図３・68）。

ダストデビルは竜巻と見た目が似ていますが、発生原理が全く異なります。竜巻は積乱雲による上昇流で下層の渦が引きのばされることが重要な場合が多いです（第４章４節・256ページ）。日中に地表面の温度が上がり、熱く軽くなった空気が上昇流を作ります。風の収束などで発生した地上の小さな渦が、この上昇流によって引きのばされて強まるとダストデビルが生まれます。その寿命は長くて数分程度で、渦の回転方向は時計回り・反時計回りのどちらもあります。

大規模な野焼きや森林火災時には同様なメカニズムで

図3・69　火災旋風。2017年3月18日栃木県小山市、青木豊さん提供。

火災旋風という炎や煙・灰の渦が発生します(図3・69)。"Firenado"という俗称もあり、火災に伴って1時間以上持続することもあります。地震や空襲などによる都市部での広範囲の火災時にも報告例があります。

ごく小規模なダストデビルなら中に入っても大丈夫ですが、規模が大きいと危険です。火災旋風は非常に危険なので見かけても絶対に近付かないでください。どうしても火災旋風に会いたい方は、毎年3月に行われている栃木県などの渡良瀬遊水地でのヨシ焼きなど、大規模な野焼きイベントに参加して遠目で渦巻きを楽しみましょう。

第4章 雲の心を読む

解説動画

映像資料

4・1　雲による流れの可視化

山越え気流に伴う雲

雲は基本的に素直なので、身を挺して私たちに大気の状態や流れを教えてくれます。雲の声を聞けば、観天望気により天気の急変を事前に知ることもできるのです。というわけで、本章では雲の心を読むための知識を紹介します。

まず山では、大気の状態によって様々な雲が発生します。大気の状態が不安定なとき、山地斜面による強制上昇や昇温した斜面の影響で上昇流が生まれ、積雲が発生します。大気の状態が比較的安定な場合には山を越える流れ（**山越え気流**）が生まれ、山頂付近は山が笠をかぶったような**笠雲**（図4・1）、このとき上空の風が強いと山の風下に向かって棚引くような形をした**バナークラウド**（図4・2）、山から離れた場所にもUFOや天空の城を連想するような**吊るし雲**（レンズ状高積雲など）が発生します（図4・3）。

笠雲は山越え気流の山地斜面に沿った空気の流れで生まれ、絶えず上昇流域で発生、下降流域で消滅を繰り返しています（図4・4、198ページ）。また、山の上空に空気が蓋をするように安定層があると、山越え気流が風下にも伝わり、**風下山岳波**という大気の振動が発生します。風下山岳波は上空にも伝わって上昇流と下降流の対を作り、吊るし雲を生み出します。吊るし雲内で成長した雲粒子が尾流雲を作ると、風下山岳波そのものが可視化されます（図4・5、198ページ）。

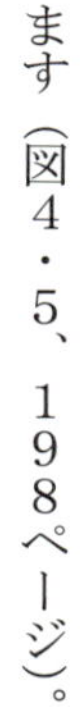

（上）図4・1　富士山で発生した笠雲。2017年9月18日山梨県富士吉田市、まりもさん提供。
（中）図4・2　バナークラウド。2014年10月30日スイス・イタリアの国境に位置するマッターホルン、大澤晶さん提供。
（下）図4・3　吊るし雲（レンズ状高積雲）。2012年3月30日長野県車山山頂、下平義明さん提供。

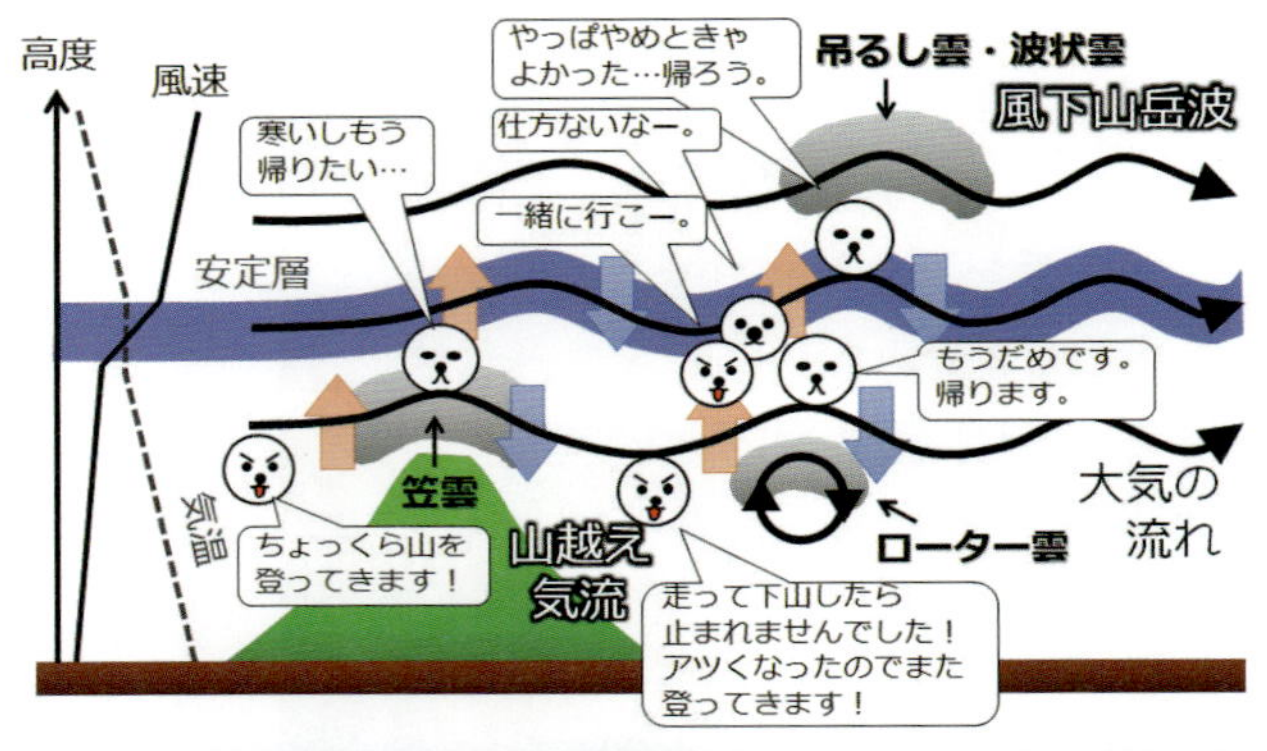

（上）図4・4　山越え気流とそれに伴う雲。
（下）図4・5　風下山岳波を可視化する吊るし雲。2007年10月31日長野県、下平義明さん提供。

富士山は古くから笠雲や吊るし雲の名所で、「山頂を覆う笠雲のひとつ笠は雨の兆（きざし）」「断続的に刻みをつけて東にながれるなみ笠は風雨（ふうう）」という観天望気があります。これは富士山の笠雲・吊るし雲は日本海に温帯低気圧（**日本海低気圧**（にほんかいていきあつ））があって寒冷前線通過前に発生することが多いためで、これらの雲は荒天の前兆になるのです。

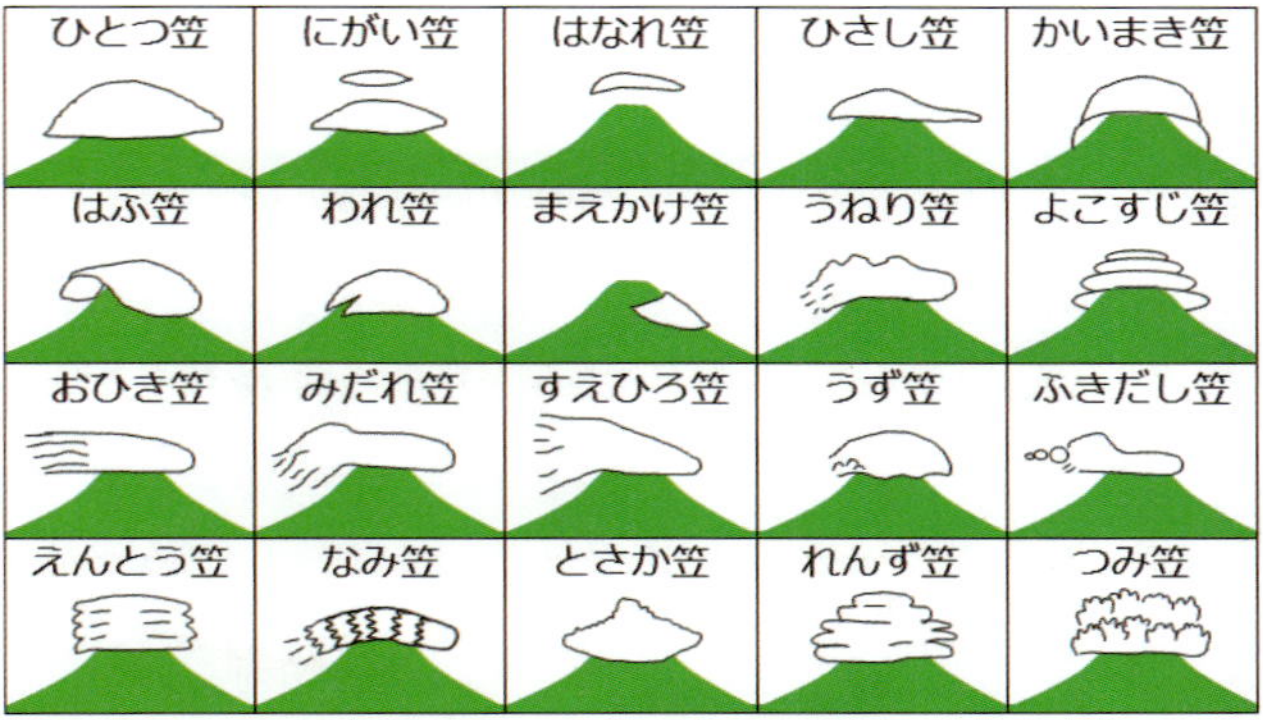

（上）図4・6　富士山上に現れる笠雲。
（下）図4・7　富士山周辺に現れる吊るし雲。

富士山での笠雲と吊るし雲はそれぞれ20種類、12種類に分類されているので（図4・6、図4・7）、見かけたらどのタイプかチェックしてみましょう。

また、山頂くらいの高さの風下山岳波の下部では、上昇流と下降流の間に回転する流れが生まれ（図4・4）、ここでは**ローター雲**（ぐも）というロール状の雲が発生します（図4・8）。

（上）図4・8　2016年12月4日に神奈川県湘南台で発生したローター雲。横手典子さん提供。
（下）図4・9　波状雲。2017年1月1日、NASA EOSDIS worldview の Aqua による可視画像。

この子は横に長くのびたロール状だけでなく、球形になることもあり可愛い雲です。

笠雲や吊るし雲は山脈によっても形成されます。山脈に伴う風下山岳波で発生した吊るし雲は**波状雲**となり、冬型の気圧配置時に太平洋側の地域などでよく観測されています（図4・9）。気圧配置が変わらなければ山では風下山岳波が生まれ続けるため、波に伴う上昇流・下降流の位置もほぼ動きません。そのため、波状雲は同じような場所に居座り続けます（動画4・1）。また、山の風上側の大気下層に安定した雲の層があるときなどに、谷間を中心に雲が山を越える流れに乗って下降して蒸発

（上）図４・10　滝雲。2015年１月１日に山梨県河口湖、和田光明さん提供。
（下）図４・11　地形性巻雲。2016年３月16日、NASA EOSDIS worldviewのAquaによる可視画像。

すると**滝雲**（たきぐも）と呼ばれる美しい雲と山の光景に出会えます（図４・10）。

　風下山岳波によって巻雲が発生することもあり、**地形性巻雲**（ちけいせいけんうん）と呼ばれます（図４・11、動画４・２）。地形性巻雲は山脈上空に安定層があり、上空の風向がほぼ一定な場合に風下山岳波が上層まで伝わって生まれます。地形性巻雲は特に冬などに東北地方や朝鮮半島で発生しやすく、濃密なために曇天（どんてん）をもたらしますが、実は現在でも予測の難しい現象の１つです。

　これらの地形性の雲は山越え気流や風下山岳波などの定常な流れの中で絶え間なく生まれては消えてを繰り返し、その場に停滞するように見える雲です。見た目とは裏腹に、その雲には数多（あまた）の雲粒子たちがわずかな時間で栄枯盛衰（えいこせいすい）を繰り返している壮絶な世界があるのです。また、笠雲や吊るし雲がツルッとしているのは上空の風が強い証拠で、荒天を呼びかけてくれることもあるので特に登山をされる方はよく声を聞いてあげてください。

ウズウズするカルマン渦列

雲は渦（うず）マニアにとっては無くてはならない存在です。なぜなら雲は渦の流れも可視化してくれるからです。渦マニアが特に狂喜乱舞する渦の１つが**カルマン渦列（うずれつ）**です。

日本付近では冬に韓国の済州島（チェジュとう）や鹿児島県の屋久島で発生するカルマン渦列が有名で、冬の風物詩です（図４・12、動画４・３）。西高東低（せいこうとうてい）の冬型の気圧配置では、大陸から北西寄りの冷たい風が下層で吹き出します。この下層の流れの厚さが各島の山頂より薄ければ、流れが済州島や屋久島を回り込んで時計回りと反時計回りの渦の列を作り、これを雲が可視化するのです。それぞれの渦の直径は20～60㎞で、衛星観測で愛でることができます。

実はカルマン渦列は、冬以外でも北海道の利尻島などで発生します（図４・13）。利尻島でカルマン渦列が発生しやすいのはオホーツク海高気圧などからの冷たい流れがあるときで、条件が整えば孤立した標高の高い山を持つ島ならどこでも発生する可能性があります。ぜひ衛星画像で渦探しに励み、見つけたら一緒に渦を愛でましょう。

ケルビン・ヘルムホルツ不安定性の雲——フラクタス

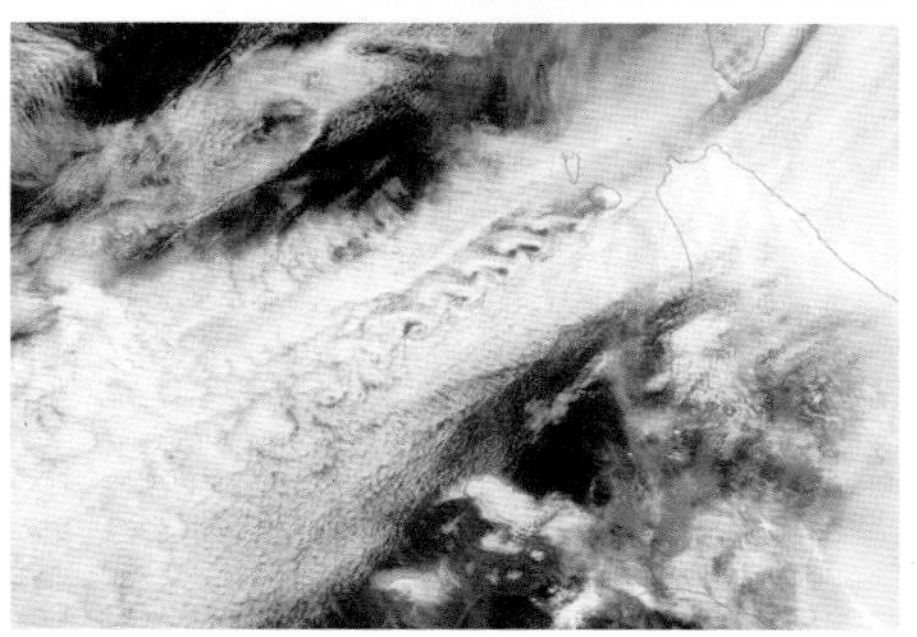

（上）図４・12　済州島と屋久島で発生したカルマン渦列。2016年２月25日、NASA EOSDIS worldview の Terra による可視画像。
（下）図４・13　北海道利尻島で発生したカルマン渦列。2012年５月11日、NASA EOSDIS worldview の Aqua による可視画像。

雲はときに波打つ姿で幻想的な光景を私たちに見せてくれます（図４・14、204ページ）。これは副変種の１つである**フラクタス**（Fluctus）で、ケ

図4・14　フラクタス。2015年1月8日東京都練馬区、ウェザーニュース提供。

ルビン・ヘルムホルツ不安定性の波状雲として親しまれている雲です。

ケルビン・ヘルムホルツ不安定は、密度の異なる層が上下に接しており、各層の流体に速度差のあるときに生じる不安定です。層状性の雲があるときにはその上部で発生しやすく、層積雲や層雲、巻雲などにフラクタスが現れることがあります。この不安定は短時間で解消し、フラクタスの寿命は数分〜数十分程度です。もし見かけることがあったらすぐに写真におさめましょう。時間変化も含めてその造形美を存分に楽しみましょう。

空で波打つアスペリタス

雲底で波打つ雲は**アスペリタス**（Asperitas）と呼ばれます（図4・15）。この子は従来からアスペラトゥス波状雲と呼ばれていましたが、２０１７年版の国際雲図帳から副変種の1つとして正式にアスペリタスという名前がつきました。ダイナミックで素敵な子です。
アスペリタスは通常の波状雲のように水平に波が並ぶ構造は持たず、不均一に波打ちます。海の中から見上げた海面のようにアスペリタスは滑らかで、ときおり尖った構造を持つこともあります。アスペリタスは層積雲と高積雲の雲底に現れる副変種の1つで、近くで発生した降水現象に伴う大気重力波が雲底で可視化されたものと考えられています。

図4・15　アスペリタス。2012年6月18日岡山県倉敷市、倉敷科学センター・三島和久さん提供。

モーニング・グローリー・クラウド

モーニング・グローリーは、オーストラリア北部のカーペンタリア湾などで乾季の終わり頃（8～9月）の朝に現れる、長くのびた強いシアラインのことです。このシアライン上に発生する巨大なロール状の雲を**モーニング・グローリー・クラウド**と呼んでいます（図4・16、206ページ）。

モーニング・グローリーのウィンドシアは、**海陸風**（かいりくふう）という日単位での気温変化に伴う風による前線が主な要因と考えられています。陸と海では熱容量が異なるため、陸のほうが海よりも温まりやすく冷めやすい性質があります。そのため、日中は陸のほうが高温になって空気が軽くなるために気圧が下がり、海から陸に向かう**海風**（うみかぜ・かいふう）が吹きます。夜間は逆に陸から海に向かう**陸風**（りくかぜ・りくふう）が吹き、これらの風の境界には陸上では**海風前線**、海上では**陸風前線**という前線が形成され、これらがモーニング・グローリーになるのです。

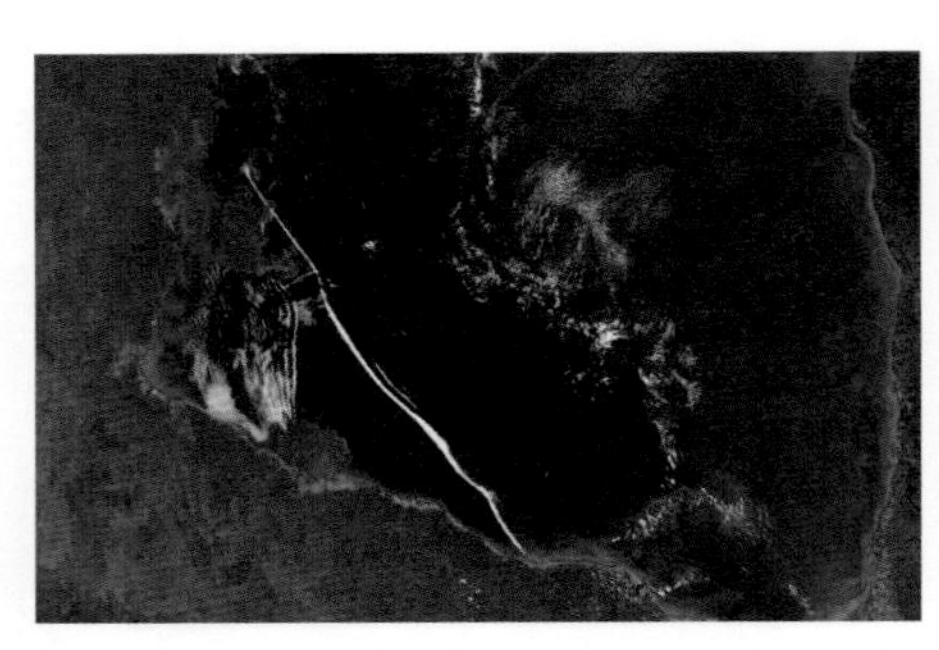

図4・16　モーニング・グローリー・クラウド。2012年9月5日オーストラリア・カーペンタリア湾、NASA EOSDIS worldview の Terra による可視画像。

モーニング・グローリー・クラウドは高さ数kmに形成され、単独で現れることもあれば複数並んで発生することもあります。この子は水平軸を中心に回転するロール状の雲なので広範囲に上昇流域があり、グライダー愛好家に好まれています。また、この子と同様に海陸風が要因と考えられる巨大なロール状の雲が発生することは国内でもあり、新潟県や石川県などの海上で目撃例があります。

4・2　雲が伝える大気の気持ち

雲から生えた尻尾――尾流雲

ときおり雲は可愛い尻尾を生やします。これは副変種の1つの**尾流雲**（びりゅううん）（Virga、フォールストリーク）で、雲から落下する水滴や氷粒子が降水として地上に達する前に蒸発し、筋状になったものです。

この子は巻積雲、高積雲、乱層雲、層積雲、積雲や積乱雲に現れます。尾流雲が鉤っぽい形なのは、上空の鉛直シアで高さによって横に流される距離が異なることと、先端付近では降水粒子が蒸発して粒径も落下速度も小さいため横に流されやすいことによります。

巻積雲や高積雲などの上中層雲は過冷却雲粒でできており、何らかの理由で雲内に発生した氷晶が急激に成長して尾流雲を形成することがよくあります（図4・17）。この尾流雲は雲内での粒子の相変化をまさに体現してお

図4・17　尾流雲。2015年8月11日茨城県つくば市。

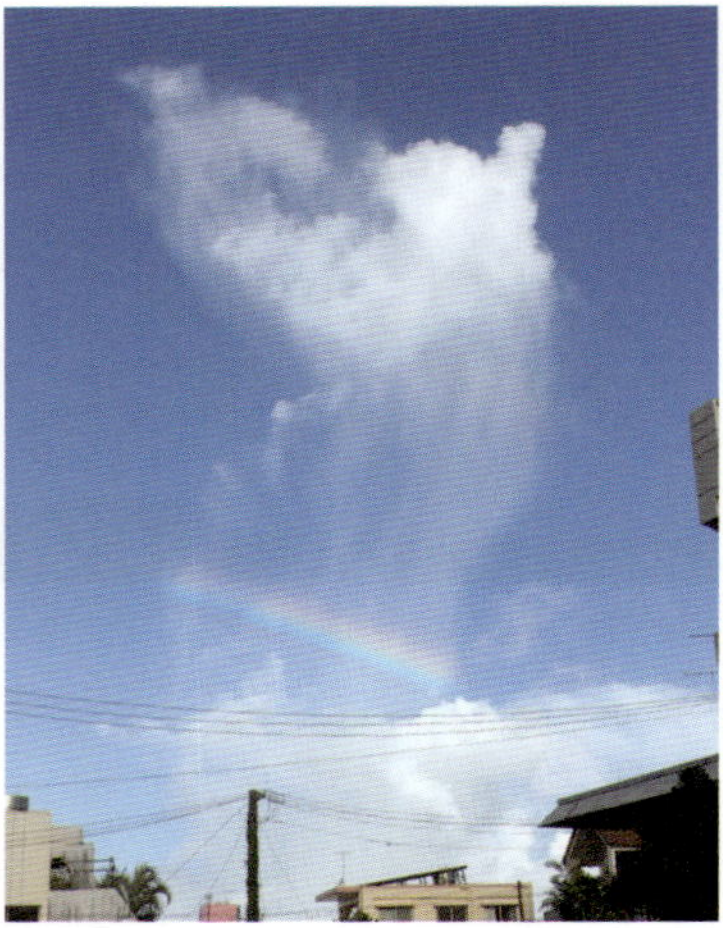

図4・18　降水雲。2017年8月1日沖縄県那覇市、岡田敏さん提供。

り、私たちはそこで繰り広げられる粒子同士の熱のやりとりを想像してニヤニヤできます。

また、尾流雲のように雲から降水粒子が落下しており、それが地上まで達しているものは副変種の1つである**降水雲**(Praecipitatio)に分類されます（図4・18）。降水雲は高層雲、乱層雲のほか、全ての下層雲で発生します。降水雲に伴い、雲底付近に副変種の1つである**ちぎれ雲**(Pannus)が現れることもあります。晴れた日の局地的に発達した積雲などからの降水雲では虹が出ることもあって楽しいです。しかし、発達した積乱雲からの局地的大雨などでも降水雲が見られます。降水が強まるほど降水雲は色が濃くなり、注意が必要になります。

図４・19　様々な飛行機雲。上から順にエンジンが二発、三発、四発の機体による飛行機雲。一番下は湿潤な環境で翼の後方でほぼ一様に発生した飛行機雲。高梨かおりさん提供の写真をもとに作成。

飛行機雲と消散飛行機雲

青空にのびる**飛行機雲**は、ときに私たちの目を奪います。薄明の空で焼け色に染まった飛行機雲はまるで箒星（ほうきぼし）のようで（動画４・４）、天文台に問い合わせが入ることもあるそうです。飛行機雲は人為起源雲を遺伝雲・変異雲とした巻雲に分類され、上空が湿っているときに発生します。そのため、飛行機雲の有無や雲が持続し、成長するかどうかで上空の湿り具合が読み取れます。

飛行機雲をよく見ると、飛行機の種類や上空の湿り具合によって雲のでき方が異なるのがわかります（図

4・19、209ページ)。飛行機雲は飛行機のエンジンの数によって2本、3本、4本と並んで発生し、上空がかなり湿っていると翼から均一に雲が発生します(図4・19下)。

そもそも飛行機雲は、上空の低温環境下で発生します。飛行機のエンジンが吸い込んだ空気は圧縮され、燃焼によって300～600℃の高温な排気ガスとなって放出されると、周囲の空気と混ざって急激に冷やされます。また、飛行機の翼の後ろ側には空気の渦が発生し、部分的に気圧と気温が低下します。これらの要因で冷やされた排気ガスが雲凝結核として働いて過冷却雲粒が発生し、その後に氷晶核形成して氷晶の飛行機雲が生まれるのです。飛行機雲が2～4本と綺麗に見えるのはエンジンの熱と排気ガスが要因であり、翼から均一に発生するのは翼の後ろの気圧低下が要因であると見分けられます。飛行機雲発生直後は過冷却雲粒が雲をなすため、彩雲も見えます(図4・20)。

また、機体通過に伴う空気の乱れなどにより飛行機雲の一部がリング状になることがあります。さらに、上空がかなり湿っていると飛行機雲をなす氷晶が昇華成長し、モクモクとした巻雲に変異していきます(図4・21)。上空の風にも流され、多様な姿になるのです。

一方、飛行機雲とは逆に、航路に沿って雲がなくなる**消散飛行機雲**(しょうさん)もあります(図4・22)。これは、飛行機が雲を通過する際に高温な排気ガスや乾燥空気と混ざることで雲が蒸

（左上）図４・20　飛行機雲に現れた彩雲。2017 年２月８日東京都町田市、ミッシェルさん提供。
（右上）図４・21　飛行機雲から変異した巻雲。2016 年 10 月 30 日茨城県つくば市。
（左下）図４・22　消散飛行機雲。2017 年４月 29 日茨城県つくば市。
（右下）図４・23　飛行機雲の影。2017 年５月７日福井県大野市、二村千津子さん提供。

発したり、過冷却の水雲内で発生した氷晶の成長のために過冷却雲粒が蒸発することなどで発生すると考えられています。

消散飛行機雲と飛行機雲の影は混同されやすく、特に巻積雲などがいるときはその上空の飛行機雲の影が写って消散飛行機雲のように見えることがあります（図４・23）。そのようなときはまず近くの飛行機雲と太陽との位置関係を確認しましょう。太陽と飛行機雲、薄い雲にできた黒い筋が順に平行に並んでいれば、それは飛行機雲の影であると判断できます。

水と氷の狭間で —— 穴あき雲

空に広がる雲にぽっかりと穴が開くことがあります。これは副変種の1つの**穴あき雲**（Cavum、ホールパンチクラウド）で、巻積雲、高積雲、層積雲に発生します。この子は特に過冷却の水雲になっている巻積雲で発生しやすい雲です。

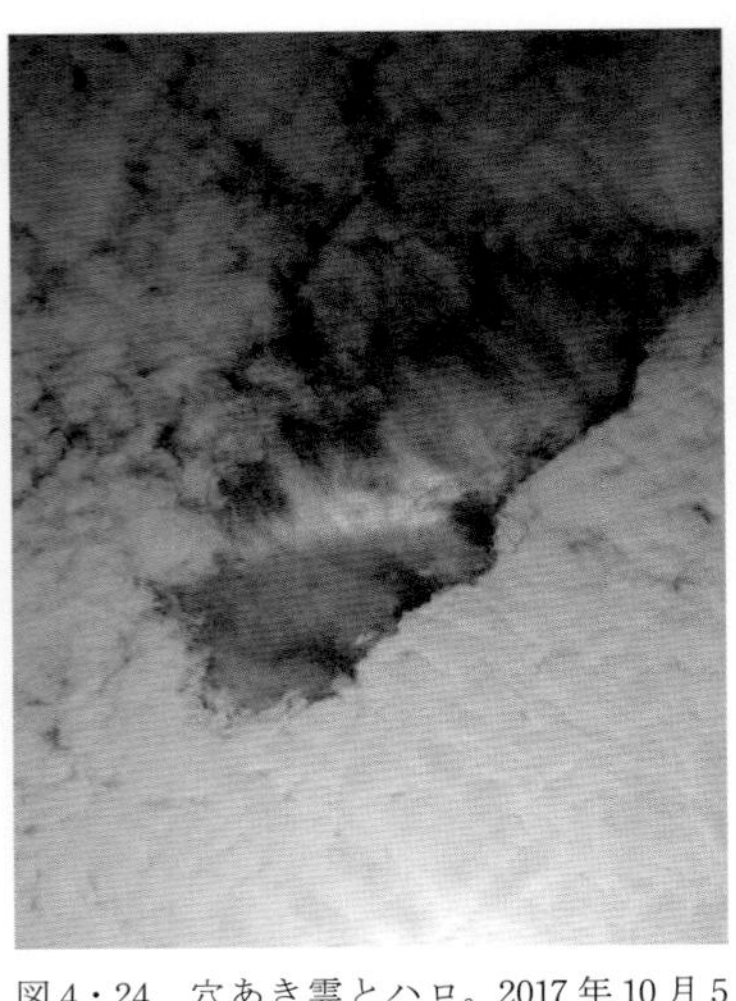

図4・24　穴あき雲とハロ。2017年10月5日東京都、ウェザーニュース提供。

尾流雲や消散飛行機雲のメカニズムと同様、過冷却の水雲に氷晶が発生すると氷晶が成長するために過冷却雲粒が消費され、穴あき雲が形成されます。このため、空いた穴の中で成長した氷晶による尾流雲が形成され、穴あき雲はフォールストリークホールとも呼ばれます。太陽との位置関係が最高だと穴の中の尾流雲でハロやアークが発生することもあります（図4・24）。穴あき雲は雲が過冷却の水雲であることを教えてくれます。この子に出会うには、巻積雲などが空に広がっているときにこまめにチェックするのがポイントです。

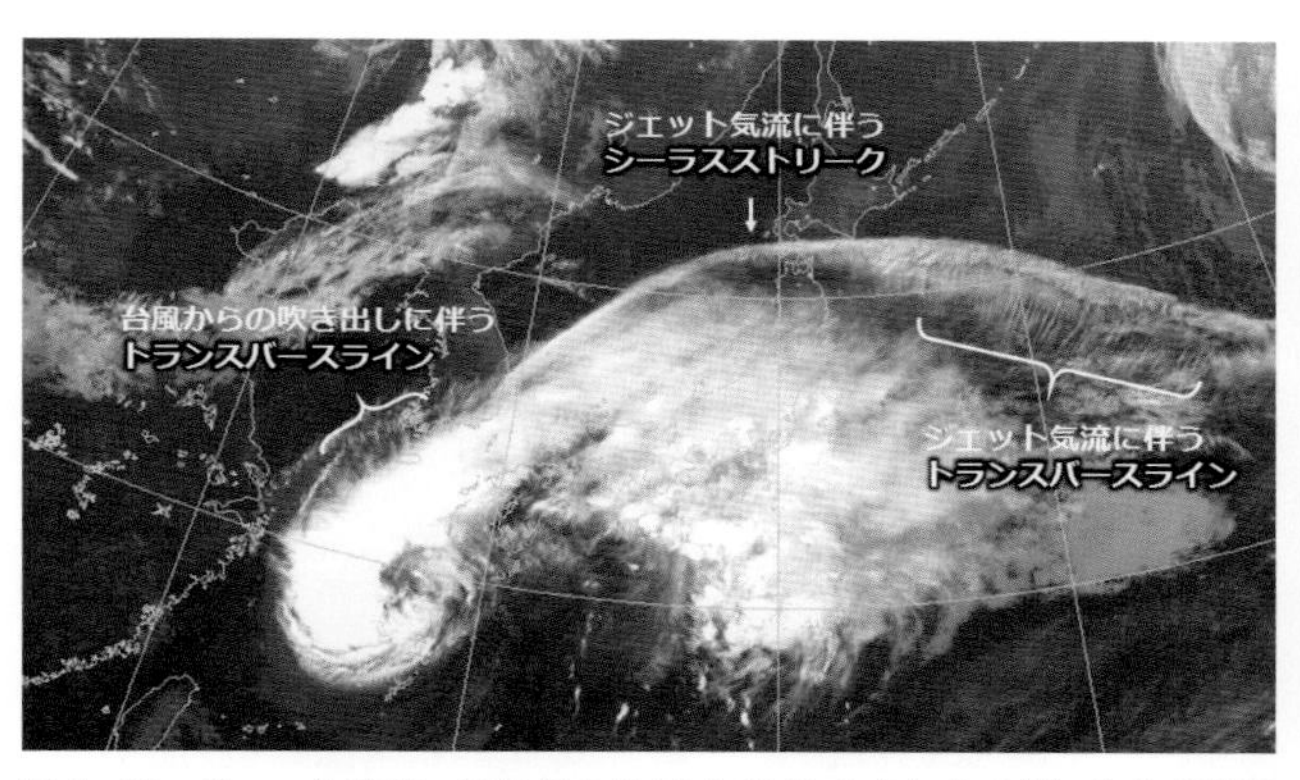

図４・25　ジェット巻雲。2017年９月16日19:30ひまわり８号による赤外画像。気象庁ホームページより。

ジェット気流と巻雲

巻雲１つひとつは長さも形も様々ですが、ときおり水平スケールが１０００㎞以上にもなることがあります。この巻雲は大気上層の偏西風の特に強い部分である**ジェット気流**に伴って発生することから、**ジェット巻雲**と呼ばれます。

ジェット巻雲には、気流と平行にのびる**シーラスストリーク**、気流の南側に気流と直交する向きにのびる**トランスバースライン**があります（図４・25）。シーラスストリークはジェット気流の中でも風速の大きい軸に対応して発生します。また、トランスバースラインを形成する個々の帯状の雲は**トランスバースバンド**と呼ばれ、トランスバースラインは対流圏界面のすぐ下で発生したケルビン・ヘルムホルツ不安定が可視化されたもの

図4・26　積雲の声。

と考えられています。トランスバースラインは台風の上層で吹き出した雲内で発生することもあります。これらのジェット巻雲や風下山岳波に伴う波状雲などは、上空で風が乱れる**晴天乱気流**（CAT：Clear Air Turbulence）の存在を示唆しており、航空業界に身を置く雲友のみなさまは注意すべき雲といえます。

日本付近では特に秋から春に偏西風が蛇行し、ジェット巻雲にも出会いやすくなります。シーラスストリークは地上からは全天を覆うほど曇って見えますが、トランスバースバンドは目視で確認できます。空を見上げたときに巻雲がいたら、その向きから上空の流れを想像し、衛星画像でその広がりをチェックすると楽しいです。

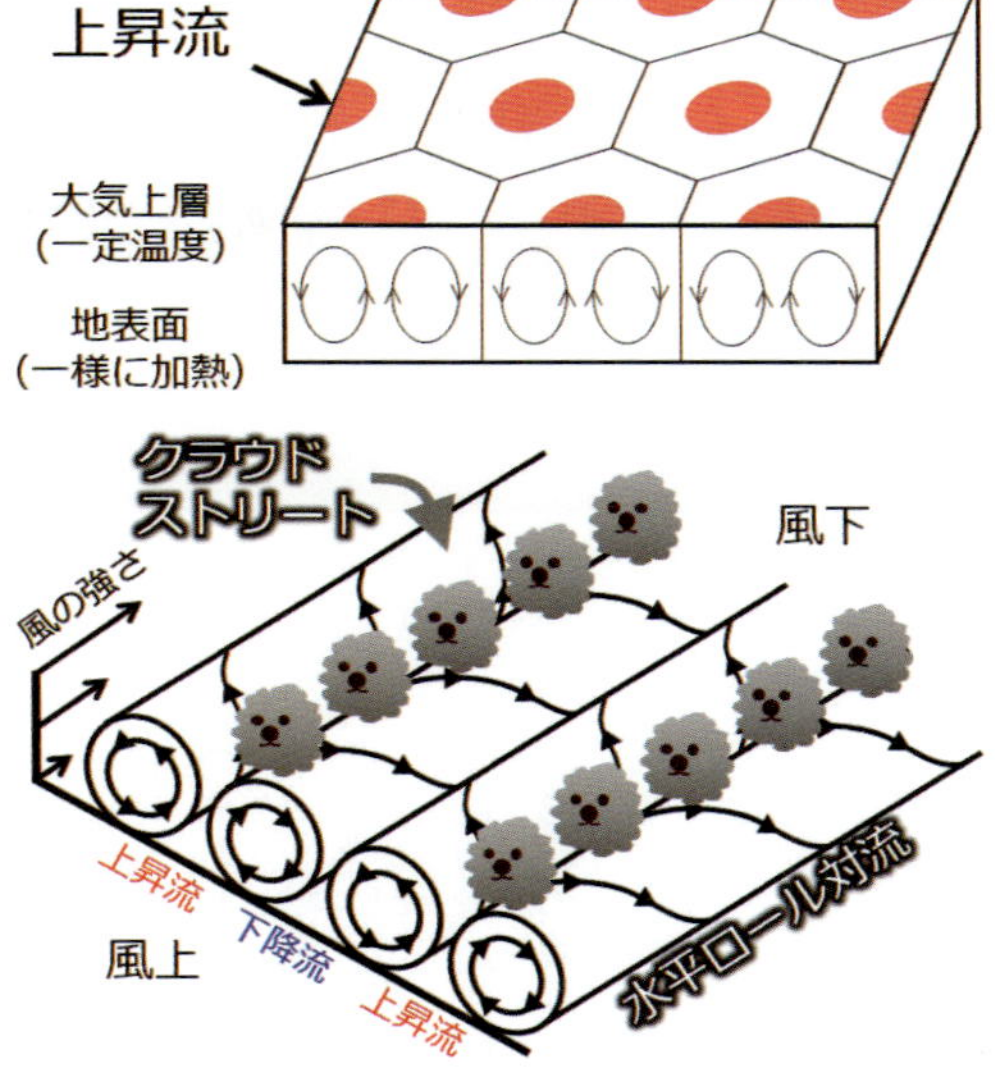

（上）図４・27　セル状対流のイメージ。
（下）図４・28　水平ロール対流とクラウドストリート。

積雲とクラウドストリート

夏によく見かける積雲、彼らはなぜモクモクしているのでしょうか？　モクモクするにも理由があります。好天積雲を例に、少し声を聞いてみましょう（図４・26）。

積雲は地上が昇温することなどで生じた**熱対流**（ねったいりゅう）（**サーマル**）に伴う上昇流が下層の空気を上空へ運び、断熱冷却することで持ち上げ凝結高度を越えて生まれます。このため、平らに揃っ

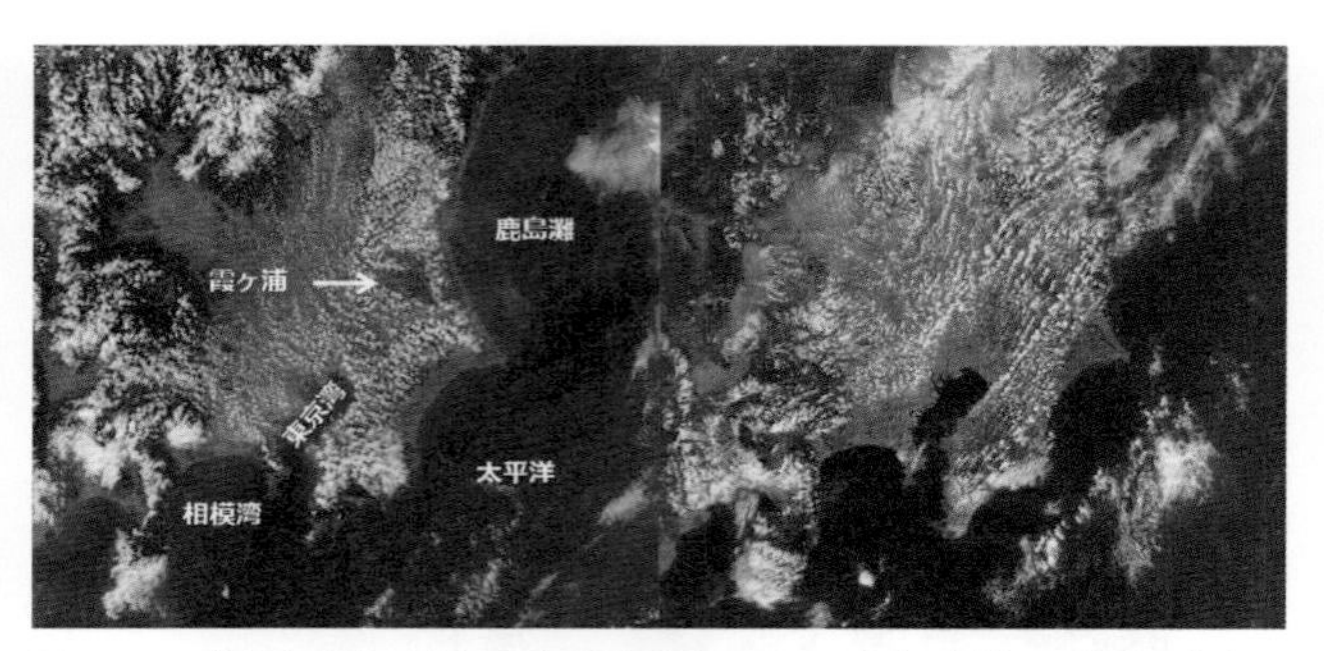

図4・29　静穏なとき（左）と南西風が吹いているとき（右）の積雲の変化。NASA EOSDIS worldview の可視画像。左：2010 年 8 月 21 日 Aqua、右：2008 年 8 月 3 日 Terra。

た積雲の雲底から持ち上げ凝結高度を読み取れます。積雲のモクモクした姿は、上昇流が雲内の空気を乱すことで作られるのです。この上昇流によって足りなくなった空気を補うように雲周辺に下降流が発生し、特に雲上部付近では乾燥空気と混合して雲粒が蒸発します。このように、身近な好天積雲1つとっても、声を聞くことでその形状の成り立ちや雲の輪郭付近での水物質の相変化、大気の状態など、様々なことがわかります。

また、個々の積雲のある位置には上昇流があり、このときの対流は地表面が一様に加熱された場合に生じる**セル状対流**（**細胞状対流・ベナール対流**）に近くなっています（図4・27、215ページ）。セル状対流はお味噌汁によく見られ、上昇流と下降流が細胞のように広がっています。セル状対流発生時に下層である程度の強さの風が吹くと、上昇流と下降流が対をなすようにロール状

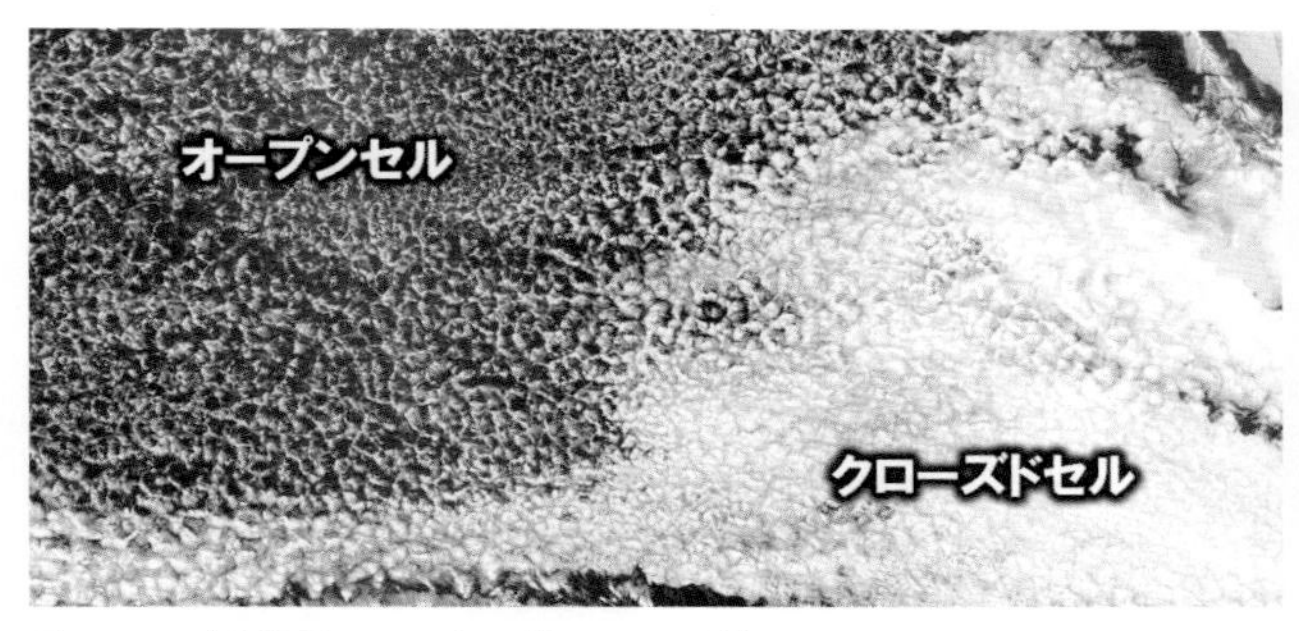

図４・30　層積雲。2017年９月７日チリ沖、NASA EOSDIS worldviewのSuomiNPPによる可視画像。

に広がる**水平ロール対流**が発生します（図４・28、２１５ページ）。このとき、水平ロール対流の上昇流域に雲が形成されるため、**クラウドストリート**という筋状の雲列が発生します。夏の関東平野で静穏なときと南西風が吹いているときの雲の分布を比べると一目瞭然です（図４・29）。静穏時の雲分布では鹿島灘や相模湾などの海岸沿いでは積雲が見られません。これは冷たい海風が流入して大気が安定化していることを意味します。静穏時に霞ヶ浦上空で雲がないのは、地表面が陸か湖かで熱容量が異なり、湖上の空気は相対的に冷たく熱対流が発生していないためであることが読めます。

晴れた日に飛行機の窓から海岸付近の雲を見ると、陸上では積雲があるのに海上では全く雲がないという状況によく出会います。そんなときは陸上の煮え具合と、雲によって可視化されたセル状対流に想いを馳せましょう。

（左）図４・31　ヤマセ発生時の太平洋側の層積雲。2016年４月２日、NASA EOSDIS worldview の Aqua による可視画像。
（右）図４・32　東北沖合いの上空から見た層積雲。千種ゆり子さん提供。

海洋性の層積雲

層積雲もセル状対流で生まれますが、個々の雲が独立している場合もあれば、隣り合うように密集することもあります（図４・30、217ページ）。それぞれ**オープンセル**、**クローズドセル**と呼ばれ、これらの構造は大気下層の気温や海面水温（地表面温度）などの違いによって生じます。個々の雲の独立する積雲・層積雲では下層気温が高く熱対流が活発でオープンセルが生じますが、下層気温が低いとクローズドセルが発達します。

クローズドセルの層積雲は曇天をもたらします。関東地方では北に中心を持つ高気圧圏内で冷たい北東風を伴う層積雲により、**北東気流**（ほくとうきりゅう）の**曇天**（どんてん）が起こることがあります。実はこれも正確な予測の難しい現象で、天気・気温予報に重要です。また、夏にオホーツク海高気圧が張り出すとき、東北地方太平洋側では**ヤマセ**（山背）という冷たい北東〜東風が吹きます。ヤマセに伴う層積雲は低温や日照不足によって農作物へ悪影響を及ぼすことがあります。

ヤマセが起こると北海道南岸から東北・関東地方の山地の東側に層積雲が広がります（図4・31）。このとき東北地方沖合いで飛行機から層積雲を見ると、モクモクした雲が密集するクローズドセルの層積雲の特徴がよくわかります（図4・32）。層積雲による曇天時には、衛星画像などで雲の状態や広がりを見て、どんな空気が黒幕なのかを想像すると楽しいです。

大人しい霧と層雲

霧（きり）と層雲は表裏一体で、地面に接しているか大気中に浮かんでいるかの違いだけしかありません。大人しくて可愛らしいこの子たちのしくみをフォローしておきましょう。

雨上がりの晴れた夜から翌朝にかけては**放射霧**（ほうしゃぎり）に出会えます（図4・33、220ページ）。日中は太陽からの放射で地上気温は上がりますが、夜間は地球から赤外線の放射が宇宙に向かって放出されて気温の下がる**放射冷却**（ほうしゃれいきゃく）が起こります。降雨で地上が湿っているときに放

（上から）図 4・33　放射霧。2012 年 12 月 4 日茨城県つくば市。
図 4・34　海霧。2010 年 8 月 10 日千葉県銚子市。
図 4・35　港に侵入する海霧。2010 年 9 月 1 日千葉県銚子市。
図 4・36　朝に畑から立ち昇る湯気。まりもさん提供。

（上）図 4・37　積雪域で発生した霧。2015 年 3 月 4 日新潟県長岡市、山下克也さん提供。
（下）図 4・38　放射霧による雲海。2016 年 4 月 8 日茨城県つくば市。

射冷却で気温が下がって生まれるのが放射霧で、盆地や平野部で出会いやすい子です。

　また、沿岸部では**海霧**（うみぎり）に出会えます（図4・34）。海霧は冷たい海面上に温かく湿った空気が移流するときに生じる**移流霧**（いりゅうぎり）の１つです。海上で発達した海霧が陸上に流れてくると、あっという間に見通しが悪くなります（図4・35）。

　冬の朝などに川から湯気のように立ち昇る**川霧**（かわぎり）も素敵です。これは温かい水面上に冷たい空気が流れ込んで発生する**蒸気霧**（じょうきぎり）の１つで、冬には畑（図4・36）や日本海など様々な場所に現れます。このほかにも山地斜面で空気が上昇して発生する**滑昇霧**（かっしょうぎり）、温暖前線の前面や寒冷前線の後面などで降水に伴って地上の空気が飽和して生じる**前線霧**、層雲の雲底が低下して地上に達する雲底低下型の霧などがあります。冬に積雪域に雨が降って水分量が多くなると、積雪の融解で地上付近の空気が冷えるとともに積雪中の水が蒸発して飽和に達することで生まれる霧もいます（図4・37、221ページ）。

層雲や層積雲などの層状の雲が大気下層にいるとき、それを山の上などから見れば美しい**雲海**に出会えます。層積雲は高度2km以下にいるので、ある程度高い山から見るのがオススメです。霧（層雲）では特に放射霧は厚さ数十m程度で濃くなることもあるため、高層ビルやマンションなどからでも雲海を楽しめます（図4・38、221ページ）。都心の高層マンションにお住まいの方は、濃霧注意報が出た翌朝にはぜひ早起きをして、霧に包まれた幻想的な街並みを激写してみましょう。

4・3　危険を呼びかける雲

積乱雲のしくみ

積乱雲は局地的に突然発生し、大雨や竜巻などの突風、落雷や降雹など、様々な激しい大気現象を引き起こして災害の要因になることがあります。しかし、積乱雲が発達するとき、彼らは危険を呼びかける声を出しています。私たちがその声に気づいてその心を読めば、危険を察知して頑丈な建物内などに避難できます。そこで、ここでは積乱雲のしくみと、危険を呼びかける雲の特徴を紹介します。

まず、鉛直シアのない環境で発達する孤立した単一の積乱雲（**単一セル**、**対流セル**）の一生を考えてみます（図４・39、２２４ページ）。積乱雲が発達するのは大気の状態が不安定なときですが（第1章5節・47ページ）、それだけでは積乱雲は発生しません。①局地前線や地形などが下層空気を持ち上げて上昇流が発生します。②この上昇流で下層の温かく湿った空気が持ち上げ凝結高度まで上昇すると、雲が生まれます。③上昇流によって持ち上げられる空気が自由対流高度を越えると、自力で上昇できるようになります。その後は上昇とともに雲が大きくなり、雲内では様々な雲物理過程を経て降水粒子が形成されます。すると、④降水粒子の相変化に伴う冷却やローディングにより雲内に下降流が発生します。この頃、⑤雲頂は平衡高度（対流圏界面など）に達し、アンビルを伴って積乱雲と呼べる存在になります。地上では降水が強まり、下降流が上昇流を相殺するように強まります。⑥上昇流を失った積乱雲は下降流に支配されて衰弱していきます。地上に達した下降流は周囲に広がってガストフロントという局地前線を作り、この先端で周囲の空気が持ち上げられて新たな積乱

①上昇流の形成

②持ち上げ凝結高度に到達
→雲の発達

③自由対流高度に到達

④雲内での下降流の形成

⑤雲の成熟

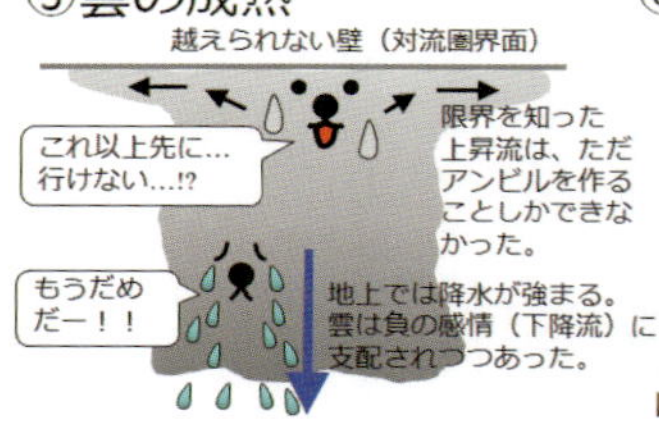

⑥雲の衰弱と新たな
上昇流の誕生

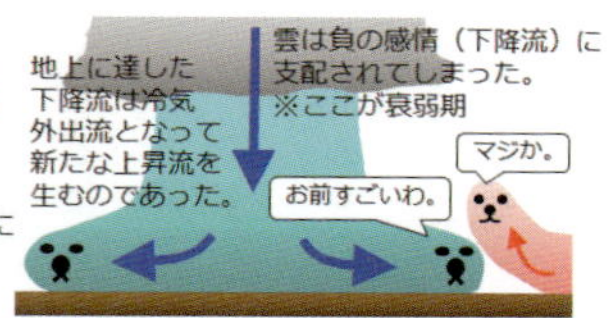

図4・39　積乱雲の一生。

雲となることがあります（①に戻る）。このようにして積乱雲は一生を終え、次の世代へと繋がっていくのです。

この積乱雲の一生を大きく3段階に分けたのが図4・40です。発達期では積乱雲内は上昇流が支配的で、成熟期では上昇流と下降流が混在し、衰弱期では下降流が支配的になるのです。積乱雲の発達する様子を衛星観測で

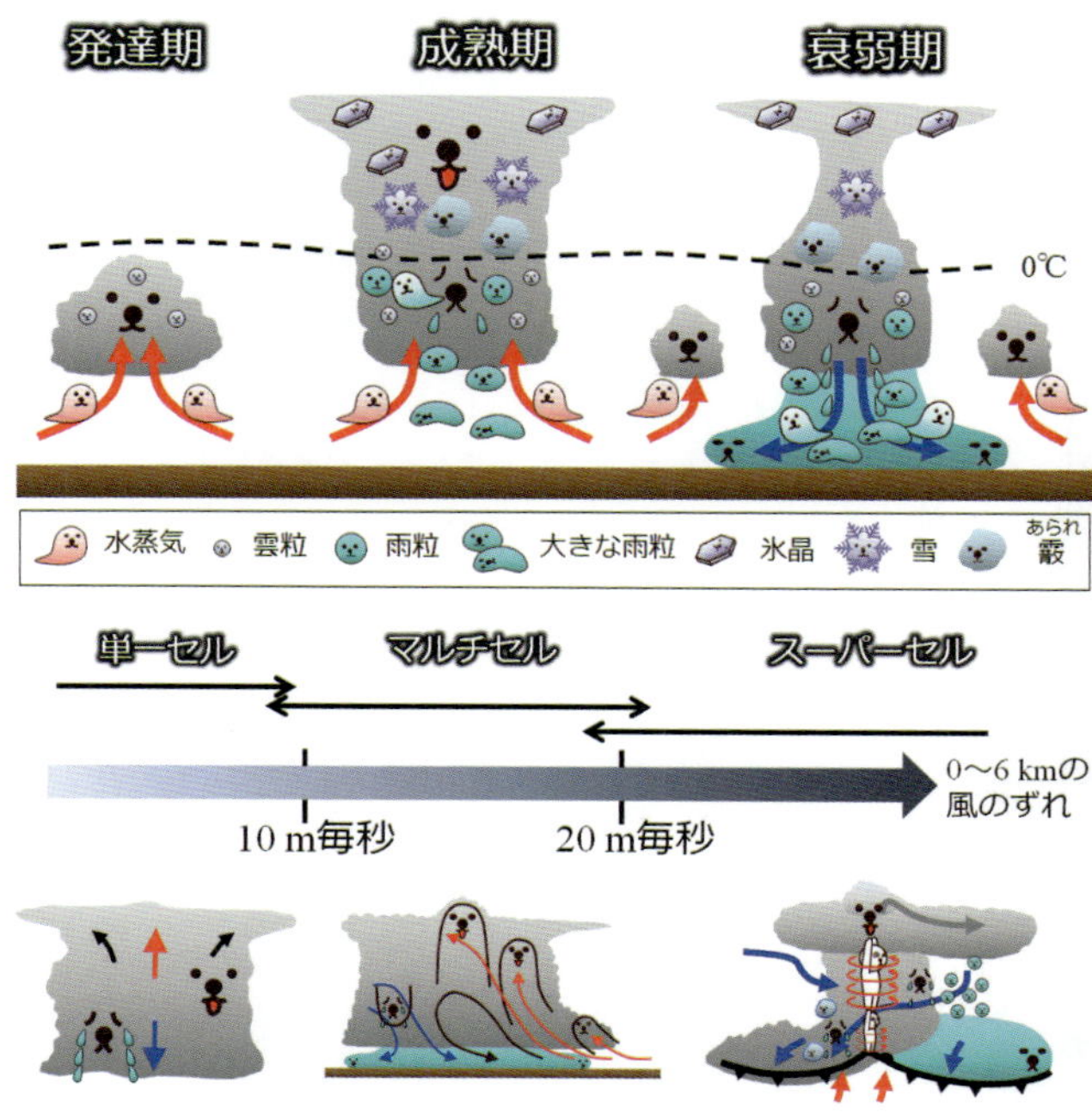

（上）図4・40　積乱雲の一生をもう少し真面目に描いたもの。
（下）図4・41　鉛直シアによる積乱雲の性格の変化。

見ると、雲が一気に立ち上がってアンビルが広がり、上昇流の強い部分がオーバーシュートしている様子がよくわかります（動画4・5）。1つの積乱雲の寿命は約1時間で、数十㎜程度の地上雨量をもたらします。積乱雲はアクティブな見た目ですが、自身の下降流で自滅する自虐的な雲なのです。ただし、雲に芽生えた負の感情

（下降流）は自身の破滅だけではなく、未来（新たな雲の発生）へと繋がっていくのです。この意味で、とても人間味に溢れた雲です。

一方、鉛直シアのある環境では積乱雲の性格もその一生も様変わりします（図４・41、２２５ページ）。鉛直シアの指標として地上と高度６kmの風のシアが用いられ、これが10m毎秒以上ではマルチセル（多重セル対流）、20m毎秒以上ではスーパーセルという積乱雲に変化することがあります。これらは移動速度が大きく、寿命も長い積乱雲です。ではこれらがそれぞれどんな性格の積乱雲なのかを見ていきましょう。

図４・42　マルチセル。2016年７月14日茨城県つくば市。

世代を越えて1つに——マルチセル

マルチセル（多重セル対流）は発達段階の異なる複数の対流セルによって形成された大きな積乱雲です（図４・42）。マルチセル内部には発達期・成熟期・衰弱期の対流セルが並んでおり（図４・43）、成熟期や衰弱期の対流セルによるガストフロントが下層の風上側で新

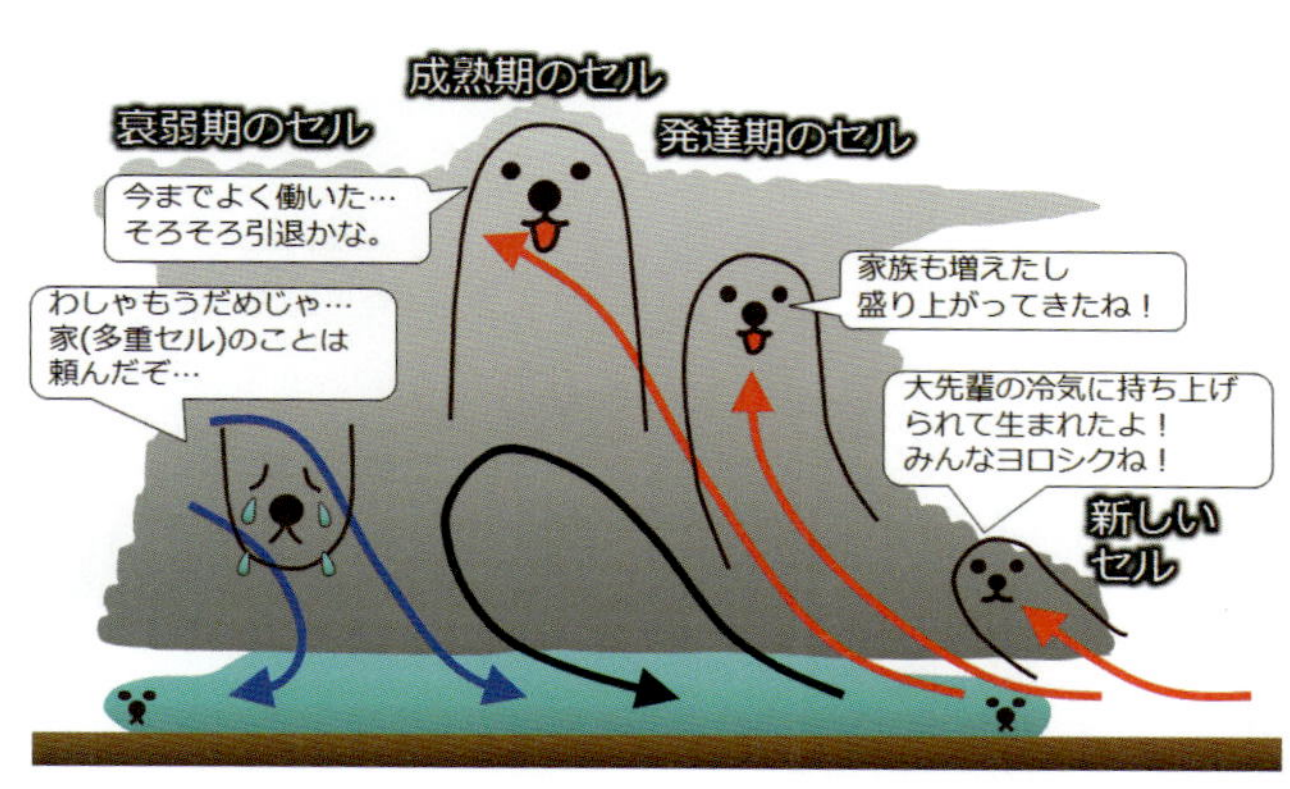

図４・43　マルチセルのイメージ。

たなセルを生み出します。マルチセルでは対流セルの世代交代が起こり、その寿命は数時間に及ぶこともあります。

マルチセルは夏に局地的大雨や雷雨をもたらす典型的な積乱雲で、都心部での水害や停電を起こします。さらには弱い竜巻等の突風や降雹の原因にもなるため、荒天をもたらす雲として注意が必要です。

回転する巨大積乱雲——スーパーセル

鉛直シアが大きく大気の状態が非常に不安定な環境で発達する巨大な積乱雲は、**スーパーセル**と呼ばれます。スーパーセルは**メソサイクロン**という直径数kmの渦を伴う上昇流が雲内にあり、その構造が持続するものを指します。スーパーセルは移動速度が大きく大雨による水害などはあまり起こりませんが、

図４・44　スーパーセル。NOAA Photo Library より。

強い竜巻や巨大な雹を生み出します（図４・44）。

北半球では、下層から上層にかけて時計回りに風が変化する鉛直シアのある環境でスーパーセルが発達します（図４・45）。鉛直シアが強いために中層の風で雲内の下降流は積乱雲の前方に運ばれ、乾燥した中層風が雲内に入る際に雲粒子の蒸発などを起こして積乱雲の後方にも下降流が発生します。すると雲内の上昇流は下降流に打ち消されなくなり、長寿命化するのです。スーパーセル内には上昇流域に対応して反時計回りのメソサイクロンが中層や下層にあり、雲全体も反時計回りに回転しています。前方・後方の２つの下降流は、それぞれ前方と後方にガストフロントを作り、ちょうどこれらが交わる下層のメソサイクロンの直下で竜巻が発生すると考えられています。

スーパーセルはアメリカのイメージが強いですが、日本で発生することも珍しくありません（図４・46、２３０ページ）。スーパーセルは顕著な棚雲（たなぐも）（図４・47、２３０ページ）のほか、特有な雲を伴うことがあり、いずれも私たちに危険を呼びかけています。

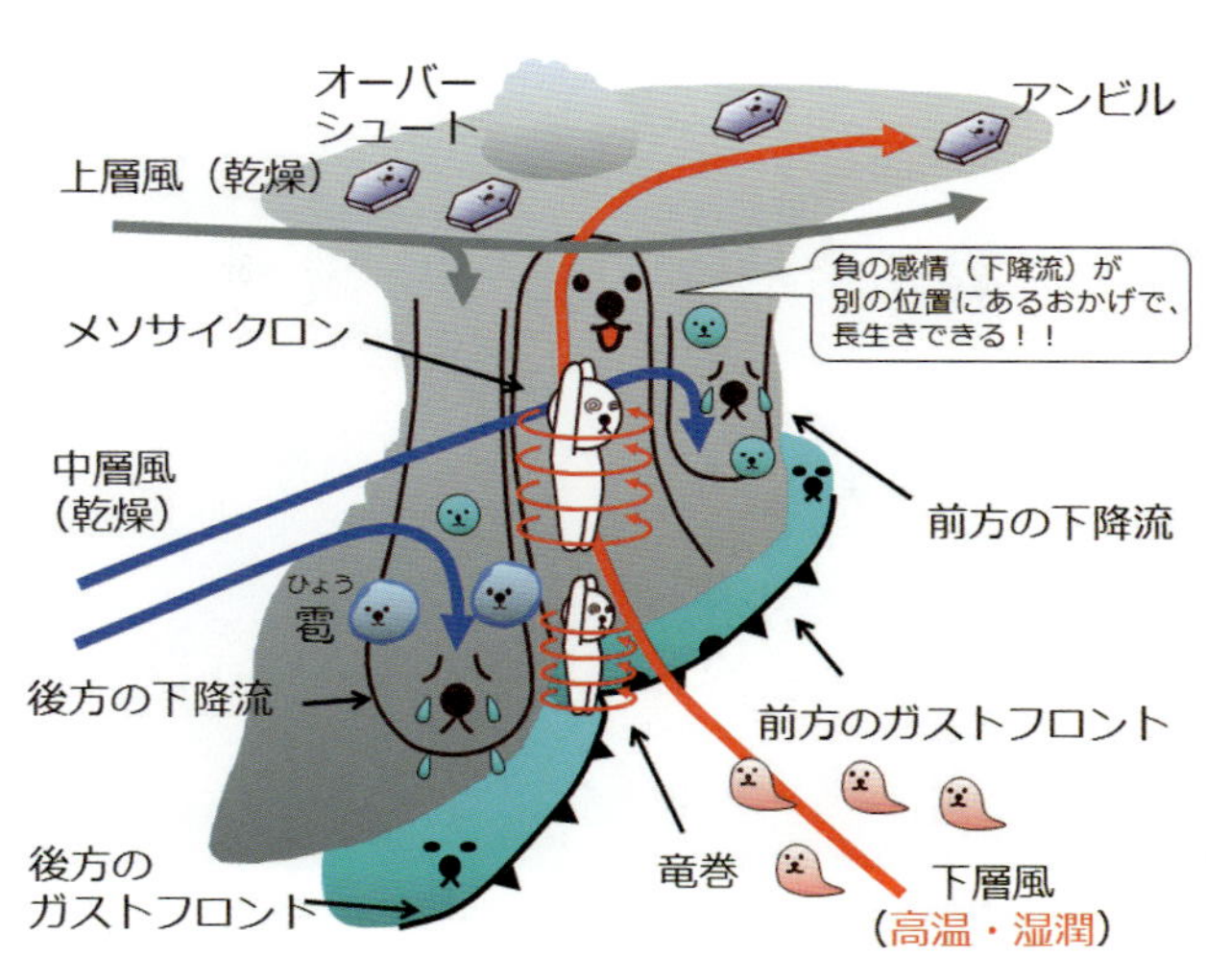

図4・45　スーパーセルのイメージ。

発達する雲のかぶる帽子――頭巾雲

発達中の雄大積雲や積乱雲は、帽子のような雲をかぶることがあります（図4・48、231ページ）。これは副変種の1つで**頭巾雲**（ずきんぐも）（Pileus）と呼ばれています。頭巾雲の広がりは小さく対流セルの上部のみに現れますが、頭巾雲が水平方向にものびて複数のセルにまたがるようなものは副変種の1つである**ベール雲**（ぐも）（Velum）に分類されます（図4・49、231ページ）。

頭巾雲は対流セルに伴う上昇流が、上空の湿った空気の層を持ち上げることで生まれます。形成初期は帽子のように雲頂を覆い、対流セルがさらに上昇すると

（右上）図 4・46　2013 年 9 月 2 日千葉県野田市・埼玉県越谷市に竜巻をもたらしたスーパーセル。茨城県つくば市。
（右下）図 4・47　スーパーセルに伴う棚雲。2011 年 6 月 21 日千葉県柏市、辻優介さん・梅原章仁さん提供。
（左上）図 4・48　頭巾雲。酒井清大さん提供。
（左下）図 4・49　ベール雲。2017 年 7 月 11 日茨城県つくば市。

帽子が突き破られます。頭巾雲はその対流セルがまさに発達している最中であることを意味しているので、不安定な大気の状態を読み取れます。ただし、ベール雲が広がっていても、それを積雲がいつまでも突き破れずにいれば、それ以上積雲は発達しないこともあります。

図4・50　濃密巻雲。2012年8月17日茨城県つくば市。

青空に広がる不穏な濃密巻雲

限界まで発達した積乱雲は副変種の1つであるかなとこ雲（Incus）を形成し（第2章2節・107ページ）、これがさらに広がると濃密巻雲が生まれます（図4・50）。

特に春から秋にかけての暑い日の青空に、ある方向から濃密巻雲が広がってきて不穏（ふおん）な雰囲気の暗い空になることがあります。濃密巻雲は、自分のやってきた方向の空に限界まで発達した積乱雲がいることを教えてくれているのです。

嵐の前兆——乳房雲

ツルッとしたこぶ状の雲が雲底にいくつもできることがあります。これは副変種の1つの**乳房雲**（Mamma、ちぶさぐも・にゅうぼうぐも）で、巻雲、巻積雲、高積雲、高層雲、層積雲、積乱雲と様々な雲に現れます。乳房雲は雲底に発生する小さい渦を伴う下降流や、雲底の沈下、降水粒子の落下・蒸発などが要因と考えられています。夕暮れ時の上中層雲に現れた乳房雲は焼け色に染まり、幻想的な景色を私たちに見せてくれます（図4・51）。

（上）図4・51　高積雲に発生した乳房雲。2017年9月12日埼玉県加須市、國本未華さん提供。
（下）図4・52　アンビルの雲底に発生した乳房雲。2014年6月29日茨城県つくば市。

積乱雲以外の雲に現れる乳房雲は基本的に無害ですが、積乱雲に伴う乳房雲は私たちに危険を呼びかけてくれています。積乱雲に伴

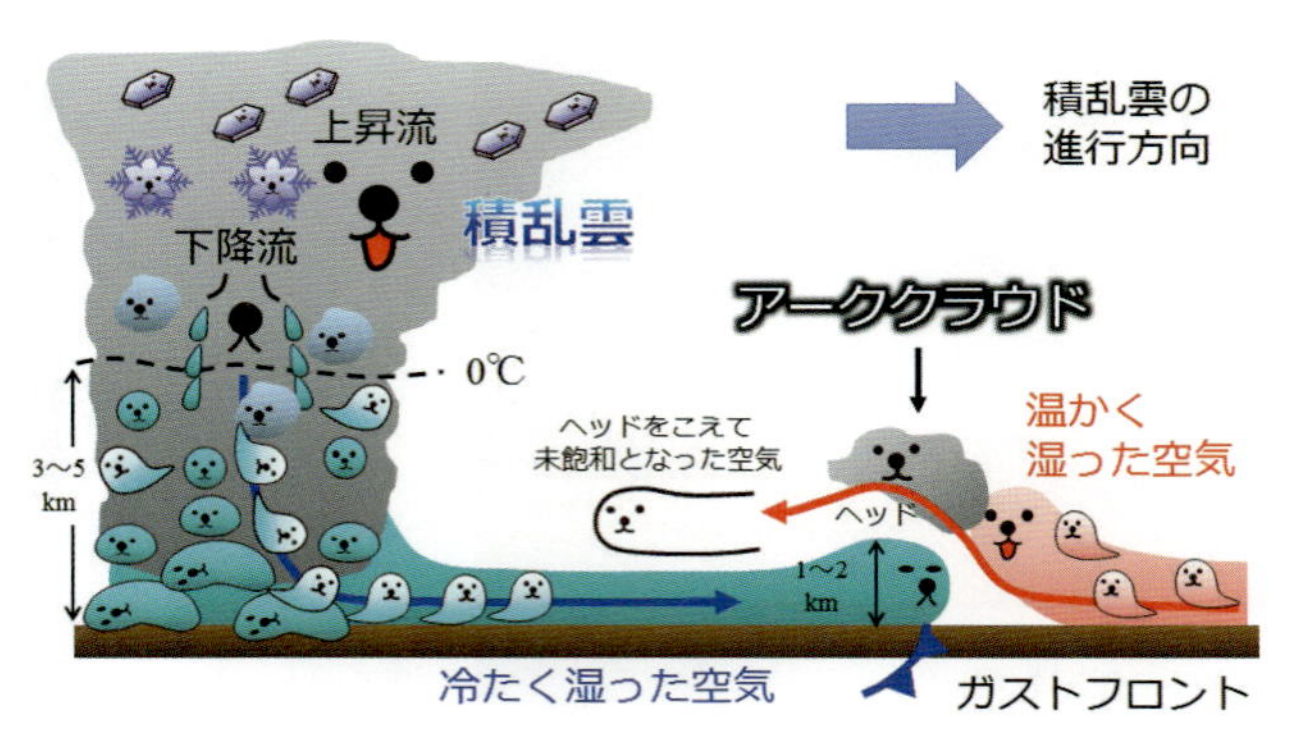

図4・53　ガストフロントのしくみ。

う乳房雲は雲の進行方向前方のかなとこ雲の雲底に現れるため、雷雨や突風をもたらす積乱雲が近付いてきていることが読めるのです。ほかの美しい乳房雲と異なり、この場合には禍々しい暗黒色の姿をしています（図4・52、233ページ）。

ガストフロントを可視化する雲——アーククラウド

「嵐の前には急に冷たい風が吹く」とよくいわれますが、単に冷たいだけでなく急激に風速が強まり**突風**（とっぷう）をもたらすこともあります。この突風は**ガスト**と呼ばれ、そのガストの先端部分に形成される局地前線は**ガストフロント**（**突風前線**）と呼ばれています。

積乱雲内では降水粒子の昇華や蒸発、融解による冷却とローディングによって冷たい下降流が生まれ、これが地表面に達すると周囲に広がります（図4・53）。

この流れは冷気外出流と呼ばれ、先端部分で特に風が強まったものをガストと呼びます。ガストの持続時間は通常20秒未満で、観測前後で４・５ｍ毎秒以上の風速差があり、風速は少なくとも８ｍ毎秒以上はあります。ガストは厚さ１〜２㎞くらいで、先端部分には鼻（ノーズ）や頭（ヘッド）という構造があります。まるで顔みたいですね。

ガストフロントは周囲の温かく湿った空気を持ち上げ、その上部に**アーククラウド**という雲を作ります。アークは弧状という意味で、その名の通り積乱雲から弧状に広がります（図４・54、動画４・６）。雲の副変種にはアーク雲がありますが、アーククラウドはこれとは異なり積乱雲から離れた位置に存在します。ガストフロントを待ち伏せしてその時間変化を撮影したのが図４・55（２３６ページ）です。アーククラウドが短時間で迫ってきて、頭上を通過すると同時に立っていられないほどの突風が吹きました（動画４・７）。アーククラウドをなす雲粒子も絶え間なく上昇流域で形成され、ガストのヘッド後方でやや下降して蒸発しています。

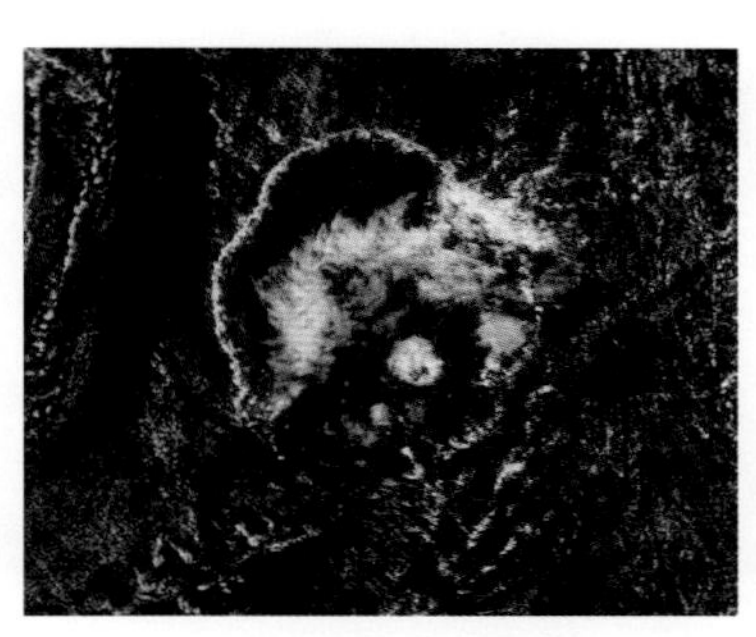

図４・54　南シナ海上で発生したアーククラウド。2016年１月５日、NASA EOSDIS worldview の SuomiNPP による可視画像。

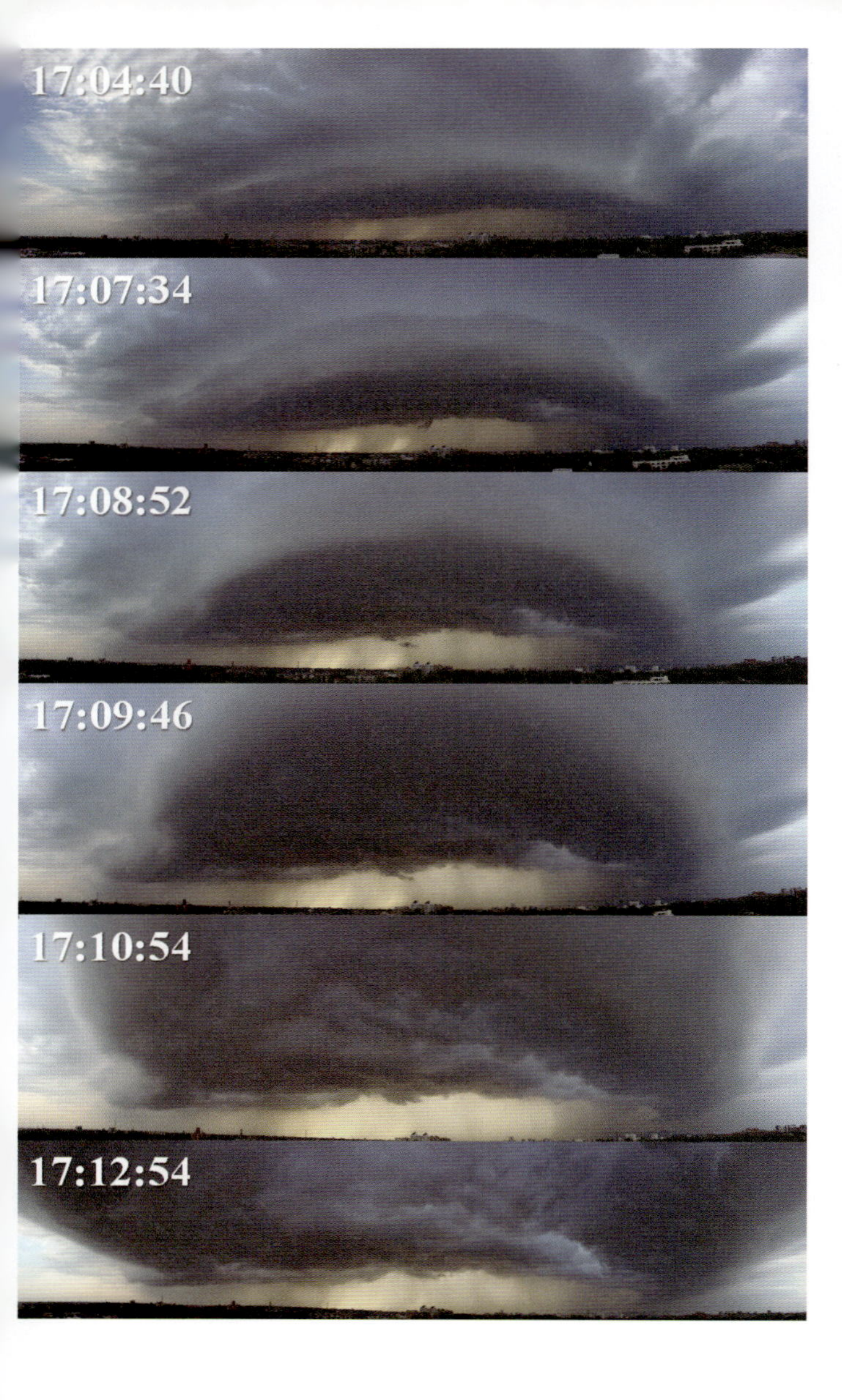
17:04:40
17:07:34
17:08:52
17:09:46
17:10:54
17:12:54

（右）図 4・55　アーククラウドの時間変化。2014 年 5 月 1 日茨城県つくば市。

（上）図 4・56　ガストネード。
2014 年 6 月 2 日アメリカ・カンザス州、青木豊さん提供。

（中）図 4・57　棚雲。
2010 年 5 月 31 日ネブラスカ州、NOAA Photo Library より。

（下）図 4・58　寒冷前線に伴う棚雲。
2016 年 6 月 3 日沖縄県豊見城市、野嵩樹さん提供。

ガストフロント上では**ガストネード**という渦による突風も起こることがあります（図4・56、237ページ）。ガストネードはダストデビルに近い性質を持っており、雲の上昇流と関係なく発達します。ガストフロントは周囲の空気を持ち上げて積乱雲の発生要因にもなります。アーククラウドが迫ってくるのを見かけたら、すぐに頑丈な建物内に避難しましょう。

迫る雲の壁——棚雲

対流性の雲の雲底付近には、濃密で水平にのびたロール状のような形をした**棚雲**（たなぐも）（Shelf cloud）が現れることがあります（図4・57、237ページ）。棚雲は副変種の**アーク雲**（ぐも）（Arcus）に分類され、乱れた形状だったり滑らかだったり、幾重（いくえ）にも重なった構造をとることもあります。

棚雲はスーパーセルなどの積乱雲や普通の雄大積雲などの雲底付近にも発生します。この子はガストフロントに伴うアーククラウドがその発生源である対流雲にくっついているもので、よく見ると棚雲に上昇する流れがあることがわかります。棚雲は寒冷前線に沿って現れることもあります（図4・58、237ページ）。この子は積乱雲などの対流雲や寒冷前線がすぐ近くまで迫ってきていることを知らせてくれるので、見かけたら即避難してください。

（上）図４・59　スーパーセルに伴うウォールクラウド。
2015年８月12日茨城県つくば市。
（下）図４・60　スーパーセルに伴うテイルクラウド。
2015年８月12日茨城県つくば市。

スーパーセル特有の雲

頭巾雲や濃密巻雲、乳房雲、棚雲、アーククラウドなどは普通の積乱雲でも発生しますが、スーパーセル特有の雲もあります。

スーパーセルの雲底からさらに下方にのびる壁のような雲は**ウォールクラウド**と呼ばれ、副変種の"Murus"に分類されます（図４・59）。ウォールクラウドはスーパーセル前方と後方の降水域（下降流域）に挟まれる位置で下層のメソサイクロンに対応して発生し、スーパーセルに伴う竜巻はここで生まれることがわかっています。ウォールクラウドは反時計回りに回転しており、その中には強い上昇流が存在します。

また、スーパーセルに向かって吹き込む下層風と平行にのびる帯状の雲は、ビーバーの尾に似ていることから**ビーバーズテイル**と呼ばれ、副変種"Flumen"に分類されます。ビーバーズテイルをなす雲はスーパーセル内に取り込まれ、ウォールクラウドとは接しておらず、その雲底はウォールクラウドよりも高いという特徴があります。

ウォールクラウドと隣接して水平に長くのびる尻尾のような雲は**テイルクラウド**と呼ばれ、これも副変種の"Cauda"に分類されます（図4・60、239ページ）。テイルクラウドはウォールクラウドと同じ高さに発生し、スーパーセル後方の下降流で形成されたガストフロント上で形成され、後方の降水域から遠ざかるように移動します。

これらのスーパーセル特有の雲たちはなかなかお目にかかる機会はないかもしれませんが、危険がすぐ近くまで迫ってきていることを警告してくれています（動画4・8）。特に強い竜巻が発生する可能性があるため、これらの雲を見かけたら即刻頑丈な建物内に避難してください。

図４・61　漏斗雲。
2017 年 9 月 13 日新潟県上越市、杉田彰さん・諸岡雅美さん提供。

竜巻寸前の雲――漏斗雲

積乱雲の雲底からのびる柱状、もしくは漏斗状の雲は、**漏斗雲**（Tuba、副変種の１つ）と呼ばれます（図４・61）。漏斗雲は竜巻の卵として報道されることがありますが、そんな生易しいものではなく、竜巻発生の直前もしくは発生中に現れる雲です。そもそも竜巻は漏斗雲が地上に達して激しい渦になったものなので、漏斗雲はいつ竜巻が発生してもおかしくない非常に危険な状況であることを警告している雲なのです。

漏斗雲は積乱雲内の様々なプロセスによって生じる雲で、鉛直渦を伴っています。大気下層の強い鉛直シアによって形成されることもあれば、激しい鉛直渦によって気圧低下が起こり、断熱膨張した空気によって雲粒が形成されることもあります。冬季の日本海側の沿岸部などでは頻繁に観測される雲です。非常に危険な雲なので、見かけたらすぐに避難してください。

4・4　災害をもたらす雲

ゲリラ豪雨の正体

雲は時として激しい大気現象を引き起こし、災害の原因となることがあります。ここからは、災害をもたらす雲のしくみについて迫っていきます。

最近は「**ゲリラ豪雨**（ごうう）」という言葉をよく耳にしますが、そもそもどんなものなのでしょうか？　豪雨という言葉は気象庁では「著しい災害が発生した顕著な大雨現象」として用いており、平成29年7月九州北部豪雨のように事後的に命名されるような大雨のことです。では大雨はどんな雨なのかというと、災害をもたらしうる雨のことを指しています。本書では大雨と同様に、何らかの水害をもたらす雨を豪雨と呼ぶことにします。「ゲリラ豪雨」は、ゲリラという言葉の通り、局地的に突然発生する、予測困難な豪雨といえます。

一方で、大雨現象を表す言葉には「**局地的大雨**（きょくちてきおおあめ）」もあります。気象庁は「急に強く降り、数十分の短時間に狭い範囲に数十㎜程度の雨量をもたらす雨」のことを局地的大雨と呼んでいます。局地的大雨のうち、水害をもたらすものは**局地豪雨**と呼ばれます。また、「**集中豪雨**」については「同じような場所で数時間にわたって強く降り、１００㎜から数百㎜の雨量をもたらす雨」と説明されています。短時間の大雨である局地的大雨は都市部での道路冠水や浸水などの都市型水害をもたらすのに対し、集中豪雨は土砂災害や河川の氾濫などの大規模水害をもたらすという点で、災害の規模が全く異なります。ゲリラ豪雨は、大気現象としては局地的大雨に相当するものであることが多いといわれています。

図４・62　局地的大雨。2016 年 7 月 31 日茨城県つくば市。

局地的大雨は積乱雲によって発生し、晴れと雨の境界がはっきりと見えることもある局地的な現象です（図４・62、動画４・９）。言葉としてのゲリラ豪雨の詳細は第5章3節（316ページ）で述べることにして、ここでは大気現象としてのゲリラ豪雨について、特に関東地方で発生する予測の難しい局地的大雨のしくみに注目します。

積乱雲は下層空気が自由対流高度を越える高さまで持ち上げられて発生します。このプロセスは**対流の起爆**（Convective initiation）と呼ばれ、メソスケールの持ち上げメカニズムが重要です。そのうちの1つが地形による強制上昇です（図4・63①）。夏の晴れた日の午後に山地を中心に発生する局地的大雨がこのタイプです。晴れて地上気温が上がると長野県などを中心とした内陸部に**熱的低気圧**（**ヒートロー**）というメソスケールの低気圧が発生します。この低気圧に向かって関東甲信地方では大規模な海風が発生し、海上から内陸に向かう海風が水蒸気を供給するとともに山地の斜面で上昇して対流の起爆が起こります。このタイプの局地的大雨は夕方17時がピークで、いわゆる夕立をもたらすものです。

次に、内陸に向かう海風がさほど強くない状況で、茨城沖の鹿島灘や九十九里浜、東京湾、相模湾などから陸上に吹き込んだ海風同士が収束したり、東京湾を囲む海風前線による強制で上昇流が発生し、対流の起爆に至ることがあります（図4・63②）。このタイプは地上付近の風や気温、水蒸気の量や広がりを正確に観測・予測しなければ上手く予測できず、予測の難易度が高い局地的大雨です。下層が非常に湿っている場合には、房総半島などの２００～３００ｍ級の小高い山地による強制上昇でも積乱雲が発生することもあります。

さらに予測が難しいのは、ガストフロントの関わる局地的大雨です（図４・63③）。山地や平野部ですでに発達した積乱雲からのガストフロントは対流の起爆の原因となります。ガ

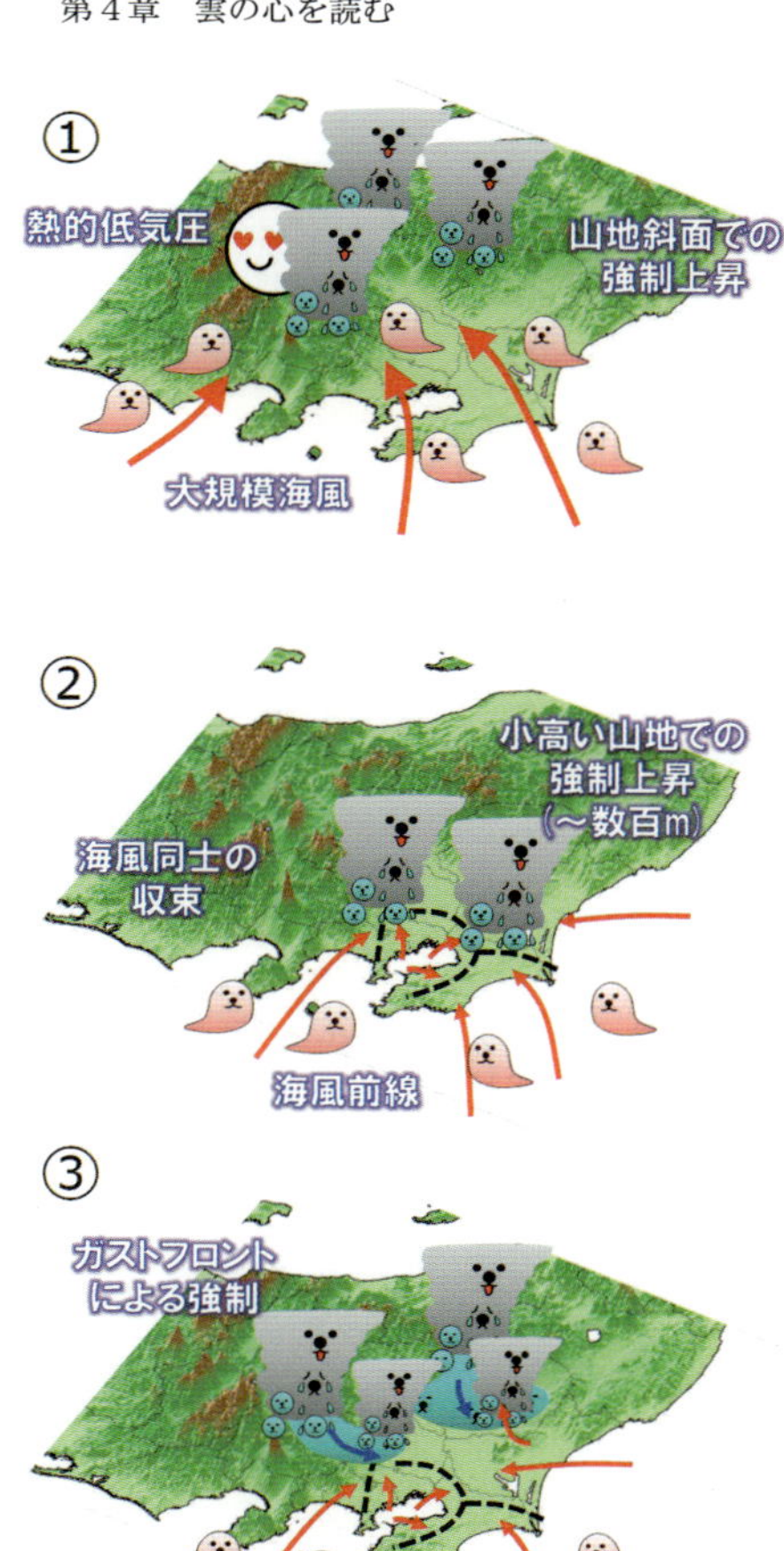

図４・63　関東平野における対流の起爆のしくみ。

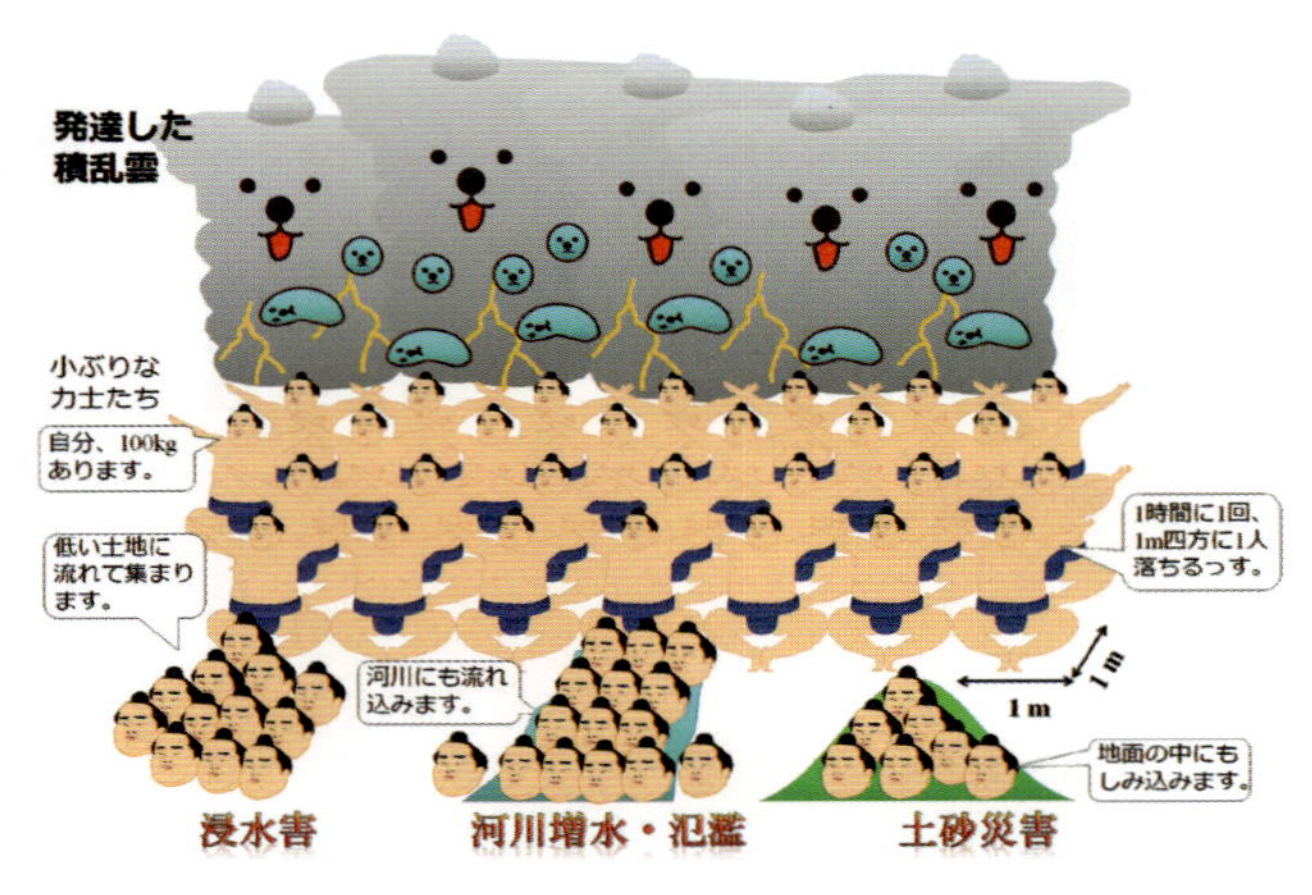

図4・64　1時間に100mmの大雨のイメージ。

ストフロント同士が衝突・融合・交差すると上昇流が強まり、対流の起爆がより起こりやすくなります。ガストフロントと海風前線などの局地前線同士が作用することでも積乱雲が発生します。このタイプはガストフロントを作る積乱雲を正確に予測できないと対流の起爆も予測できないため、極めて予測の難しい局地的大雨であるといえます。

このほかにも対流の起爆の要因は様々なものが考えられており、高密度・高頻度な気温や風、水蒸気の観測データを用いた実態把握と予測研究が進められています。

大規模水害をもたらす集中豪雨

毎年のように各地で発生する水害、その原

図４・65　積乱雲のバックビルディング。2014 年 9 月 11 日北海道上空。

因となるのが**集中豪雨**です。集中豪雨時には1時間に１００mm級の大雨が発生することがよくありますが、数字だけだとその危険性がイメージしにくいので図解したのが図４・64です。

降水量、もしくは雨量は「降った雨が流れ去らずにそのまま溜まった場合の水の深さ」のことで、単位にはmmが用いられます。１時間に１００mmの雨は10cmの深さの水が溜まる雨です。１m四方に10cmの水が溜まると、重さとしては１００kgです。つまり、１時間に１００mmの雨は、1時間に1度重さが１００kgの**小ぶりな力士**が落ちてくるのと同じことなのです。

しかも集中豪雨時には数km～数十kmにわたって同じような大雨が降ります。降った雨は低地に流れて浸水を起こしたり、河川の増水・氾濫や土砂災害の原因となります。このような猛烈な雨が降ると、まるで滝の中にいるような息苦しい圧迫

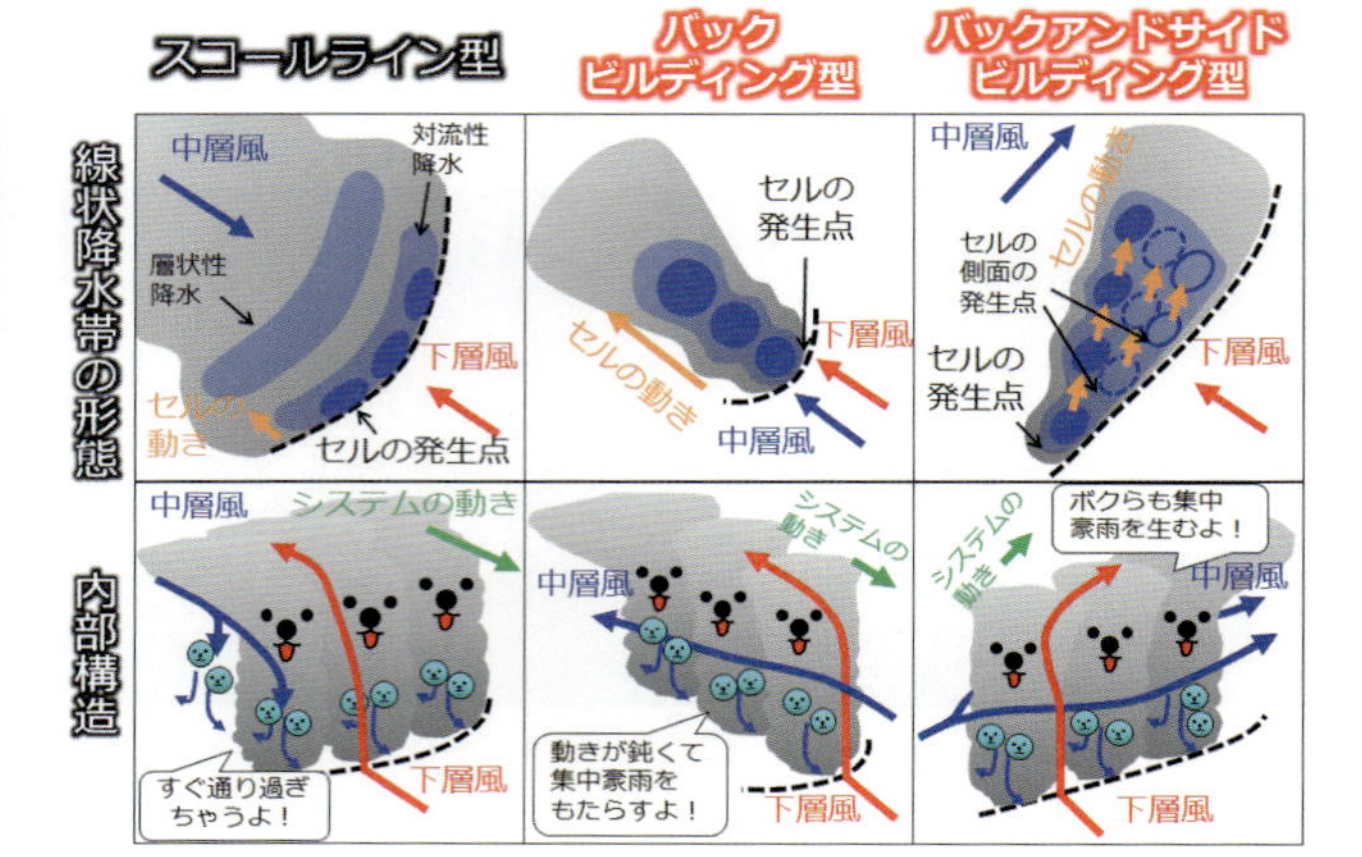

図4・66　線状降水帯の典型形態。

感があり、視界は奪われ、雨滴が地面を叩きつける轟音以外は聞こえなくなります。水害に直結する非常に危険な大雨です。

1つの積乱雲の寿命は約1時間で、数十㎜程度の雨量をもたらすことから、集中豪雨の発生には複数の積乱雲の組織化が必要です。適度に鉛直シアのある環境では、積乱雲の進行方向の後ろ側（下層風の風上側）で次々と新たな積乱雲が発達するという、積乱雲の**バックビルディング**が起こります（図4・65、247ページ）。これにより特定の地域での雨量が増え、大気の状態が非常に不安定で個々の積乱雲が発達していれば1時間に100㎜級の大雨となり、集中豪雨が発生します（動画4・10）。

このように線状に組織化した積乱雲群は**線状降水帯**と呼ばれることがあります。線状降水帯の形態は、

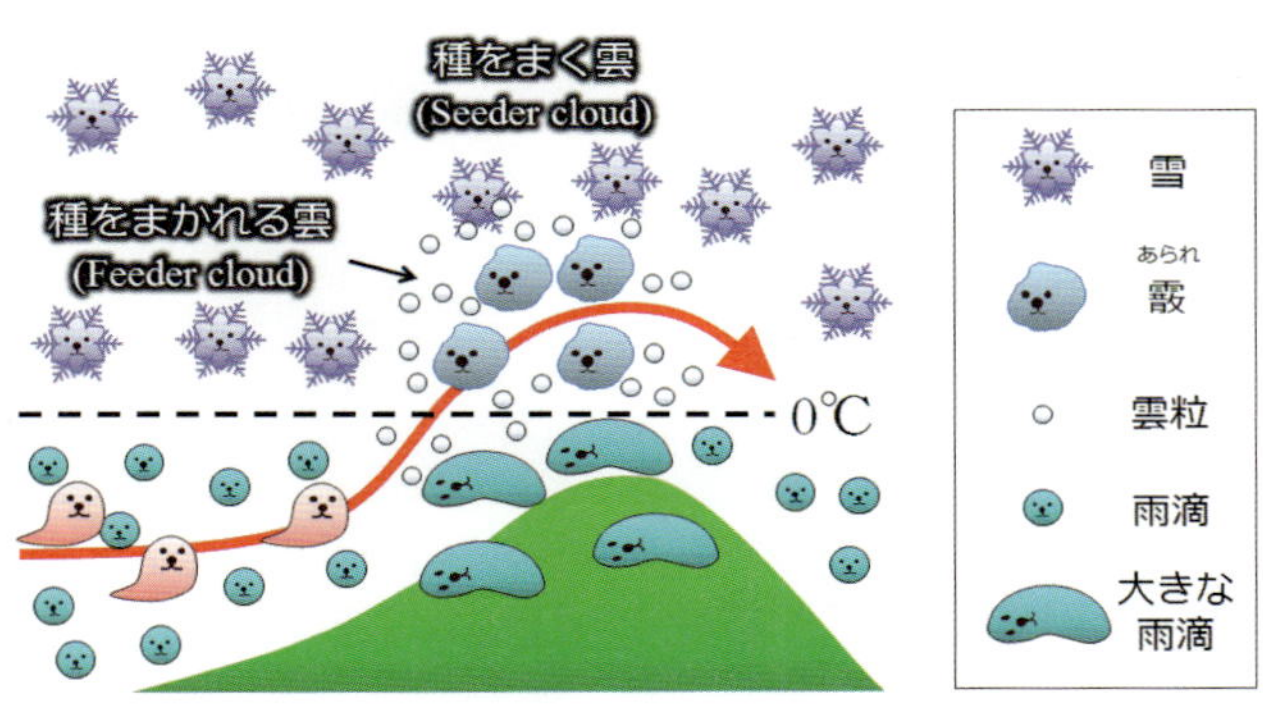

図４・67　シーダー・フィーダーメカニズムによる降水強化。

スコールライン型、バックビルディング型、バックアンドサイドビルディング型の３つに大きく分類でき、それぞれの降水システム内で下層風と中層風の気流構造が異なっています（図４・66）。

スコールライン型は移動速度が大きく、短時間強雨や突風の原因にはなるものの集中豪雨はもたらしません。**スコール**というと熱帯域での局地的な雨をイメージしがちですが、本来は突風を指しており、航海用語では突風を伴う局地的な嵐のことを意味します。これが線状に組織化したものが**スコールライン**です。一方、バックビルディング型とバックアンドサイドビルディング型では線状降水帯の移動速度が小さく、古い積乱雲に対して、下層風の風上側で新たな積乱雲が発生し続けます。このため、これらの２つの型の線状降水帯が集中豪雨をもたらす典型的な降水システムであると

図４・68　雹。2012年５月６日茨城県東海村、荒川和子さん提供。

いえます。

集中豪雨は線状降水帯だけでなく、台風接近時などに地形の影響で発生する**地形性豪雨**（ちけいせいごうう）によってもたらされます（動画４・11）。多量の水蒸気が山地にぶつかるとき、地形による強制上昇で下層雲が発生します（図４・67、２４９ページ）。この下層雲に上空の雲から降水粒子が落下すると、下層雲の雲粒子に作用して粒子が成長します。例えば落下する降水粒子が雨滴の場合は下層の雲粒と衝突・併合成長し、落下する降水粒子が雪の場合には下層の過冷却雲粒で雲粒捕捉成長したりします。このとき上空の雲は種をまく雲（Seeder cloud）、下層雲は種をまかれる雲（Feeder cloud）なので、このような山地における降水強化過程は**シーダー・フィーダーメカニズム**と呼ばれます。

集中豪雨は総観スケールの前線や地形などによる強制上昇が重要なので、局地的大雨に比べると予測できることの多い現象ですが、発生から衰弱のタイミングや雨量などの正確な予測には課題があります。集中豪雨が予想される場合には気象情報で予想雨量とともに注意喚

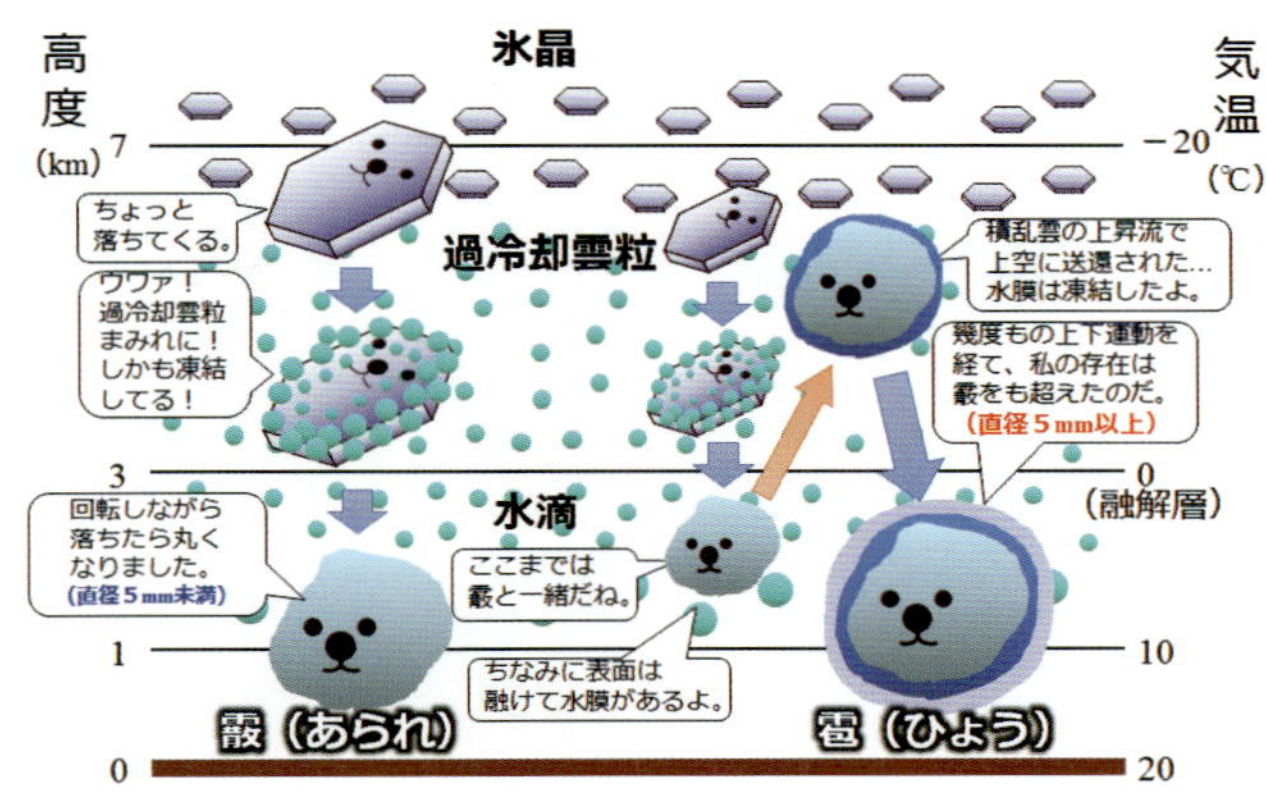

図4・69　雹のしくみ。

起されます。その雨量の数字がどのくらいの重さの水に値するのか、イメージしながらしっかりと備え、危険が迫る前に避難することが重要です。

空から降る巨大な氷の塊 ―― 降雹

春から秋にはマルチセルやスーパーセルに伴って雹（ひょう）が降ることがあります（図4・68）。雹はグレープフルーツ大の大きさになることもあり、その落下速度は30m毎秒（時速108km）以上になります。大きい雹としてアメリカで2010年に直径20・3cmが観測されているほか、国内では1917年6月29日に埼玉県の現在の熊谷市付近で直径約29・6cmの雹や、重さ約3・4kgの雹が記録されています。

雹は霰と似た成長メカニズムを持つ氷の粒で、

（上）図4・70　雹の断面。2012年5月6日茨城県東海村、荒川和子さん提供。
（下）図4・71　雹。2017年7月18日東京都、町田和隆さん・小沢かなさん提供。

直径が5㎜未満のものを霰、5㎜以上のものを雹と呼んでいます。霰は積乱雲内で雪結晶や氷の粒が過冷却雲粒を捕捉して成長しますが、融解層（0℃高度）より下に落下した霰の表面は融解し、水膜が形成されます（図4・69、251ページ）。積乱雲中の強い上昇流でこの霰が融解層より上空に持ち上げられると表面が凍結します。その後に雲粒捕捉成長をしながら落下して、再度持ち上げられるという上下運動を繰り返すことで、霰は雹に成長します。雲粒捕捉成長をすると凍結した過冷却雲粒の間に隙間ができますが、表面が融解して水膜になった部分は隙間がありません。そのため、雹を輪切りにすると年輪のような構造を持っています（図4・70）。また、雹の形は球形や楕円体、円錐状のものが多いですが、トゲトゲした雹もあります（図４・71）。この構造は氷の粒同士がくっつくのではなく、融解した表面が再凍結する際に生じると考えられています。

降雹は屋根やガラス窓、自家用車が破損したり、農作物への甚大な被害をもたらすことに加え、人間にあたると致命傷を負いかねない非常に危険な現象です（動画４・12）。雹が降ってきたらすぐに頑丈な建物内に避難してください。雹が止んで安全を確認してからであれば、雹が融ける前に割って断面を見てみると、雲の中を何回上下運動してきた雹なのかがわかって面白いかもしれません。

図４・72　落雷の様子。2014年９月アメリカ・アイオワ州、NOAA Photo Libraryより。

落雷は落ちてない？　雷のサイエンス

落雷は積乱雲に伴って発生し、特に夏には屋外活動時の落雷事故や、停電による大きな経済影響も与える現象です（図４・72）。

積乱雲の中で電荷分離が起こると、これを中和する

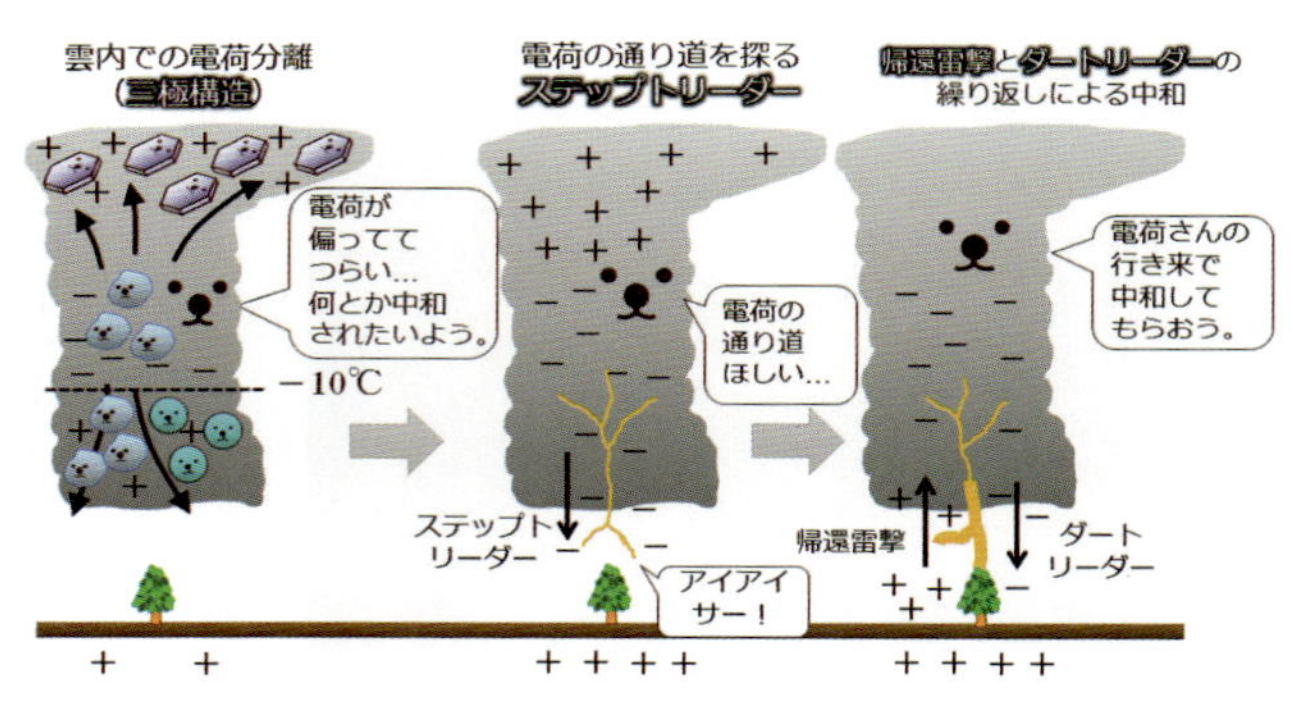

図4・73　負極性落雷のしくみ。

ために放電現象が起こります（第3章5節・181ページ）。夏の積乱雲を例に雲の中の電気的な構造を見ると、下層から上層に向かって正・負・正と帯電している**三極構造**があります（図4・73）。すると、中層の負電荷が下層の正電荷域に移動して雲内の中和を始め、さらには雲底下にのびて枝分かれしながら地表までの最短経路を探しに行きます。この枝分かれした負電荷は、20〜50ｍ進んでわずかな時間停止し、また同じくらい進んでいくという特徴を持っており、**ステップトリーダー**（**段階型前駆放電**）と呼ばれます。これが地表に近付くと、正に帯電した地表の電荷が強まり、木や鉄塔などの高い場所から空に向かって正電荷がのびていきます。これらが出会って放電経路が出来上がると、地表から多量の正電荷が雲に向かって流れる**帰還雷撃**が起こります。

帰還雷撃の後すぐに雲内から地表面に向かう負電荷の流れが同じ経路上に生じ、矢（ダーツ）のように放電が起こることから**ダートリーダー**（**矢型前駆放電**）と呼ばれます。この帰還雷撃とダートリーダーを繰り返して次第に雲内の電荷は中和されます。ステップトリーダーが地上に向かい始めてから電荷が中和されるまでのこの対地放電の一連のプロセスは約0・5秒というわずかな時間に起こります。ステップトリーダーは私たちの目には見えず、私たちが稲妻と認識しているのは帰還雷撃とダートリーダーの光です。落雷といえど、最初は昇る雷があるのです。

雷は夏のイメージがありますが、冬の日本海側でも多く観測されています。夏の落雷は中和される電荷が主に負なので**負極性落雷**と呼ばれますが、冬の落雷では正電荷が中和される**正極性落雷**も半分ほど発生するといわれています。夏の積乱雲は雲頂高度が8～16kmで三極構造を持っていて下層の正電荷が落雷のきっかけになるのに対し、冬の日本海側の積乱雲は雲頂高度が4～6kmと背が低く、正に帯電した雲上部からも地表面に向かって放電が起こるのです。このような冬の正極性落雷は夏の負極性落雷に比べてエネルギーが大きく、強い落雷が発生します。

雷雨が少しおさまって晴れ間が見えているときに、屋外に出て落雷に遭い、死亡事故に至

るケースが多くあります。雷鳴がはっきり聞こえるのは積乱雲からの距離が10～15km以下のときで、上空に晴れ間が見えても雷鳴が聞こえたら落雷の可能性を考慮して、建物や自家用車の中に避難しましょう。

雲が生む竜巻と突風

突風害をもたらす代表格が**竜巻**（たつまき）です（動画４・13）。気象庁は竜巻を「積雲または積乱雲から垂れ下がる柱状または漏斗状の雲を伴う激しい鉛直渦」と定義しています。竜巻の強さは藤田哲也博士が１９７１年に考案した**藤田スケール**をもとにした指標が世界中で使われており、日本国内では**日本版改良藤田スケール**として竜巻の強さを被害規模や風速などからＪＥＦ０～ＪＥＦ５の６段階に分類しています。国内での最も強い竜巻はＪＥＦ３（２０１７年11月現在）で、このような強い竜巻はスーパーセルに伴って発生します（図４・74、第４章３節・２２７ページ）。

図４・74　スーパーセルに伴う竜巻。2014年6月18日アメリカ・サウスダコタ、NOAA Photo Libraryより。

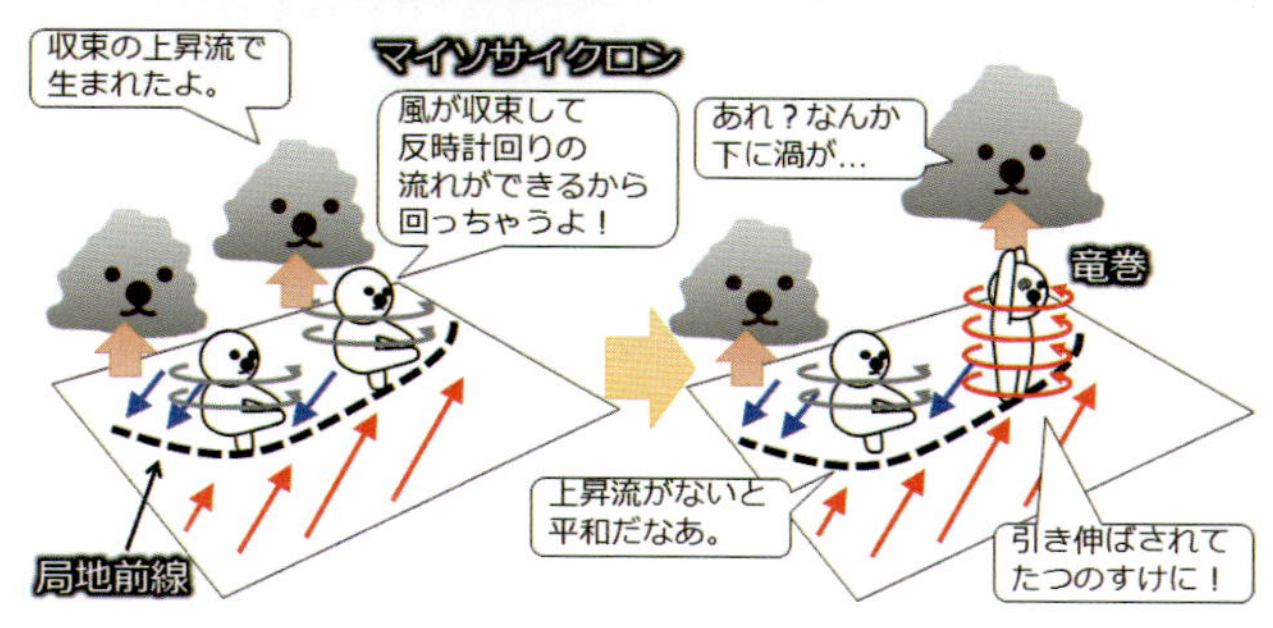

（上）図４・75　海上で発生した非スーパーセル竜巻。2014年９月16日に石川県、沖野勇樹さん提供。
（下）図４・76　非スーパーセル竜巻のしくみ。

竜巻の渦は時計回りと反時計回りのどちらの方向にも回転することがあり、日本の竜巻は85%が反時計回り、15%が時計回りの回転をしているといわれています。ただし、スーパーセルに伴う竜巻は反時計回りに回転するメソサイクロンに伴って発生するため、スーパーセルの多いアメリカではほぼ全ての竜巻が反時計回りです。

日本で多く観測される竜巻はスーパーセルではない積乱雲に伴って発生することが多く、**非スーパーセル竜巻**と呼ばれます。

海や湖などの水面上で列をなして現れる水上竜巻がこの典型です（図4・75、257ページ）。この竜巻は鉛直シアの小さい環境で発生することが多く、局地前線上の水平シア不安定によって生まれた**マイソサイクロン**という小さな渦が積雲や積乱雲の上昇流でひきのばされて発達します（図4・76、257ページ）。このとき、局地前線上で収束する風が時計回りであれば渦は時計回りになるのです。

ダウンバーストも突風害の要因です（図4・77）。ダウンバーストは「積雲や積乱雲から生じる冷たく重い下降流」のことで、地面に達すると激しく周囲に吹き出します。その水平スケールは数km以下、寿命は10分程度以下です。また、風の吹き出しの水平スケールが4km以下のものは**マイクロバースト**、4km以上のものは**マクロバースト**とも呼ばれます。ダウンバーストは積乱雲が発達すると必ず発生します。

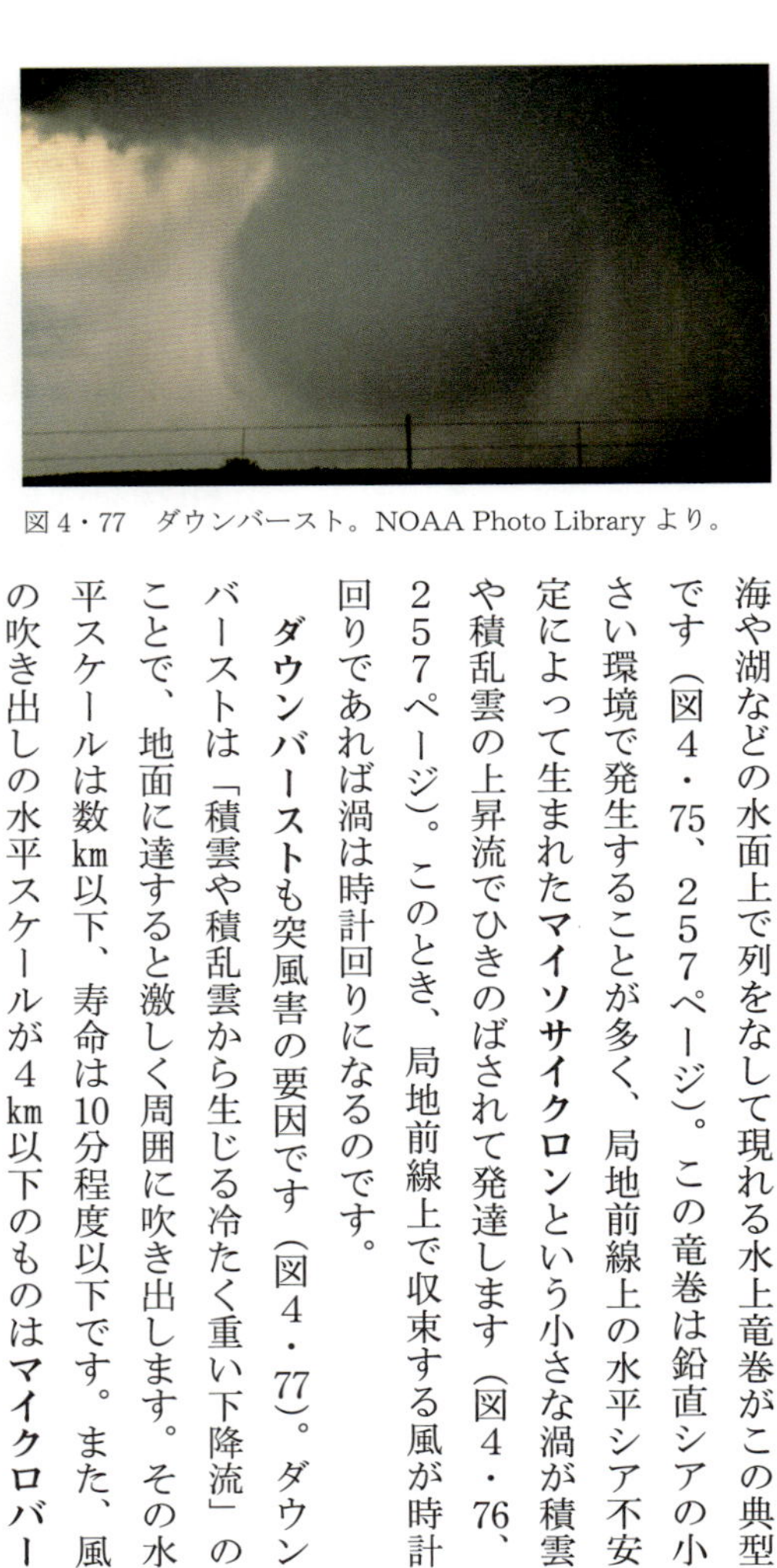

図4・77　ダウンバースト。NOAA Photo Library より。

ダウンバーストは大気下層の湿り具合で2つのメカニズムが考えられています。1つは**ド**

ライダウンバーストです。積雲から雨滴が落下する際にローディングで下降流を作り、下降流中の雨滴は下層の乾燥域で急激に蒸発します。すると下降流は潜熱を奪われて冷えて重くなって加速し、地上に到達して突風を起こすのです。ドライダウンバーストは冬の関東地方でも発生し、尾流雲が危険を呼びかけてくれます。もう１つは下層が湿っているときに発生する**ウェットダウンバースト**で、これは雨滴などの蒸発をもたらす乾燥空気が中層から流入し、冷却することで下降流が強化されて発生します。

このほかにもガストフロントの通過や、ダストデビルに伴って突風害が起こることもあります。突風現象は極めて短時間で発生するので、発生後に避難しようとしても間に合わないことが多いです。積乱雲が近づくサインを見逃さず、現象発生前に頑丈な建物内に避難しておくのがベストです。

温帯低気圧の一生――そして爆弾低気圧へ

「天気は西から下り坂」といわれますが、これは上空の偏西風に乗って西から移動する**温帯**(おんたい)**低気圧**によるものです（図４・78、260ページ）。急速に発達する低気圧は**爆弾**(ばくだん)**低気圧**(Bomb)とも呼ばれ、暴風雨(ぼうふうう)や暴風雪(ぼうふうせつ)をもたらす要因になります。

図4・78　温帯低気圧に伴う雲。2012年4月3日、NASA EOSDIS worldviewのAquaによる可視画像。

まず、温帯低気圧の一生を見てみましょう。温帯低気圧が生まれるためには、大気下層で北に寒気、南に暖気の気団があり、その境界で**停滞前線**（ていたい）が形成されることが必要です（図4・79①）。一方、上空の偏西風が蛇行すると、北から冷たい空気が南下した上空の**気圧の谷**（たに）（トラフ）と、南から温かい空気が北上した**気圧の尾根**（おね）（リッジ）が形成されます。このとき、寒気を伴ったトラフは上空で低気圧性の反時計回りの流れを持ち、この流れは下層にも伝わります。停滞前線に西からトラフが近づくと下層の空気も低気圧性回転を伴うようになり、**寒冷前線**（かんれい）と**温暖前線**（おんだん）を伴う温帯低気圧が生まれます（図4・79②）。温帯低気圧はトラフからエネルギーをもらって発達します。トラフが温帯低気圧中心の真上付近に来る頃には低気圧の渦が強まり、寒冷前線が温暖前線に追いついて**閉塞前線**（へいそく）を形成します（図4・79③）。その後、トラフが東に抜けてしまうと、温帯低気圧は前線構造を失って低気圧中心は周囲に比べて気温が低くなり

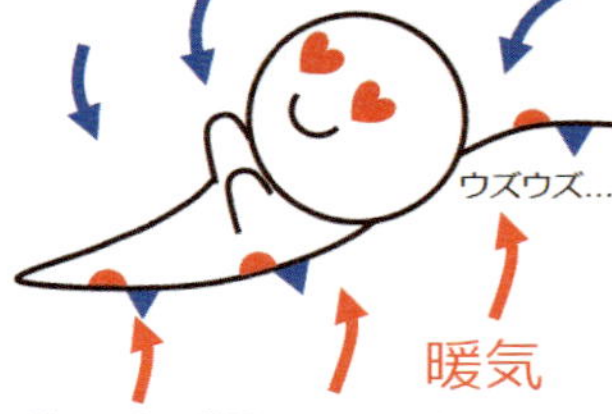

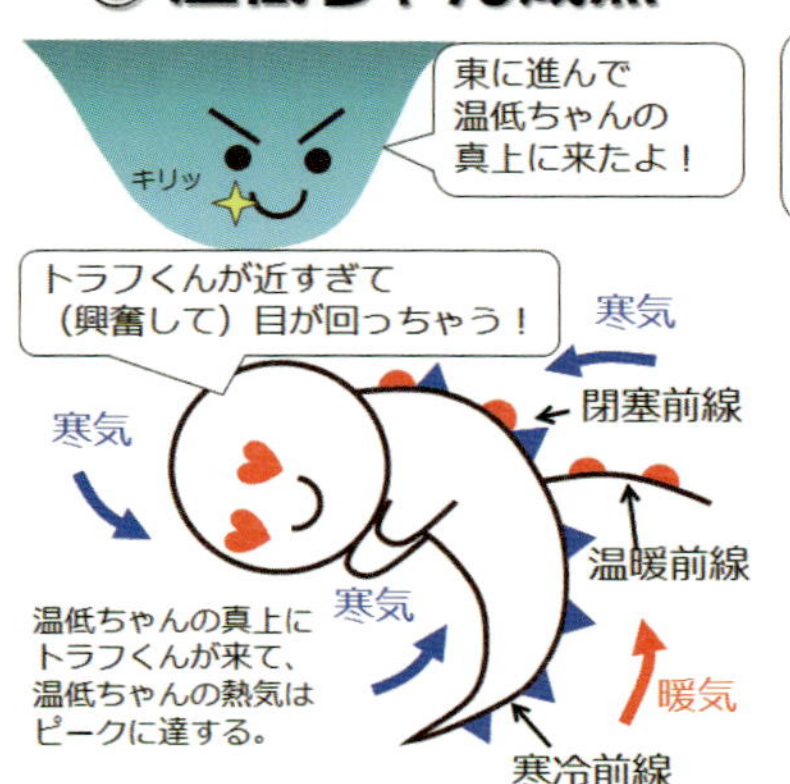

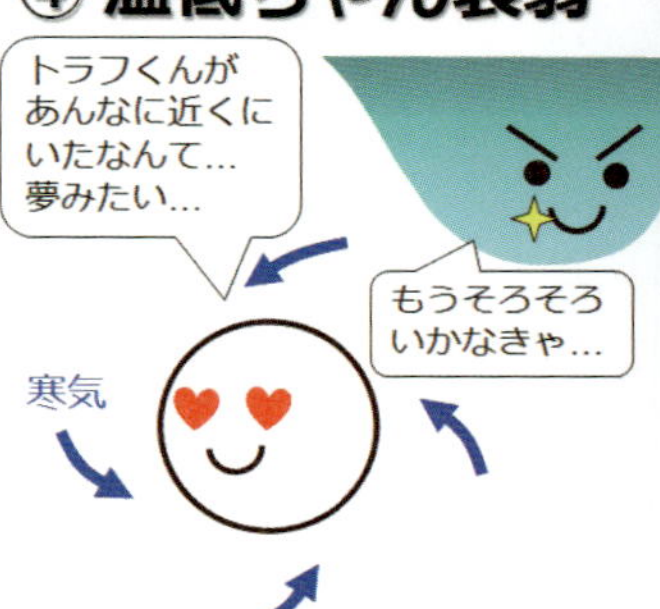

図4・79　温帯低気圧の一生。

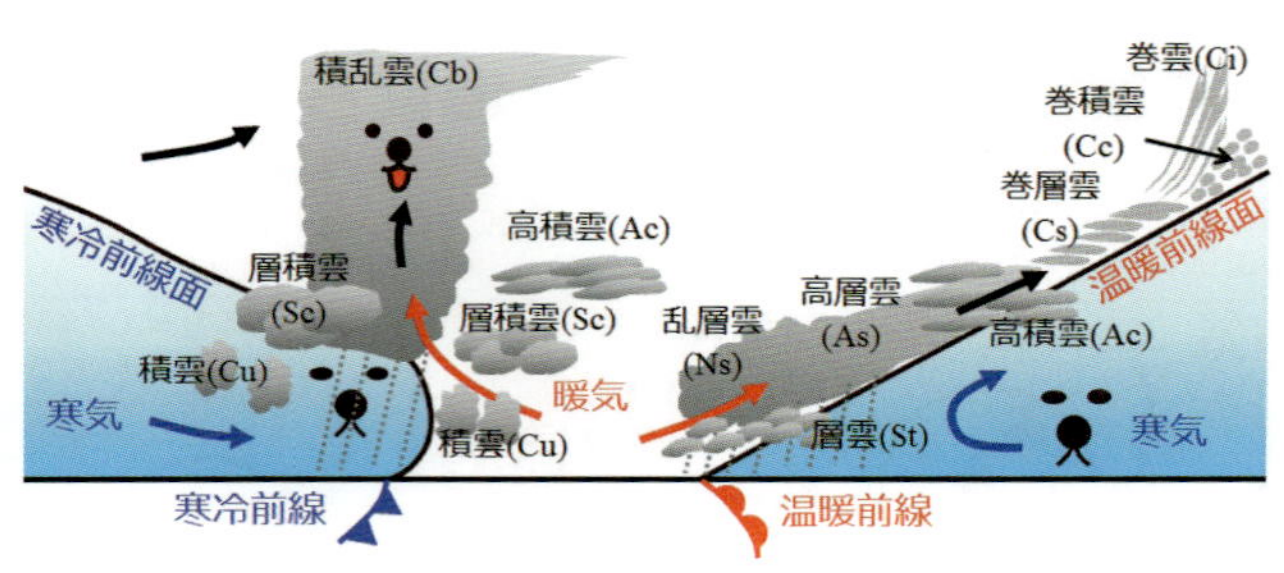

図4・80　温帯低気圧に伴う雲のイメージ。

（寒気核（かんきかく））徐々に衰弱していきます（図４・79④、２６１ページ）。

温帯低気圧に伴う雲は、温暖前線と寒冷前線との位置関係によって様々です（図４・80）。温暖前線面は傾きが緩やかで層状性の雲が多く、地上の前線に近付くにつれて巻雲や巻積雲、巻層雲、高積雲や高層雲、そして乱層雲と変化します。一方、寒冷前線は傾きが急で、対流の起爆を起こして積乱雲が発達しやすい環境です。温帯低気圧成熟期ではこれらの雲が繋がり、衛星から見るとコンマ状の雲になります（図４・78、２６０ページ）。

爆弾低気圧には「24時間で24hPa×sin（緯度）÷sin（60度）以上の中心気圧の低下がある低気圧」という指標がよく用いられ、例えば北緯35度なら24時間に約16hPaの気圧低下を伴う低気圧を爆弾低気圧と呼びます。温帯低気圧が爆弾低気圧に成長するには、トラフからのエネルギーに加えて海面からの熱供給や、雲の発達に伴う潜熱放出が重要と考えられています。

爆弾低気圧は広範囲に暴風をもたらし、冬季には大雪や猛吹雪の原因になります。寒冷前線と温暖前線に挟まれた地域では南から非常に湿った暖気が供給され、発達した積乱雲による落雷や竜巻等の突風、線状降水帯（図４・66、248ページ）による集中豪雨も起こります。低気圧中心付近では気圧低下と暴風によって高潮が発生することもあります。気象庁は爆弾低気圧を「**急速に発達する低気圧**」と表現して注意を呼びかけているので、このワードを聞いたらいつもより気を引き締めて荒天に備えましょう。

図４・81　台風に伴う雲。2017年9月14日、NASA EOSDIS worldview の Terra による可視画像。

巨大な激しい渦 ―― 台風

台風（たいふう）は北西太平洋で発生・発達する低気圧です（図４・81）。日本は台風の通り道で、毎年大きな影響を受けます（動画４・14）。台風と同様な低気圧はほかの海域でも発生し、北大西洋ではハリケーン、インド洋ではサイクロンと呼ばれています。温帯低気圧が暖気と寒気の狭間で生まれ育つのに対し、台風は暖気のみでできた低気圧です。

台風は最大風速が17・２m毎秒以上になった**熱帯低気圧**です。最大風速によって「強い」「非常に強い」「猛烈な」勢力に分けられ、平均風速15m毎秒以上の**強風域**の大きさで「大型」「超大型」と分類されます。台風は各国の政府間組織である台風委員会によって１４０種類の名前が順番につけられており、日本名だと星座になっている動物のヤギ、ウサギ、コグマ、ハトなどがあります。

台風の生まれる北西太平洋の北緯10度付近では、夏には太平洋高気圧からの北東風の**貿易風**と赤道を越えてくる南西風の季節風がぶつかる**熱帯収束帯**（ＩＴＣＺ：Intertropical Convergence Zone）があります。ここでは積乱雲が多く発生・発達し、これらが組織化した**クラウドクラスター**から台風が生まれます。台風になる可能性のあるクラウドクラスターは**インベスト**（ＩＮＶＥＳＴ）と呼ばれ、発達した積乱雲内での潜熱放出によって地上気圧が低くなります。これが低気圧として発達したのが熱帯低気圧です。熱帯低気圧から台風になるにはいくつか条件があり、コリオリ力（第１章６節・55ページ）がある程度働くことや鉛直シアが小さいこと、海水温が水深60mまで26℃以上あること、中層が湿っていて大気の状態が不安定なことなどがあります。

台風は海からの水蒸気供給や積乱雲からの潜熱を動力にして強まります。台風の発達期から最盛期にかけては眼の構造を持つようになり、眼を取り囲むように**アイウォール**（眼の**壁雲**）という強い上昇流を伴った積乱雲の壁が現れます。このとき、アイウォールの外側には**スパイラルレインバンド**と呼ばれるらせん状の降水域がいくつも現れます。台風の眼は周囲に比べて気温が高い構造（**暖気核**）を持っており、地上付近で反時計回りの流れで集まった空気は上部で時計回りに吹き出します。

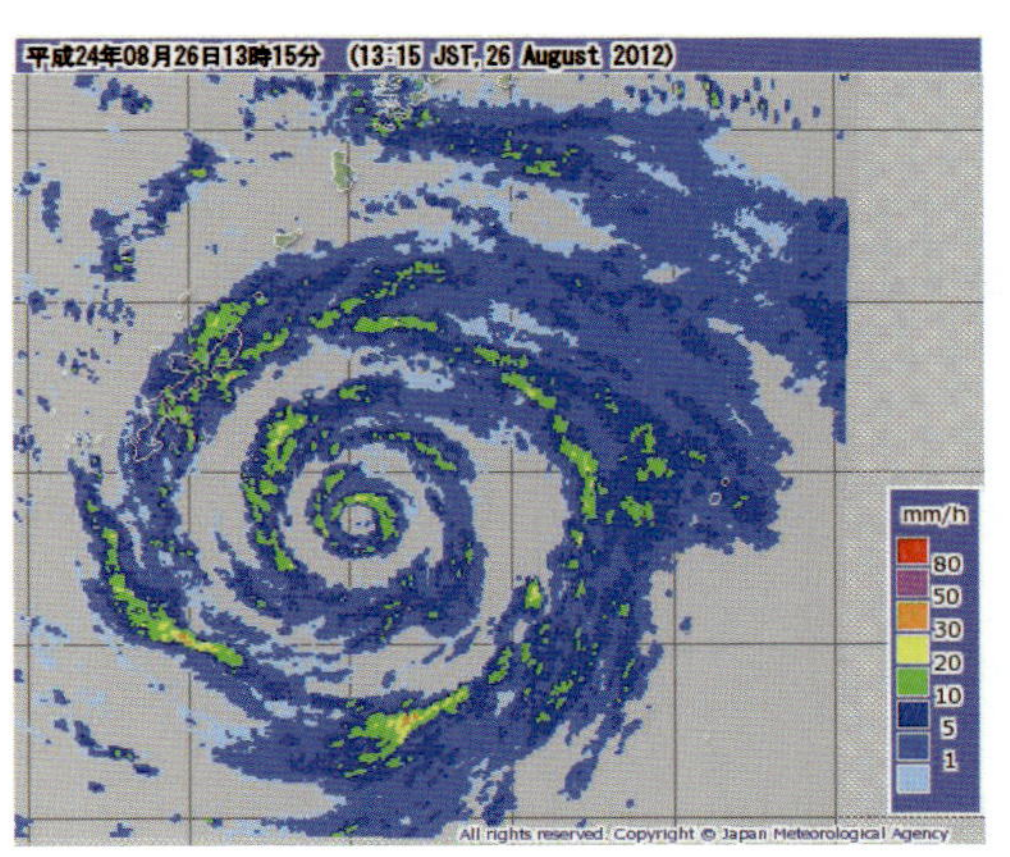

図４・82　2012 年台風第 15 号に伴う三重壁雲。気象庁ホームページより。

非常に強い台風ではアイウォールが幾重にも重なって**多重壁雲**という構造をとることがあります（図４・82）。また、発達した台風の眼の中には**アイウォールメソ渦**という複数の小さい渦も見られます（図４・83、２６

7ページ、動画4・15)。アイウォールメソ渦は眼のまわりを反時計回りに回転し、台風本体の風と重なって風速に大きな変動をもたらすだけでなく、眼の形を五角形や六角形(**多角形眼**)にすることもあります。

台風の災害は多岐にわたります。発達した台風は平均風速25m毎秒以上の**暴風域**を伴い、中心付近では最大瞬間風速が70m毎秒(時速252km)に達することもあります。暴風により海はうねりを伴って大しけになり、台風中心付近では気圧低下と暴風による高潮も起こります。台風の進行方向の右前方では**ミニスーパーセル**という背の低いスーパーセルによって竜巻が発生することがあり、台風接近時は突風害にも注意が必要です。

そして重要なのが大雨です。台風中心の北から東側ではスパイラルレインバンドが山地にかかり、地形性豪雨がよく発生します。台風が日本の南の離れた位置にあっても、日本付近にかかる停滞前線の南側で顕著な大雨が発生することがあります(図4・84)。よく「台風からの温かく湿った空気が前線を刺激する」と説明されますが、実際には上空のジェット気流やトラフの影響等で下層の南寄りの風が強化され、前線南側へ台風起源の水蒸気供給が起こり、対流活動が活発になることで大雨に結びつくのです。このような現象は**PRE**(Predecessor Rain Event)と呼ばれ、台風が遠くにいても大雨災害に警戒が必要である所以です。

台風が日本付近まで北上して上空の偏西風やトラフの影響を受けると、構造が変化して温帯低気圧化します。よく「台風が温帯低気圧化すればもう安心」と思われがちですが、実際にはその構造や発達メカニズムが変化したというだけで、温帯低気圧化してからのほうが中

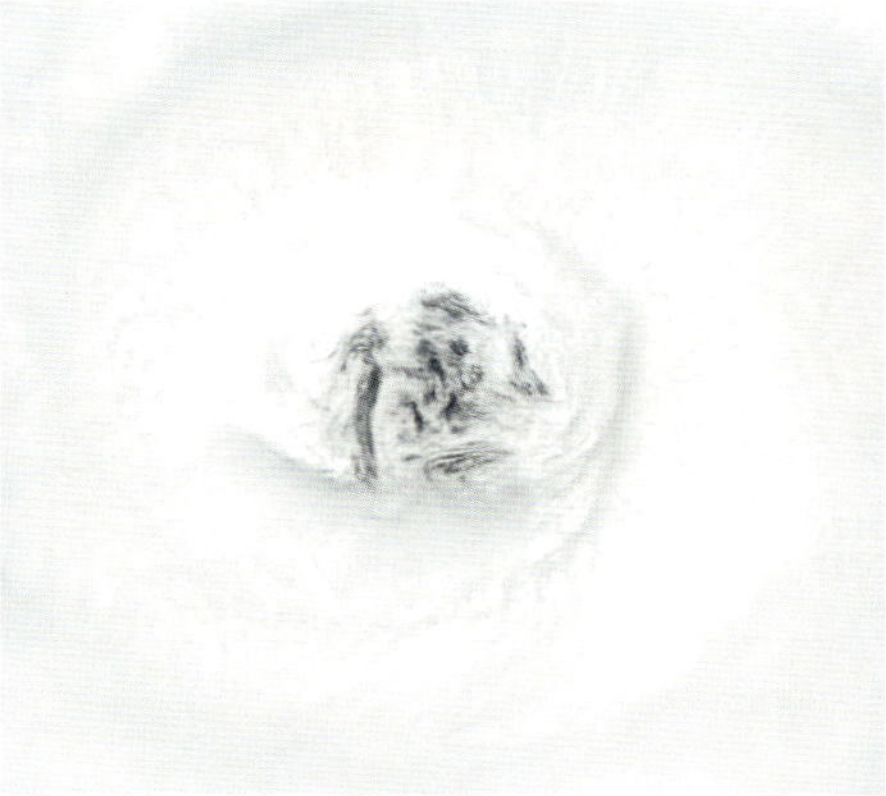

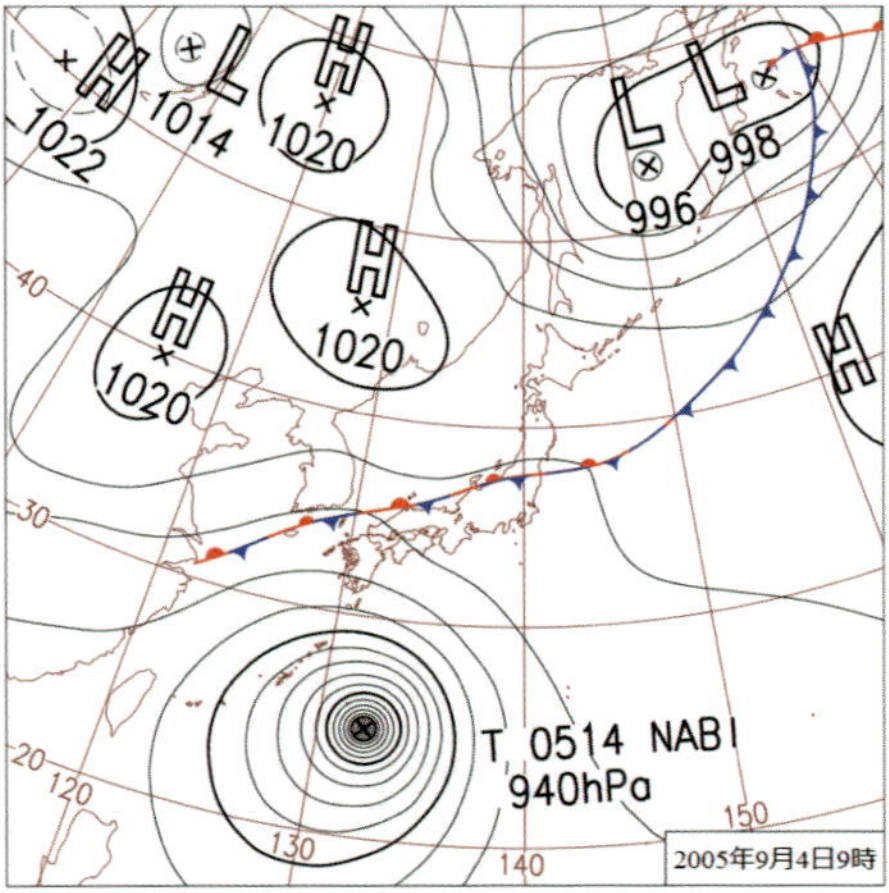

（上）図4・83　アイウォールメソ渦を可視化する雲。2017年9月14日、NASA EOSDIS worldview の Terra による可視画像。

（下）図4・84　2005年9月4日9時の地上天気図。気象庁ホームページより。この日は首都圏を中心に記録的な大雨が発生しました。

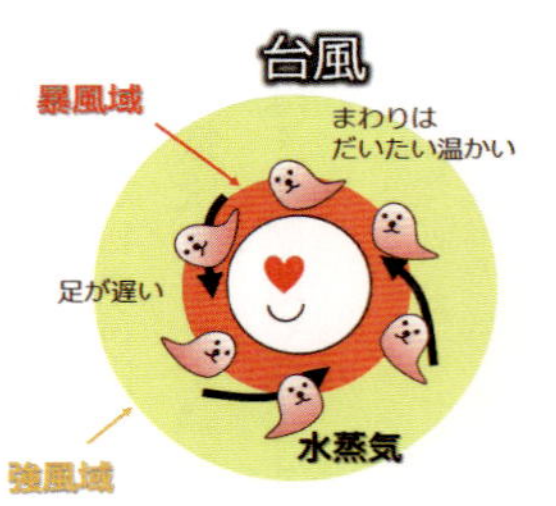

風が強いところ：中心付近
原動力：水蒸気が持つ潜熱など
鉛直構造：立っている

風が強いところ：広い
原動力：南北の温度差など
鉛直構造：トラフに傾いている

図4・85　台風と温帯低気圧の違い。

心気圧は低下して低気圧が発達することがあります(図4・85)。さらに、低気圧に伴う暴風・強風域は台風の頃よりも広がり、大雨や竜巻等の突風も起こり得ます。このため、台風であろうと温帯低気圧であろうと、嵐が去るまでは注意・警戒は怠れません。

台風は海上で発達するため、衛星観測や陸上に近付いてからのレーダー観測による研究が進められています。最近では航空機で台風に突っ込んで直接観測をする取り組みもなされており、実態解明が期待されています。

豪雪のメカニズム

冬には各地で雪が降り、大きな災害に繋がる豪雪(ごうせつ)となることがありますが、日本海側と太平洋側では雪を降らせる雲が全く異なります。特に雪の多い日本海側などの地域は特別豪雪地帯に指定されており、新潟県の山沿いでは積雪深が３～４ｍになることもあります。これがどのような積雪なのかを考えます（図４・86）。

新雪は積雪深１㎝あたり１㎜の降水量に換算することがありますが、実際の積雪は上に積もる雪の重みで圧縮され、積雪深１㎝あたり３㎜程度の降水量に相当する重さになります。

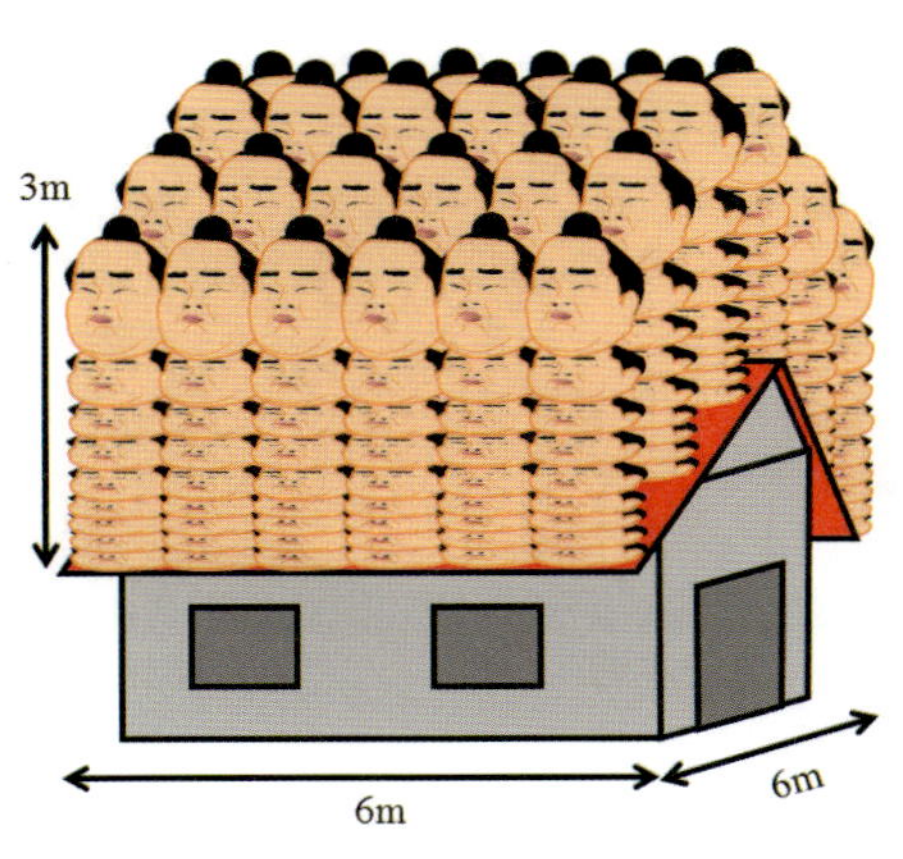

図４・86　3m の積雪の重さのイメージ。

これを踏まえて積雪深３ｍの雪が６ｍ四方の家屋の屋根に積もっていることを考えると、１ｍ四方あたり小ぶりな力士（１００kg）が９人（０・９トン）、屋根全体では総勢３２４人の小ぶりな力士（32・４トン）がいることになります。このため、雪国では雪おろしが必須の技術なのです。

日本海側の豪雪には海が重要です（図４・87、２７０ページ）。冬のユーラシア大陸では放射冷却で地上気温がマイナス30℃以下にまで冷え、西高東低の冬型の気圧配置になるとこの寒気が

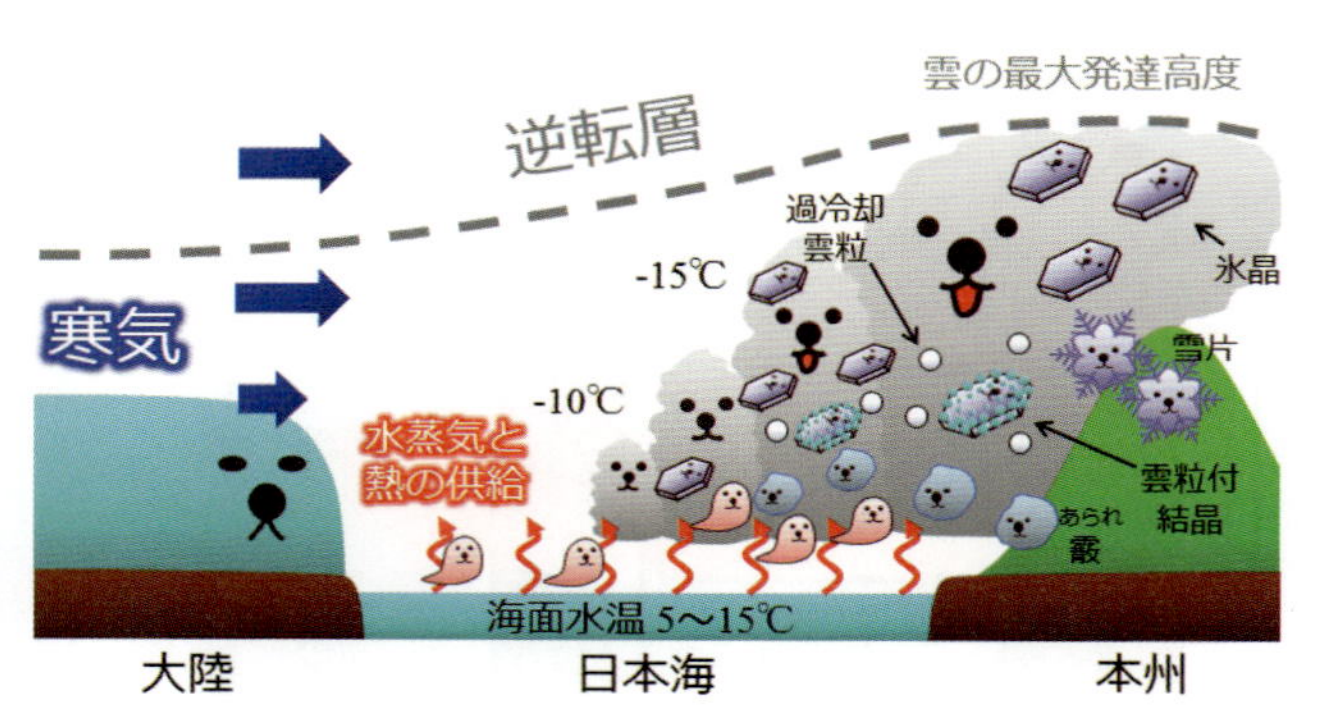

図4・87　気団変質過程のイメージ。

北西風の季節風となって日本海に吹き出します。日本海の海面水温は冬でも5〜15℃のため、寒気にとっては熱湯風呂状態です。吹き出した寒気には海面から熱と水蒸気が供給され、本州に近付くにつれて温かく湿った気団になります。このように海の影響を受けて気団の性質が変化することを**気団変質**（きだんへんしつ）と呼びます。気団変質で大気の状態が不安定化し、積乱雲が発達して本州の山地に達します。するとシーダー・フィーダーメカニズムによって山地での降雪が強化され、豪雪となるのです。このような大雪は**山雪型豪雪**（やまゆき）と呼ばれています。

冬の日本海上では雪を降らせる典型的な雲システムが発達します（図4・88）。衛星画像で寒気吹き出しとともに形成される**筋状雲**（すじじょううん）（クラウドストリート）が見てとれますが、寒気吹き出しの向きと平行

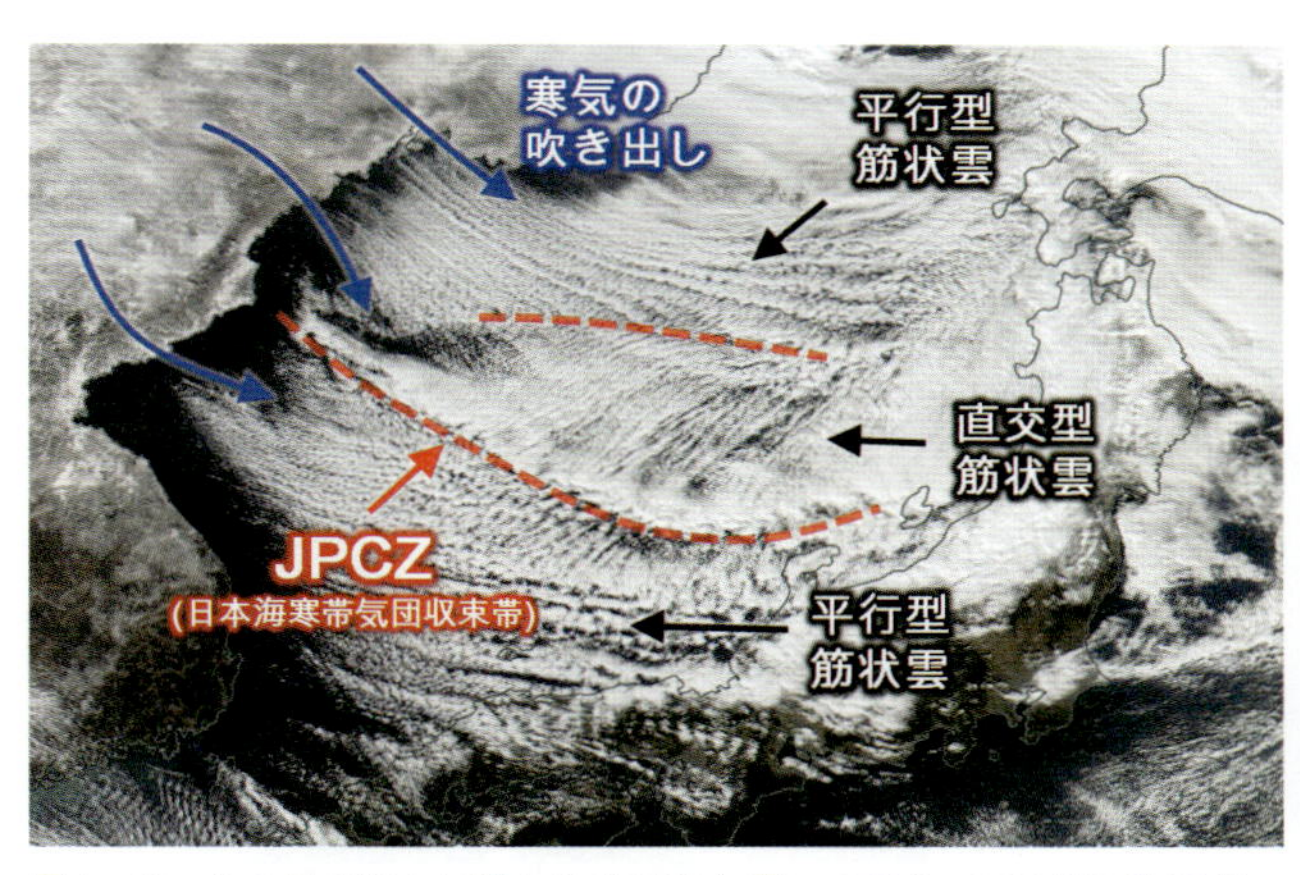

図４・88　冬の日本海上に現れる典型的な雲システム。2013 年 1 月 13 日、NASA EOSDIS worldview の Aqua による可視画像。

(Longitudinal) なものと直交（Transverse）するものがあります。これらはそれぞれ**平行型筋状雲**（Ｌモード雲）・**直交型筋状雲**（Ｔモード雲）と呼ばれます。また、大陸から寒気が吹き出す際に朝鮮半島のつけ根の山地を回り込む流れが日本海上でぶつかると、**日本海寒帯気団収束帯**（**ＪＰＣＺ**：Japan sea Polar air mass Convergence Zone）という発達した積乱雲を伴う雲システムが生まれます。

ＪＰＣＺに伴う雲がかかり続けたり、帯状の降雪システムが停滞すると平野部でも豪雪になり、**里雪型豪雪**と呼ばれます。また、冬の日本海上では冬の台風とも呼ばれることのある**ポーラーロー**というメソスケールの低気圧が発達することがあり（図４・89）、暴風雪などにより交通障害をもたらすだけでなく、大規模な停電の原因にもなります。

（上）図４・89　ポーラーローに伴う雲。2017年２月11日、NASA EOSDIS worldview の Terra による可視画像。
（下）図４・90　南岸低気圧に伴う雲。2014年２月15日、NOAA View の SuomiNPP による可視画像。

日本海側で雪を降らせる雲は基本的に積乱雲なので、地上に降る雪結晶は霰や樹枝状結晶による雪片が多いといわれています。一方、太平洋側における豪雪は、**南岸低気圧**と呼ばれる本州の南海上を進む温帯低気圧に伴って発生することが知られています（図４・90）。近年では２０１４年２月14～15日にかけて、南岸低気圧の通過に伴って関東甲信地方の内陸部を中心に歴史的な豪雪が発生し、交通障害だけでなく、集落の孤立や雪崩、雪の重みによる建築物・農業温室の倒壊、着雪による停電など、様々な雪氷災害が発生しました。

南岸低気圧に伴う太平洋側の降雪は正確な予測の難しい現象として知られています。この理由は、南岸低気圧による降雪が低気圧の位置や発達度合、低気圧に伴う雲・降水、地表面の状態などが相互的に複雑に関係しあっており、これら全てを正確に予測しなければならないからです。ところが、特に雪を降らせる雲の特性はこれまで観測がほぼなく、未知が多いのが現状です。そのため、気象庁気象研究所では、降雪時に関東甲信地方にお住まいの方から雪結晶の写真を募集する「**#関東雪結晶**（かんとうゆきけっしょう） **プロジェクト**［3］」を実施しています。これにより得られた観測データから雪を降らせる雲の特性を明らかにすることで、将来的に降雪予測精度が向上することが期待されています。ぜひみなさんも雪結晶観測にご参加いただければ幸いです（撮り方などは第5章2節・297ページで紹介します）。その上で雪を知り、大雪が予測される時にはしっかりと備えていただければ本望です。

地震雲はあるのか

世間一般で**地震雲**として騒がれている雲は、全て気象学で説明できる雲です。**雲は地震の前兆にはなりません。**しかし、それでもなお地震雲という非科学的な考えが世間で度々話題になるのは、雲愛の普及が足りていないからです。何の変哲もない普通の人が、名前を間違えられた挙句に怖がられているのと同じことが起こっているのです。

地震雲なるものはまず定義が曖昧(あいまい)ですが、地震の前兆として現れる雲とするのであれば、科学に中立な立場からは「地震雲は存在が証明されていない」という説明が正確です。それなら将来的に存在が証明されるかもしれないと思うかもしれませんが、これは幽霊の存在を証明するのと同レベルで限りなく不可能に近い問題です。地震雲の説明として地下深くの状態の変化に伴って大気中に電磁波が放出されて雲ができるといわれているようですが、このプロセスはよくわかっていません。仮に深い地中からの電磁波が雲に何らかの影響を与えていたとしても、少なくとも世間一般で地震雲と呼ばれることの多い雲はすでに力学的・雲物理学的に説明できるため、その影響を私たちが目で見て雲の形などから判断することは不可能です。

では世間一般ではどのような子が地震雲と呼ばれてしまっているのかを見てみると、最も多いのが飛行機雲です（図４・91）。飛行機雲は上空が湿っていれば成長して太くなりますが、観測地点から離れた空のものは遠近法で立っているように見えます。さらに、風下山岳波など上中層の大気重力波に伴う波状雲も地震雲と呼ばれることが多いです。このような波状雲は地下の異常に伴う重力場変動で発生すると主張される方もいるようですが、大気重力波の発生には大気の状態が非常に重要であり、重力場の変動は無関係です。

図４・91　飛行機雲。2014年６月26日茨城県つくば市。

また、青空と雲の境界がはっきり分かれている場合も地震雲と呼ばれることが多いようです（図４・92、２７６ページ）。このときの雲を衛星から確認すると、地上の停滞前線と偏西風に対応する雲が長くのびているのがわかります（図４・93、２７６ページ）。このように気団の境目で青空と雲域が綺麗に分かれるということはごくありふれた現象です。ほかにも、上空の流れに伴って発

（上）図4・92　高積雲。2017年10月13日鳥取県東伯郡琴浦町、ウェザーニュース提供。
（下）図4・93　2017年10月13日の雲。黄色い矢印が図4・92の観測地点。ひまわり8号による可視画像、気象庁気象衛星センターホームページより。

生する放射状、レンズ状の雲なども地震雲として怖がられることが多いようです。真っ赤な焼け空や深紅の太陽・月も地震に関係するといわれることがありますが、レイリー散乱で説明できます（第3章1節・129ページ）。最近では彩雲やハロ、アークなどの大気光象までもが「これは地震雲ですか?」と私のSNSアカウントに問い合わせが来ます。もはや雲ではないものも含め、何でもかんでも地震と結びつけられているようです。

ここで紹介した雲たちは、普段から空を見上げていれば頻繁に出会える子ばかりです。地震雲という考えは、日常的に空を見ていない方がたまたま空を見上げたときに目に入った雲や、大きな地震の後に見かけた至って普通の雲に当てはめられているように思います。認知心理学の分野で取り扱われるのが良いかもしれませんが、自分の知らない現象を不吉なものとしてカテゴライズして安心しようという心理が働いているのかもしれません。現に「これは地震雲ですか？」と質問をされた方に「これは普通の〇〇雲です」というと安心されます。それで安心して終わりなのではなく、**地震が不安なら日頃から備えましょう**。**その上で雲は愛でましょう**。雲を楽しみながら雲の声を聞けば、天気の変化を観天望気で予測することはできますし、充実した雲ライフが送れるようになります。

地震雲とは別に、世の中には陰謀論で雲を語る人々もいます。彼らは単なる飛行機雲であるにもかかわらず有害物質を散布する雲だと主張したり、普通の雲や大気光象を気象兵器・地震兵器なるものの実験によるものだなどと主張することがあります。あえていう必要もないですが、現代日本においてそのような事実は一切ありません。一部の過激な陰謀論支持者が、平成28年熊本地震の際に被災家屋や市役所庁舎に地震兵器などと落書きをするという許されざる行為をして逮捕される事件もありました。おそらく陰謀論を支持する方には、気象学とは全く別のそうせざるを得ない何らかの背景要因があるのだろうと思います。ＳＮＳ上で雲愛を発信していると、彼らが接触してくることもあろうかと思います。私たちが充実した雲ライフを送るためには、雲を冒瀆（ぼうとく）する彼らの発言で心を痛めるよりも、一切関わらないのがベストです。ナチュラルにブロックするかミュートして、**雲を愛でましょう**。

レーダーで見えるもの

最近では様々なスマホのアプリでもリアルタイムの**レーダー**による雨量情報が閲覧できます。レーダー観測情報には雨が降っていないのに現れる**非降水（ひこうすい）エコー**（**晴天（せいてん）エコー**）が含まれることがあり、これも怖がられることがあります。

冬などにはレーダー設置場所を中心にドーナツ状にエコーが強まる**ブライトバンド**が現れます（図４・94）。全国のレーダーは降水粒子を観測できる波長の電波を出し、降水粒子で反射した電波の強さを観測して雨や雪による降水量を推定しています。その際、レーダーは空に向ける角度を変えて３６０度観測することを繰り返して全天をスキャンします。私たちが見ている雨量情報はこの観測結果を面的に繋げたものです。上空の融解層では雪が融解して雨になるときに電波を強く反射する特性があり、レーダーが融解層を観測したものがブライトバンドなのです。ドーナツの直径が大きければ融解層高度が高く、小さければ低いことを意味するため、地上で降雪に至るかどうかの監視にも利用されることがあります。
　また、レーダーは雨滴と同じくらいの大きさのものは観測してしまうため、大規模な野焼きで舞い上がった灰や（図4・95、280ページ）、火山噴火に伴う噴煙も観測することがあります。このほかにも、蜃気楼と同じ原理で大気下層の逆転層で電波が屈折し、海面を観測した**シークラッタ**、陸面を観測した**グランドクラッタ**というノイズが入ることもあります。これらのような自然現象が関係する非降水エコーとは関係なく、ハード的な問題で異常観測が起こることもあります（図4・96、280ページ）。

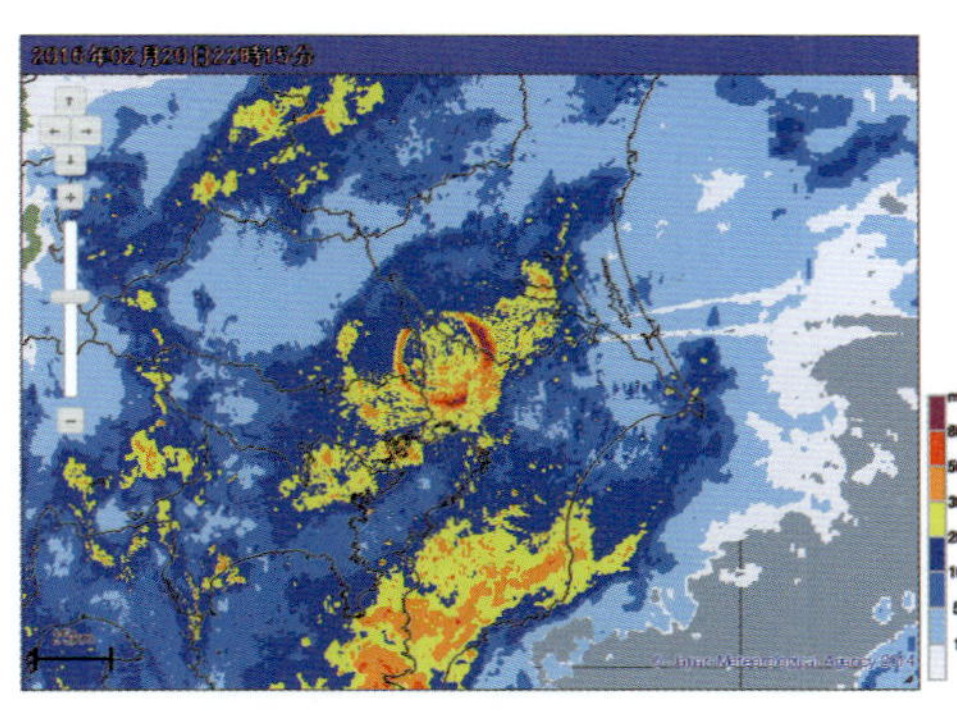

図4・94　ブライトバンド。東京レーダー（千葉県柏市）に現れたもの、気象庁ホームページより。

　非降水エコーは夏の局地的大雨の研究に利用されることもあります。暖かい季節の日中には昆虫の活動が活発になり、大気の流れに乗って局地前線上の上昇流域に昆虫が集まるのです。昆虫のサイズは雨滴と同じくらいなので、弱いながらもレーダーで昆虫を観測でき、これにより海風前線などの監視ができるのです。生態学の分野では、渡り鳥や蝶などの動態を調べるのに同じようなレーダーが利用されることもあります。レーダーによる雲の動きの先読みを日常的に行っていると、どのエコーが非降水エコーかがわかるようになるかもしれません。

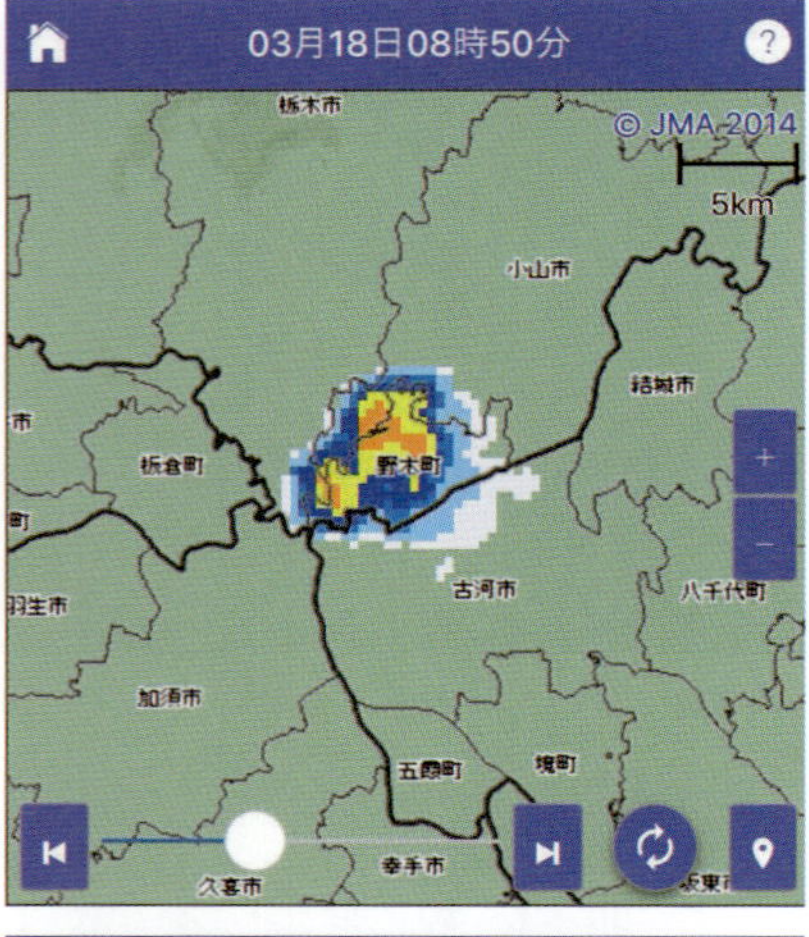

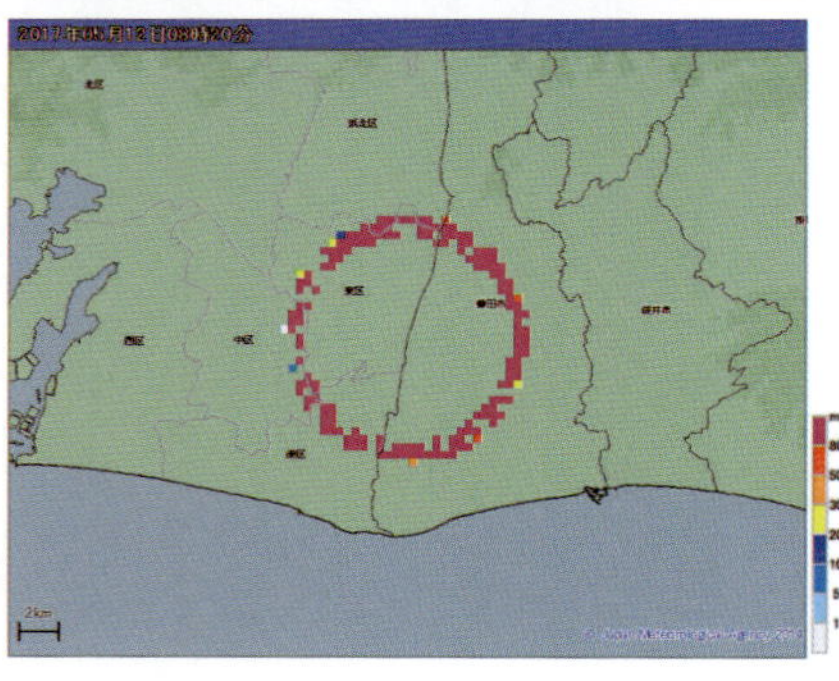

（上）図 4・95　渡良瀬遊水地での大規模な野焼き（ヨシ焼き）によって舞い上がった灰を観測した非降水エコー。2017 年 3 月 18 日。気象庁ホームページより。
（下）図 4・96　異常観測の非降水エコー。2017 年 5 月 12 日。気象庁ホームページより。

第5章 雲への愛をもっと深める

解説動画

映像資料

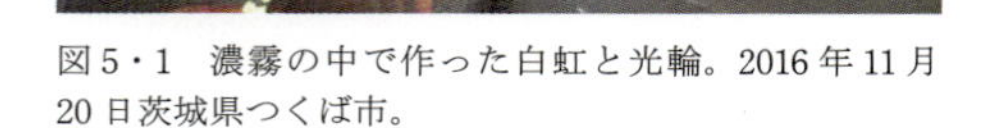

図5・1　濃霧の中で作った白虹と光輪。2016年11月20日茨城県つくば市。

5・1　雲と遊ぶ

雲と触れ合う

愛を深めるには、日頃からのコミュニケーションが最も重要です。ということで、ここでは雲との愛を深めるための、雲との遊び方について紹介します。遊ぶといっても雲は空の上に浮いているので、なかなか触れ合って遊んだりはできません。しかし、遊べる雲もいます。その１つが層雲です。

層雲が地面に接したものが**霧**なので、霧がいるときにその中に入れば、地上に居ながらにして雲の中に入るのと同じ状況なのです（図４・33、２２０ページ、動画５・１）。雲の中はとてもしっとりしており、雲粒の数濃度が高いために見通しも悪くなっています。飛行機で雲の中を飛ぶときに窓の外を見てみても、同じような状況になることがわかります。雲の中で深呼吸してみましょう。数多の雲粒が呼吸をするたびに体内に入り、雲と一体になれます。層雲は大人しい雲だけに、とても穏やかな気持ちになれます。心が荒んでいるときにオススメです。ただし、都心部の霧は硫酸塩粒子が雲凝結核になっている場合があるので、空気の綺麗な地域の霧の中で思いきりスーハーするのが良いでしょう。

また、**濃霧**が発生している状況では、白虹や光輪（ブロッケン現象）を作れます。車のヘッドライトをハイビームにして、車を背にして前方数十ｍ程度の位置に移動します。すると、車のライトが光源となって白虹や光輪が発生するのです（図５・１）。車を停めて周囲にも気を配って行いましょう。とても楽しいです。

図５・２　好天積雲の影。
2016年7月31日茨城県牛久市。

夏の晴れた日には好天積雲の影と追いかけっこをして遊ぶのもオススメです（図５・２）。好天積雲の高さは数百ｍ～２㎞で、下層風に乗って空を駆けます。扁平積雲か並積雲に相手をしてもらえば、影のサイズが小さく追いかけっこしやすいです。遊ぶ時間帯は日中の早い時間のほうが難易度は低く、日中になって気温が上がると関東地方などでは海風が入って風が強まるため、雲の影はかなり足が速くなります。**アメダス**［4］の風の観測を参考にしながら難易度を見極めましょう。風速3m毎秒（時速約11㎞）なら走って追いかけられますし、5m毎秒（時速18㎞）なら自転車くらいの速さです。必ず準備運動をしてから開けた安全な場所で遊びましょう。走る雲の影を全力疾走で追い越せると最高に最高です。

雲に心を映す

空は心を映し出す鏡です。空を見上げる人の数だけ様々な雲の世界がそこにはあり、そのときの気持ちによっても世界は変わります。楽しい気持ちのときに見上げた青空は私たちをより晴れやかな気分にしてくれますし、悲しい気持ちのときの雨降りの空は私たちのかわりに涙を流してくれています。

空に浮かぶ雲は大気の流れに乗って刻々と姿を変え、その姿から私たちは様々なものを想像できます。上空に連なった吊るし雲はUFOのように見えたり、龍の巣を連想することもあります。また、焼け空に浮かぶ雲はときに鳳凰や龍のような神々しい姿を見せます（図5・3）。高積雲や層積雲の広がる空に溢れる薄明光線（図3・10、137ページ）も絵画の中の世界に入り込んだような錯覚を覚えます。虹色の小鳥のような彩雲など（図５・４）、動物に似た雲も多くあります。ご家族やご友人、大事な人と一緒に、空に浮かぶ雲が何に見えるか談笑しつつ、その雲が何に分類されるものなのかをそっと教えてあげましょう。さすれば雲愛が深まります。

（上）図５・３　鳳凰っぽい雲。
2016 年 9 月 1 日茨城県つくば市。
（下）図５・４　虹色の小鳥。
2017 年 7 月 13 日茨城県つくば市。

雲は見上げた空だけでなく、宇宙からも楽しめます。ある日の衛星可視画像を見てみましょう（図５・５、２８６ページ）。

おわかりいただけただろうか……日本海に浮かぶ顔。私たちに一体何を

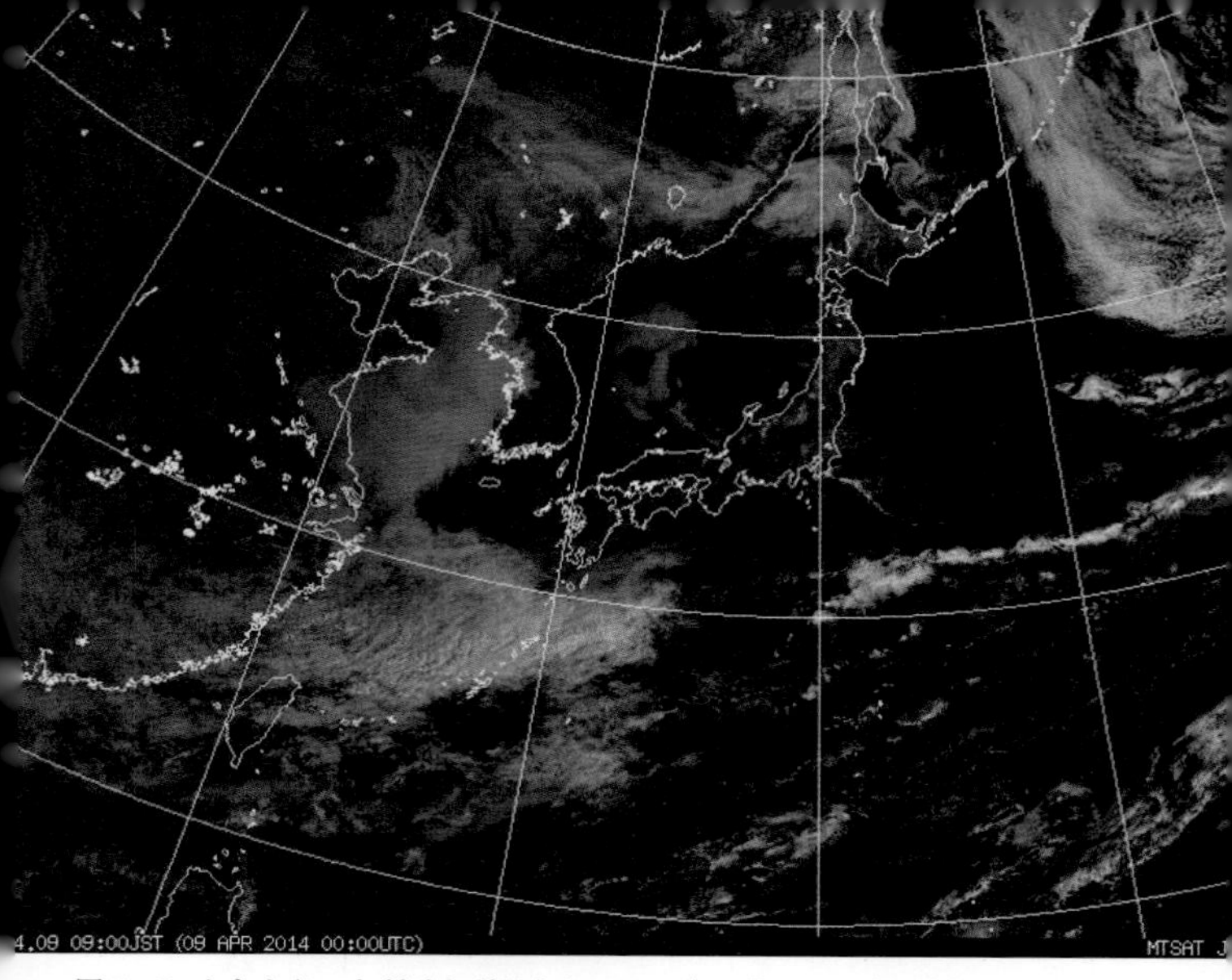

図5・5　おわかりいただけただろうか。2014年4月9日9時ひまわり7号による可視画像。気象庁ホームページより。

訴えかけているのだろうか……私は「雲(くも)研究者」と名乗っていますが、よく「霊(れい)研究者」と読み間違えられます。人間は本能的に、眼のくぼみのように並んだ2つの影とその下にある影でできた逆三角形を見ると、人間の顔と認識してしまいます。これを**シミュラクラ現象**といいます。「雲研究者」としてこの顔を考えると、可視画像ではこの顔が見えますが、赤外画像ではっきり見えていませんでした。赤外画像では雲頂高度が高くて温度の低い雲が白く見えるという特徴があります。このことから、この顔は日本海上に形成された層雲もしくは海霧であり、顔のある海域では大気下層が湿潤で安定した大気の状態になっているということがおわかりいただけるのです。

雲や空は私たちの感性を豊かにしてくれます。もちろん雲の声を聞いて空の気持ちを読みとるのも楽しいですが、何も考えずに純粋に雲や空を眺めて楽しむのも素敵なことです。面白い形の雲がいたら、ぜひ大事な人に教えてあげてください。

雲を撮る

美しい空に出会ったら写真におさめておきたくなりますね。私もよく焼け空や彩雲の写真をSNS上で公開しています。特殊なカメラで撮影しているのかと聞かれることが多いのですが、全てスマホかコンデジ（コンパクトデジタルカメラ）で撮影しています。彩雲は太陽から視角度10度以下あたりに現れることが多いため、天空上の大きさは小さいです（第3章2節・156ページ）。虹色の部分だけをコンデジで30～40倍くらいズームして撮ると、巻頭にあるような美しい彩雲を撮影できます（動画5・2）。

彩雲はスマホでも撮影できます。スマホでもコンデジでも同様ですが、カメラのレンズに太陽からの直達光が入ると全体的に白くなり、虹色が上手く見えなくなります。そのため、積雲や高積雲の彩雲を狙う場合には雲の厚い部分に太陽が隠れ、虹色のよく見えるタイミン

（上）図5・6　スマホで撮影した彩雲。
2016年8月7日茨城県つくば市。
（下）図5・7　スマホで撮影した天女の羽衣系彩雲。
2016年1月3日茨城県つくばみらい市。

グがベストです（図5・6）。また、巻積雲に伴う彩雲など太陽を隠す雲が中下層にない場合には、何かの景色と組み合わせて直達光を防ぐとスマホでも綺麗な虹色が映ります（図5・7）。スマホで光を抑えて暗く撮る設定にして太陽付近の雲を撮影すると、後から見直して虹色が映っているということもあります。

なお、太陽からの直達光を裸眼で受けるのは眼を傷めてしまうため非常に危険です。太陽が出ているときの**雲観測にはサングラスを着用しましょう。**また、彩雲に限らず太陽の近くの大気光象を探す場合、サングラスをすれば虹色を見つけやすくなりますが、市販のサングラスでは紫外線はカットされても赤外線はほとんどカットできません。このため、**虹色ハントをする際には建物や電柱などで太陽を隠して空を観察しましょう**。また、虹色ハントは夢中になってしまいやすいため、**周囲の安全を確認して空の虹色を楽しみましょう**。

最近のスマホはカメラが高性能なため、様々なシーンを撮影できます。一般的なスマホでそのまま空を撮ると、22度ハロがギリギリ入るくらいの広さの空を撮れますが、１００円ショップでも売っているスマホ用の広角（こうかく）レンズを使用すると22度ハロ全体をしっかり写すことができます。また、スマホのカメラで便利なのはパノラマ機能です。スマホでパノラマ撮影すれば虹全体を撮れますし（図3・19、１４５ページ）、迫ってくるガストフロント上のアーククラウド全体も記録できます（図4・55、２３６ページ）。そして時間経過の様子を早回しの動画として撮影できるタイムラプス機能も非常に魅力的です。特に夏にはスマホを窓際に置きっぱなしにしておくだけで、雄大積雲が積乱雲に発達していく姿や、熱対流で生まれては消えゆく積雲の挙動も観測できます（動画5・3）。

最近はインスタグラムなどの写真投稿サービスが流行っており、いわゆる「インスタ映え」する写真を撮りたい方も多いと思います。そんなときは空に浮かぶ雲1人ひとりをよく観察してみましょう。何気ない雲や空でも、その一部分をズームすると非常に美しい絵になることがよくあります。

また、何かと組み合わせて空で遊ぶのもアリです。例えば夕陽と煙突を組み合わせてロウソクを作るのも良いでしょう（図5・8）。薄明で焼けた雲と暗くなった空、そして街灯を一緒に撮るだけでも魔法の世界のような景色になります（図5・9）。また、絶景スポット

（上）図5・8　夕焼けロウソク。

2017年3月10日茨城県つくば市。

（中）図5・9　魔法の夕焼け。

2016年9月27日千葉県。

（下）図5・10　雲海。2016年11月12日高ボッチ高原（長野県塩尻市）、菅家優介さん提供。

に足を運ぶのもオススメです。雲海はその良い例で、国内にいくつもスポットがあります（図５・10）。雲と空を感じて、美しい景色をぜひ写真におさめてみてください。

離れていても遊べる

便利な時代になったもので、衛星から観測された雲をほぼリアルタイムで見ることのできるサービスもあります。その１つが情報通信研究機構の「ひまわり8号リアルタイムWeb［5］」で、気象庁の提供するひまわり8号の可視画像を手軽に閲覧することができ、過去にも遡（さかのぼ）って雲を追いかけることができます。

ひまわり8号は地球の自転と同じ周期で地球の周りを回っている**静止気象衛星**で、地球全図を10分毎、日本付近や台風周辺は２・５分毎に観測しています。スマホでも利用できるため、波状雲などの気になる雲が空にあれば水平方向の広がりや時間変化をすぐに確認できます。また、離れた場所の空も手軽に見ることができ、日本時間で日が変わるあたりの夜更けに地球全図を確認すると、地球の端で美しく焼ける空に出会えます（図５・11、２９３ページ）。一日を通して宇宙から地球を見ていると、太陽の光を反射した海が輝いている様子も見られます（図５・12、２９３ページ）。曇天や雨降りで雲欲が満たされないときや、**人間**

性の回復にはうってつけです。

もう1つオススメはNASAの「Worldview［6］」というサービスです。ここではTerra, Aqua, Suomi NPPという極軌道衛星の可視画像のほか、これらの衛星データを使った各種プロダクトを閲覧できます。これらは地球の両極を通って地球の周りを回る**極軌道衛星**で、ひまわり8号よりもずっと低高度を飛んで地球を観測しているため、分解能が高く雲1つひとつまで見ることができます。同じ場所の上空を通過するのは1日2回ですが、世界中の空で雲ハントができます。衛星のプロダクトとしては、山火事や熱源の位置（図3・64、189ページ）、積雪被覆率、エアロゾルの量など色々あって嬉しいです。

このWorldviewを使えば、世界中の雲で遊べます。毎日世界のどこかには低気圧に伴う大きな雲の渦がありますし、チリ沖の海上にはだいたいいつも海洋性の層積雲が面白いことになっています（図4・30、217ページ）。また、アフリカ大陸の北西沿岸付近に位置するカナリア諸島はカルマン渦列のスポットで、かなり頻繁に渦列が雲で可視化されています（図5・13、294ページ）。ほかにも海上で幾重にも重なった波状雲（図5・14、294ページ）や、流氷、ダストストーム（図3・66、191ページ）、海上での植物性プランクトンの大繁殖なども見てニヤニヤすることができます。Worldviewも過去に遡って閲覧する

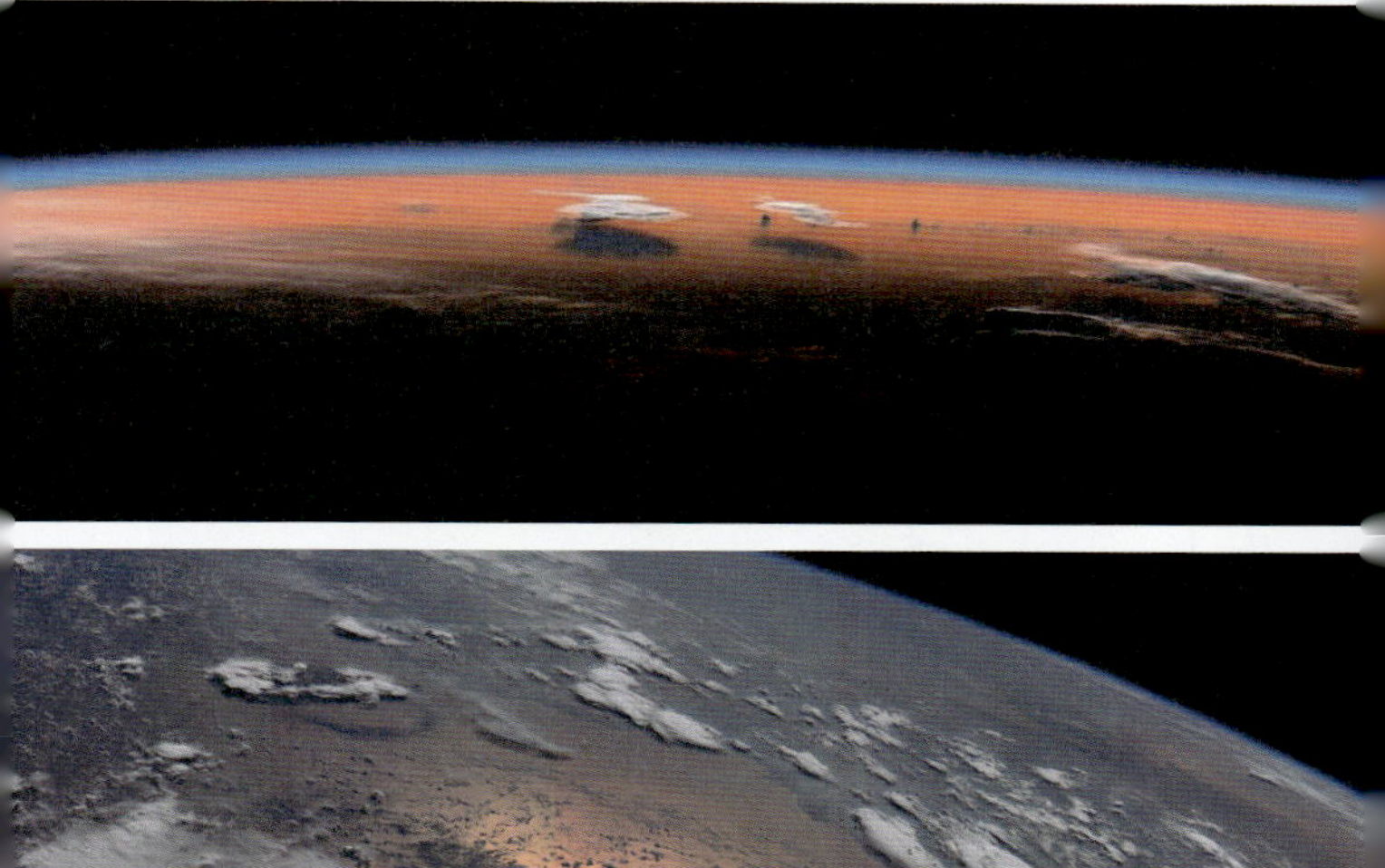

（上）図5・11　人間性の回復。2017年8月25日ひまわり8号による可視画像、国立研究開発法人情報通信研究機構（NICT）提供。
（下）図5・12　海に映った太陽。神々しい。2017年5月9日ひまわり8号による可視画像、国立研究開発法人情報通信研究機構（NICT）提供。

ことができるので、気になる過去の日の空模様などを調べてみても良さそうです。

地上から見る雲も素晴らしいですが、宇宙から見る大気や雲の流れも格別です。特に大気の上中層の水蒸気の多い部分が白く見える**水蒸気画像**では、台風や低気圧だけでなく寒冷渦

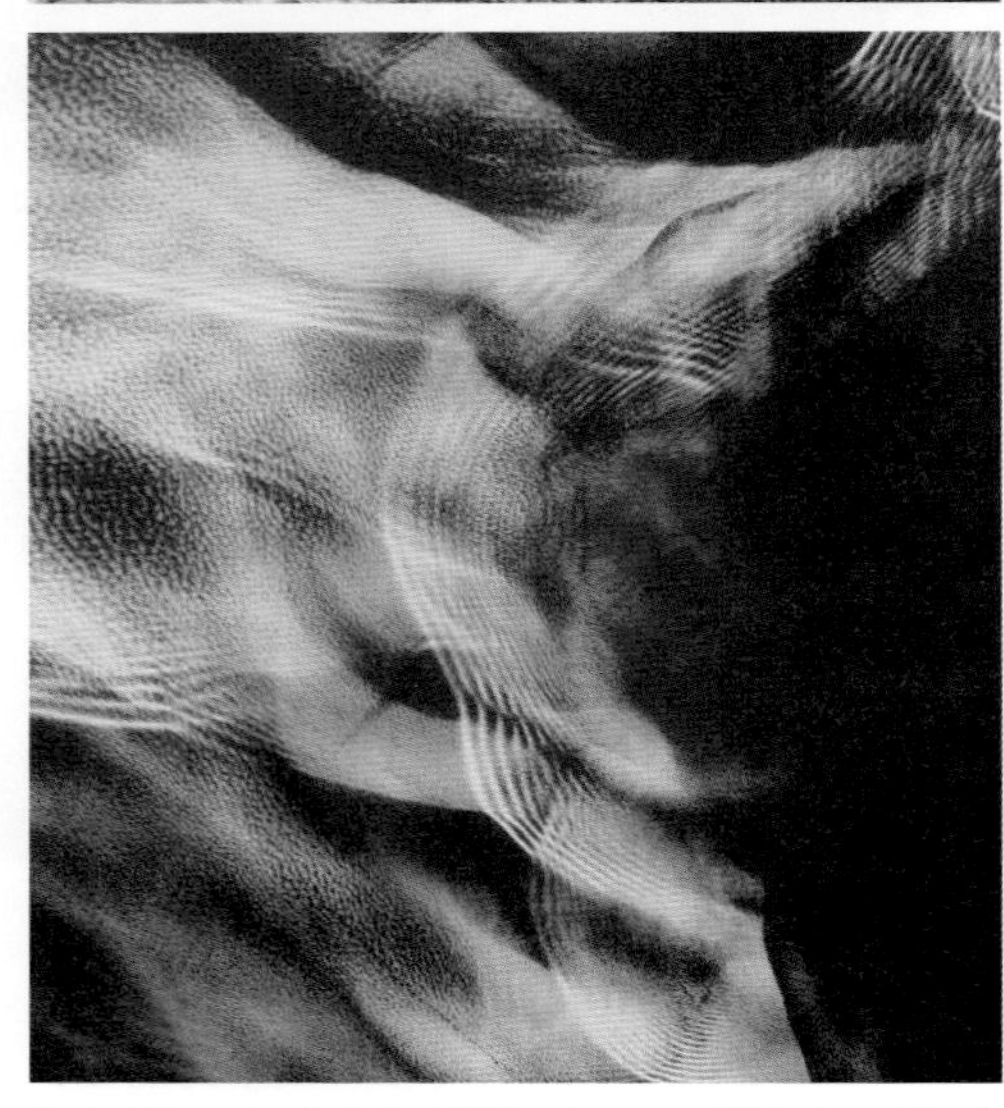

（上）図5・13　カナリア諸島のカルマン渦列。2016年5月18日、NASA EOSDIS worldviewのTerraによる可視画像。
（下）図5・14　雲で可視化された大気重力波。2016年6月26日、NASA EOSDIS worldviewのTerraによる可視画像。

なども可視化されます。理不尽な社会に疲れたときや生きづらさを感じたとき、ぬるぬる動く衛星水蒸気画像のアニメーション（動画５・４）をご覧ください。大きな流れに身を任せるのも、自身で仲間と一緒に流れを作るのも、自由です。眺めているると少しだけ元気になるかもしれません。

５・２　身近な雲科学で遊ぶ

雲物理遊び

私たちの生活の中には雲科学に関係する様々な物理現象があります。身近すぎて普通は見過ごしてしまうことでも、一度気にした経験があるととても愛おしく思えるようになります。というわけで、ここでは身近な雲科学の遊び方を少しだけ紹介します。

まずは雲物理で遊んでみましょう。冬の寒い日などに窓に**結露**（けつろ）が生じますが、よく見てみると小さな水滴がたくさんあります（図５・15、296ページ）。窓の外は気温が低く、これによって窓ガラスそのものも温度が下がり、窓ガラスに接している内側の空気が熱を奪われて気温が下がります。すると窓ガラス付近の内側の空気が水飽和に近くなり、窓ガラス表面を核として水滴が形成され、水蒸気を吸って凝結成長していきます。水滴が大きくなって

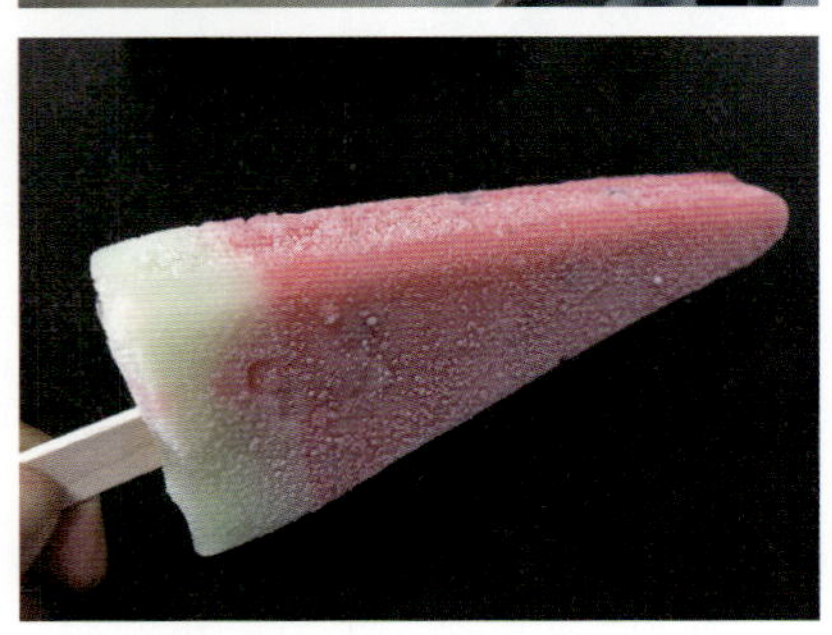

（上）図5・15　結露遊び。
（下）図5・16　アイスの表面で昇華成長する霜結晶。

窓ガラスに沿って落下すると、ほかの水滴と衝突・併合成長してさらに大きくなっていきます。このように、結露した窓には水雲内での雨滴の形成プロセスが垣間見えるのです。

また、棒アイスを食べるときにも雲物理に関わる面白い現象が見られます。アイスを袋から出してそのまま食べずに眺めていると、湯気とは逆に下に向かって煙のようなものが落ちていくのが見えます。これは、アイス表面付近で空気が冷やされ、雲核形成して発生した雲粒なのです。冷やされた空気は周囲に比べて重くなるために落下するようになり、発生した雲粒がこの流れを可視化しているのです。ところが、周囲の空気と混合することで未飽和となり、雲粒は蒸発して見えなくなるのです。もう少しアイスを食べずに眺めていると、アイスの表面が白っぽくなってきます（図5・16）。

この白っぽいものをよく見てみると霜結晶（しもけっしょう）が成長しているのがわかります。アイスを袋などから取り出す前から成長している大きな霜結晶もありますが、袋から取り出して湿潤な空気に触れたアイスの表面では小さな霜結晶が昇華成長をし始めているのです。アイス表面そのものの温度が上がって融解を始めるまではこのような霜結晶と氷雲の雲物理を楽しむことができます。霜結晶観測に夢中になっているとアイスが融けて衣類や床が汚れるので、一通り楽しんだらいただきましょう。アイス1本で何度も美味しく味わえますね。

このほかにも冬の寒い日の白い吐息や、ホットコーヒーの湯気でも雲核形成を楽しめます。夏の暑い日に汗をかいたら、滴る汗はほかの汗の水滴と衝突・併合成長していますし、扇風機の風にあたれば汗の蒸発と潜熱吸収を感じることができます。例を挙げるとキリがないですが、身の回りには雲物理に関連する現象はたくさんあるのです。

雪遊び

雪が降ったらどんな遊びをしますか？　雪だるまやかまくらを作ったり、雪合戦をしたり、色々な遊びがありますね。このほかにも雪が降ったときに脳内の幸福物質（私は脳汁（のうじる）と呼んでいます）のたくさん出る遊びがあります。それが**雪結晶観測**です。

雪結晶というと樹枝状結晶が馴染み深いと思いますが、実は舞い降りた雪をよく見ると肉眼でも様々な形をした雪結晶を見ることができます。日本海側でよく降る霰などは傘にもバチバチと音を立てて降ってきますが、これもよく見ると雲粒がたくさんついているのがわかります。ここで使うのがスマホです。スマホのカメラでズームを最大にして接写すると、雪結晶を撮影することができます。さらに、１００円ショップで売っているスマホ用の**マクロレンズ**を使えば、より鮮明な雪結晶の画像を撮影することができます（図5・17左上）。また、スマホなので動画撮影しやすく、雪結晶が融解する様子も撮影できます（動画５・５）。融解していく雪結晶が水滴になる瞬間、表面張力（ひょうめんちょうりょく）の影響を受けてキュルンと球形に変化する姿は儚くも愛おしいです。

マクロレンズを使った雪結晶観測には少しコツがあります。まず、関東地方などで雪が降るときは地上気温が０℃付近のため、降ったらすぐに融けてしまいます。そこで、黒や青の濃い色の生地などをあらかじめ外に出して冷やしておき、その生地で雪結晶を受けたら素早く撮影します。濃い色の生地であれば雪結晶の輪郭がよく見えるようになり、綺麗な写真が撮れます。生地は何でもよく、傘などの撥水（はっすい）性のものでもＯＫです。また、１００円ショッ

図５・17　氷の結晶たち。左上：雪結晶、右上：霜結晶、左下：凍結水滴と霜結晶、右下：融解する凍結水滴。いずれも茨城県つくば市。

プで売っているマクロレンズは倍率が10倍くらいで、スマホに取りつけてピントが合うのは対象物から数cmの距離と、けっこう近いです。少しの手ブレでもピントが合わなくなってしまうので、ひたすら連写するのがポイントです。動画で撮影して後で静止画を抜き出すという手もあります。

こうして撮影できた雪結晶が、雪結晶の分類（図１・15、39ページ）のどれに当てはまるかを照らし合わせてみましょう。また、雪結晶の晶癖と小林ダイヤグラム（図１・17、41ページ）から、その雪結晶が成長した雲がどのくらいの温度で、水蒸気量が多いのか少ないのかもわかります。また、雲粒の付着の程度を確認することで、雪を降らせる雲内に過冷却雲粒がどのくらいあるのかも想像できます。このようにすれば誰でも天から送られた手紙を見て、その内容を想像することができるのです。

気象研究所で行っている「**#関東雪結晶 プロジェクト**」では、関東甲信地方にお住まいの方から雪結晶画像を募集しており、撮影時刻と大まかな撮影場所とともにTwitterなどのSNS上で「#関東雪結晶」のハッシュタグをつけて投稿していただいています。詳細は気象研究所の特設ページ［3］をご覧ください。みなさんの雪結晶観測が首都圏降雪の実態解明や、予測精度向上に繋がります。上記の手順で、ぜひ雪結晶観測にご参加いただければ幸いです。

ただし、関東甲信地方で雪が降る機会は多くありません。そこで、雪結晶と同じくらいのサイズで、同様に楽しめるものとして**霜結晶**があります。冬にはほとんど毎朝、地面付近で霜結晶たちがワイワイしています（図5・17右上、299ページ）。その形は様々で、うろこ状、針状、羽状、扇子状などがあります。霜結晶をマクロレンズで撮影すると、中には骸晶構造を持った子も見つかります。また、先の尖った葉の先端付近には、植物の生命活動によって水滴ができ、それが凍った**凍結水滴**も現れます（図5・17左下、299ページ）。

凍結水滴の表面には二十面体氷晶に似た紋様が現れることもあり、とても可愛い姿をしています。このような霜結晶や凍結水滴が見られるのは日の出くらいの時間帯で、朝陽が射してくるとすぐに融解していきます。融解する過程で凍結水滴の内部に気泡（きほう）ができ、そこで分光された朝陽は美しい虹色の輝きを生み出します（図5・17右下、299ページ）。このとき、霜結晶たちもいっせいに輝きながら融けていきます。結晶たちが輝きながら消えゆくこの儚い時間を、私は**シンデレラタイム**と呼んでいます。

撮影した霜結晶は「**#霜活**（しもかつ）」というタグでTwitterに投稿し、みんなで共有して愛でましょう。霜のシーズンも冬に限られていますが、アイスの表面で成長した霜結晶ならいつでも観測できます。また、冬が終わっても朝露の水滴たちが朝の地面付近ではワイワイしています。この朝露たちもマクロレンズを使って綺麗に撮ることができ、撮った写真は「**#露活**（つゆかつ）」というタグで共有するようにしています。これらのタグで検索するだけでも、たくさんの美しい結晶や水滴の画像が出てきて楽しめます。ぜひミクロの世界を堪能しつつ、冬の雪結晶観測に備えてマクロレンズを使ったスマホでの撮影のコツをつかんでおきましょう。

虹遊び

雨上がりの空にかかる虹以外にも、私たちの生活の中には虹色がたくさんあります。その1つは自転車置き場などでよく見かける虹色です（図5・18）。これは自転車についている反射板に太陽の光が射し、分光してできたものです。ほかにもペットボトルを太陽光の射すところに置くだけでも、ペットボトルの容器がプリズムとなって虹色が作れます（図5・19）。ペットボトル内に水を入れて虹色を作ると、まるで小さなオーロラのように光が揺らめいて美しいです。ただし、紙などの燃えやすいものがあると火災の原因となる場合があるので、ペットボトルで虹遊びをしたら片付けるのを忘れないようにしましょう。

また、噴水も虹のスポットです（図5・20）。噴水の虹は雨上がりの空でできる虹と同じ原理で発生しますが、雨のように時空間変動が激しくないので虹を観測しやすいのです。公園などで噴水を見かけたら、太陽を背にして噴水を見ることのできる位置を探してみましょう。噴水の大きさや見る位置によっては、主虹だけでなく副虹もしっかり現れます。

どうしても虹欲を満たしたくなったら、自分で虹を作るのが手っ取り早いです。霧状に水をまけるホースを使って太陽を背にして水をまけば、簡単に虹を作ることができます。少し高めの足場から水をまけば、普通は見ることのできない360度の主虹や副虹を作って楽し

（左上）図5・18　自転車置き場の虹色。
（右上）図5・19　ペットボトルの虹色。
（左下）図5・20　噴水に現れた虹。2017年4月23日茨城県ひたちなか市。
（右下）図5・21　ホースの水で作った主虹と副虹。綾塚祐二さん提供。

むこともできます（図5・21）。これを撮るには市販されているスマホ用の魚眼(ぎょがん)レンズなどを使うのがオススメです。

このようにして様々な虹色を楽しむことができますが、自然界で発生する雨上がりの空にかかる虹はかえがたい美しさです。レーダーを駆使してチャンスを逃さず虹を楽しみましょう。

流体遊び

雲は大気の流れを可視化してくれますが、雲以外でも流れは可視化できます。ここでは身近な流体で遊んでみます。

まずは雨の日の流体遊びです。特に層状性の雨だと乱層雲などが空を覆って変化があまりなく、雨の日を楽しめないという方も多いかもしれません。そんなときは水たまりに落下する雨滴に注目しましょう（図5・22）。水たまりの水面には、多くの雨滴が絶え間なく落下して波紋を作っています。この波紋は大気重力波と同様に重力によって駆動された波動です。スマホでもコンデジでも水面付近を連写すると、雨滴が水面に落下した直後に水滴が飛び上がる様子も撮影できます。数多の雨滴が降り注ぐ中、雨滴による水面の波動が幾重にも重なって水たまりの中で干渉しあう様は、私たちに流体へのトキメキを思い出させてくれます。

流体遊びの定番は、お味噌汁に現れる熱対流です。おわんに注いだアツアツのお味噌汁の上端は大気に接して冷やされるため、鉛直方向に温度勾配ができ、セル状対流に近い上昇流と下降流が生まれます（図5・23、動画5・6）。この流れを味噌が可視化しており、おわんの世界にダイナミックな流れを楽しめます。ひと通り熱対流を楽しんだら、冷める前にいただきましょう。

水道やお風呂でも流体遊びが楽しめます。水道の水をある程度の強さで流して、流れる水に指を突っ込めば、雲内で降水粒子に引きずり降ろされて（ローディング）加速される下降流の気分を味わえます。お風呂に張ったお湯に入るとき、手先足先の動きに応じて生じる重力波が湯船の中で干渉し、定常な波動を形成するのを眺めるのも楽しいです。ただし、遊び過ぎてのぼせないように注意が必要です。

そして渦マニアの誰しも通る道の１つがコーヒーカップの渦です（図５・24、動画５・7）。まず、ホットコーヒーをカップに注ぎ、ブラックの状態でスプーンを使って渦を作り

（上）図５・22　雨の日の水面の波紋。
（中）図５・23　お味噌汁の対流。
（下）図５・24　コーヒーカップの渦。

図5・25　桜で可視化された渦。動きが速すぎて渦の中に入るのがかなり困難。2016年4月15日茨城県つくば市。

ます。このとき、時計回りでも反時計回りでもどちらでも良いので、スプーンをカップ内で回転させて流れを作ります。そこにミルクをゆっくり注ぐと、ミルクがカップ内の流れを可視化してくれます。ミルクをカップの壁付近に注ぐと、カップ中央付近と壁付近での流れの速さの違いから水平シア不安定が生じ、渦列ができたりします。カップ内の渦は複雑で、様々な渦模様を楽しむことができます。アイスコーヒーにミルクを入れた場合にはコーヒーとミルクの密度差からダウンバーストのような流れが可視化されるので、こちらもオススメです。

また、冬の風の強い日には、落ち葉が地表面付近の渦を可視化することがあり、渦マニアの人々はこの渦の中に入りたがります。春に桜の花の散る頃にも、渦が桜の花びらで可視化されることがあります（図5・25、動画5・8）。建物の陰などで形成される渦はある程度定常なことが多く、比較的渦の中に入りやすいです。ただし、開けた場所でできる渦は移動速度が大きいことが多く、渦の中に入る難易度は高めです。このような渦遊びは、渦に加えて散った桜も再度楽しむこともできるのでとてもオススメです。

訓練された渦マニアは、簡易な実験でカルマン渦列を作って遊びます（図５・26、動画５・９）。トレイに１㎝くらいの深さの水を張り、そこにゆっくり墨汁を入れます。割りばしなどを墨汁の部分に入れてまっすぐ動かすと、綺麗なカルマン渦列ができるのです。実際に渦と触れ合えるので興奮します。渦を楽しむ方法はこのほかにもたくさんあるので、ぜひ渦を愛でてウズウズしてみてください。

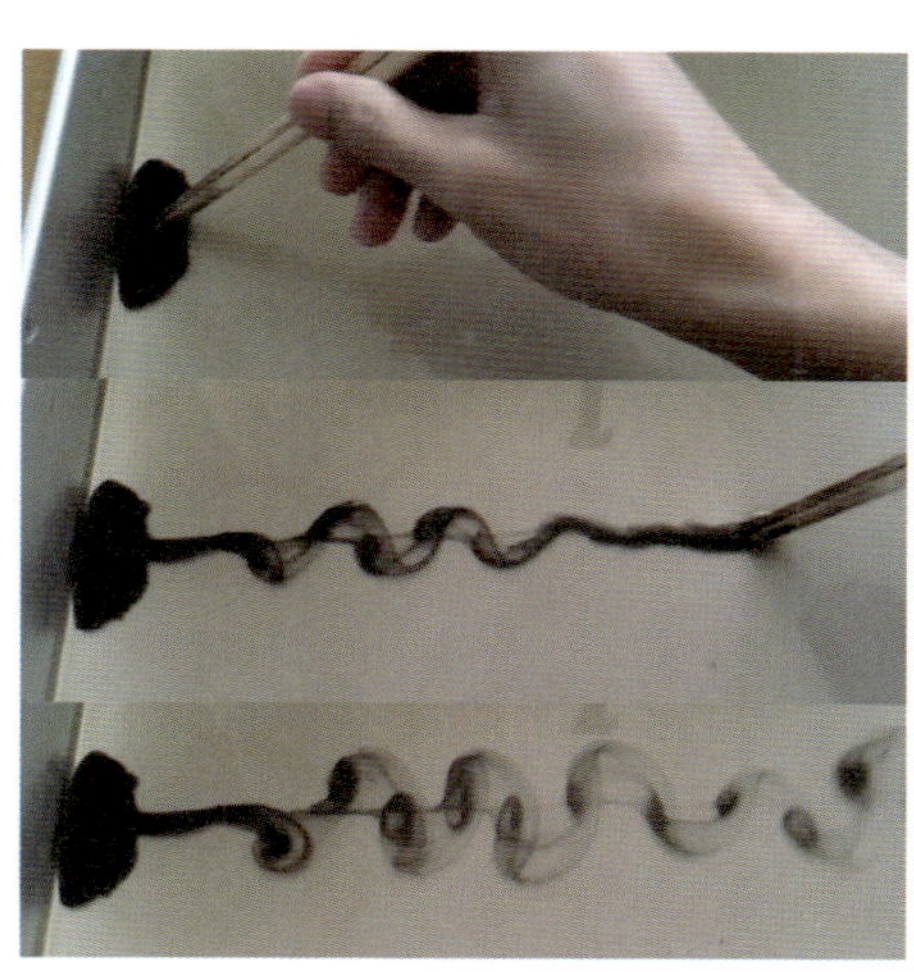

図５・26　カルマン渦遊び。佐々木恭子さん提供。

5・3　雲と上手く付き合う

「感天望気」のススメ

雲や空を見て天気を予想する観天望気（かんてんぼうき）は、天気予報の技術のない大昔から経験的に培われてきたいい伝えです。もともとは漁師から始まったもので、天気が自分たちの命を左右するために重要なものでした。広義の観天望気には動植物の行動から天気を予想するというものも含みますが、雲や空を用いた観天望気は科学的根拠のあるものが多くあります。

典型例が22度ハロで、「太陽や月に光の輪（暈（かさ））がかかると雨」という観天望気がありま す（図2・19～2・22、80ページ）。正確には、ハロが現れてから雲が段々と厚みを増してくると雨の降る可能性が高まります。これはハロが巻層雲に伴って発生するものであり、西から温帯低気圧が近づいてくると巻層雲が空を覆ったのちに高層雲や雨を降らせる乱層雲へと変化していくためです（図4・80、262ページ）。ただし、巻層雲は温帯低気圧以外でも発生するので、ハロが出ていれば必ず天気が悪くなるというわけではありません。逆に、ハロに出会うためには予想天気図を見て低気圧が来るかどうかを確認すればよいのです。

また、富士山の笠雲は日本海低気圧があるときに発生しやすく、風雨の観天望気に利用できます（第４章１節・１９８ページ）。この観天望気は地元でも広く伝えられているようで、静岡県を舞台にしたアニメ「ちびまる子ちゃん」（フジテレビ）でも富士山の笠雲による観天望気が学校の授業で習う内容だと表現されていました。これに限らず、地域に特有な現象が観天望気に利用できることは多くあります。笠雲やレンズ状雲の存在は上空の風が強いことも意味しているため、登山をする方にとっては見過ごせない雲です。

そして重要なのが、積乱雲の観天望気です（第４章３節・２２２ページ）。頭巾雲や濃密巻雲、棚雲、乳房雲、アーククラウド、スーパーセル特有の雲や漏斗雲は、局地的な大雨や落雷、竜巻や突風、降雹などの顕著な現象の危険が迫っていることを私たちに伝えてくれています。なぜ積乱雲の観天望気が重要なのかというと、現在の技術でも積乱雲を正確に予測することはできていないからです。不安定な大気の状態などはある程度予測できるものの、ピンポイントでの積乱雲の発生前予測は不十分であり、**積乱雲の観天望気は私たちの命を左右することもある重要な技術**なのです。

一方、私たちが積乱雲をはじめとする雲たちへの愛を持っていれば、彼らと上手い距離感で付き合いたいと感じられると思います。そのためには雲とのコミュニケーションが必要であり、雲たちと出会い、向き合う時間を増やしていくことが重要です。そうして出会った**雲**

の声を聞き、雲の心を感じれば天気の変化も読めるようになるのです。これを私は「**感天望気**」と呼んでいます。ただ雲を観るだけの観天望気の一歩先へ進み、雲への愛をもとに雲の心を感じ、「感天望気」によって雲と上手く付き合えれば、私たちは充実した雲ライフを送ることができるようになるのです。

雲の先読みツール

「感天望気」は、広義には雲に出会いに行ったり、雲がやって来るのを待ち構えておくことも含んでいます。これには雲が発生するかどうかに加え、雲が発生した後はいまどこにいてこれからどう動きそうかをリアルタイムで知る必要があります。ここでは積乱雲を例に、便利な雲の先読みツールをご紹介します。

まず、積乱雲の位置や動きを知るのには**レーダー**が便利です。私は主に気象庁の**高解像度降水ナウキャスト**［7］を利用しています（図5・27）。「Yahoo! 防災速報」などをはじめ様々なアプリでもこれが配信されています。レーダーの情報はどれも大差ないので、自分の使いやすいものを利用するのが良いでしょう。ここでは現在どこでどのくらいの強さの雨が降っているか（**降水強度**）や、雷の観測情報、竜巻発生確度が見られるほか、1時間先まで

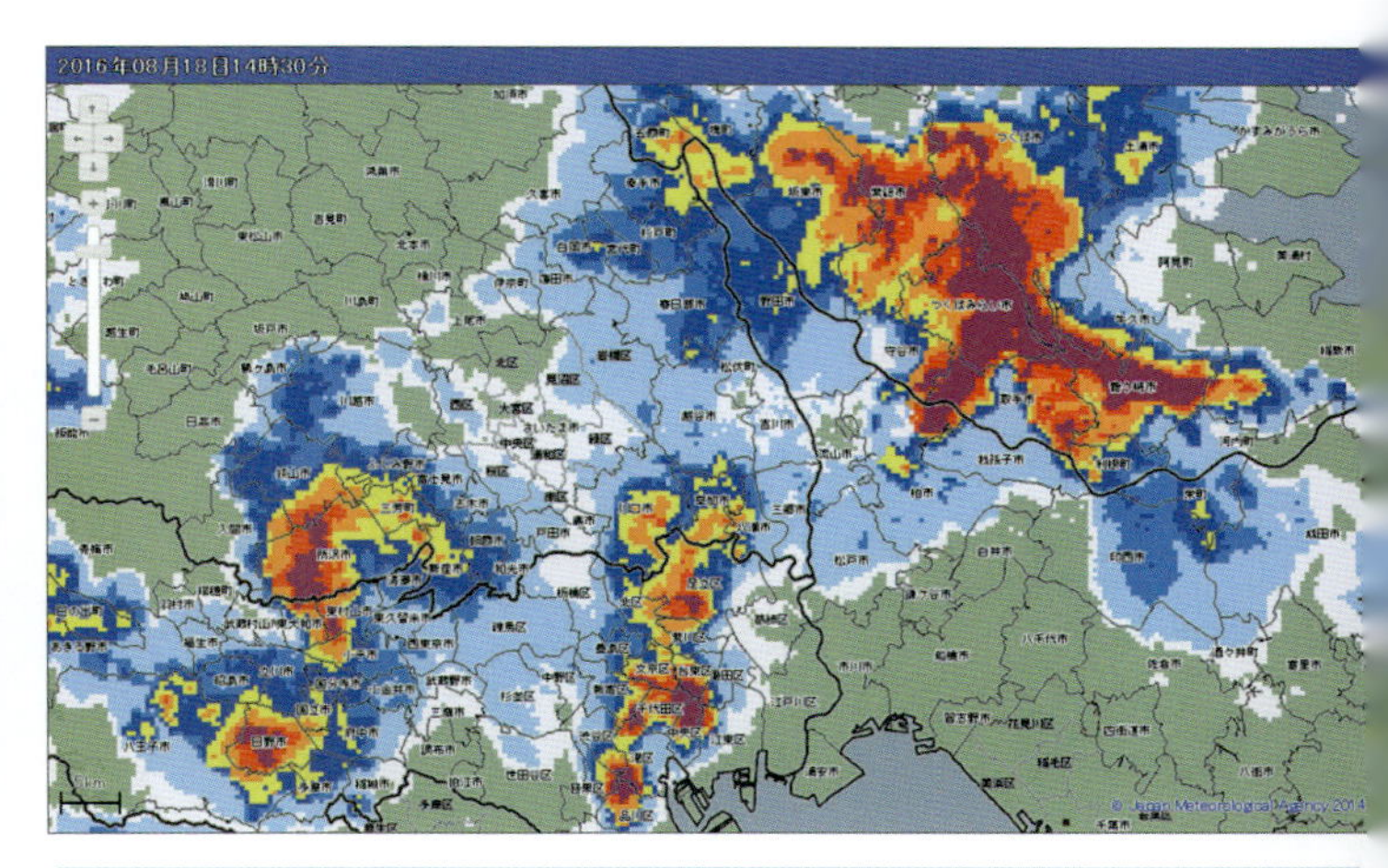

天気予報: 千葉県

その他の情報

地方　府県 千葉県

印刷　再読込

説明へ

警報級の可能性へ

26日8時銚子地方気象台発表の天気予報(今日26日から明後日28日まで)

北西部 地域時系列予報へ		降水確率	気温予報
今日26日	北東の風　雨　昼過ぎ から くもり 所により 昼前 まで 雷を伴い 激しく 降る 波 0.5メートル	00-06 —% 06-12 60% 12-18 30% 18-24 20%	日中の最高 千葉 28度
明日27日	北の風 後 北東の風 くもり 所により 雨 波 0.5メートル	00-06 20% 06-12 20% 12-18 20% 18-24 20%	朝の最低 日中の最高 千葉 23度 28度
明後日28日		週間天気予報へ	

（上）図５・27　高解像度降水ナウキャスト。気象庁ホームページより。
（下）図５・28　天気予報。気象庁ホームページより。

の雨雲の動きの予測情報（**ナウキャスト**）を閲覧できます。3時間前まで遡れるので、積乱雲の発生状況や動きも確認できます。レーダーでスーパーセルに伴うメソサイクロンが観測されたり、実際に竜巻の目撃情報があった場合には「**竜巻注意情報**」が発表されますが、ここでの竜巻発生確度で危険な領域が面的にわかります。私が撮影した乳房雲やアークラウドなどの積乱雲に関係する雲（第4章3節・222ページ）、虹の写真は、全てこれを使って待ち伏せして出会ったものです。

ただし、常に空やレーダーを見ているわけにもいきません。そこで使えるのが各種気象情報です。積乱雲は大気の状態が不安定なときに発生するため、現象が発生する前日くらいからＴＶの天気コーナーで「**大気の状態が不安定**」というキーワードが出てきた場合に、レーダーを見るようにすると効率的です。また、そのような場合には**天気予報**の説明として「**ところにより雷を伴う**」と表現されます（図5・28、311ページ）。雷活動は積乱雲に伴って発生するので、ここから積乱雲の発生する可能性が高いことが読めます。なお、**降水確率**は雨が降るかどうかの確率で、値が大きいほど大雨になるというわけではありません。降水確率30％でも積乱雲による局地的大雨は発生するので、参考として見ておきましょう。

また、現象が発生する半日から数時間前には注意報が発表されます。ＴＶなどでは注意報

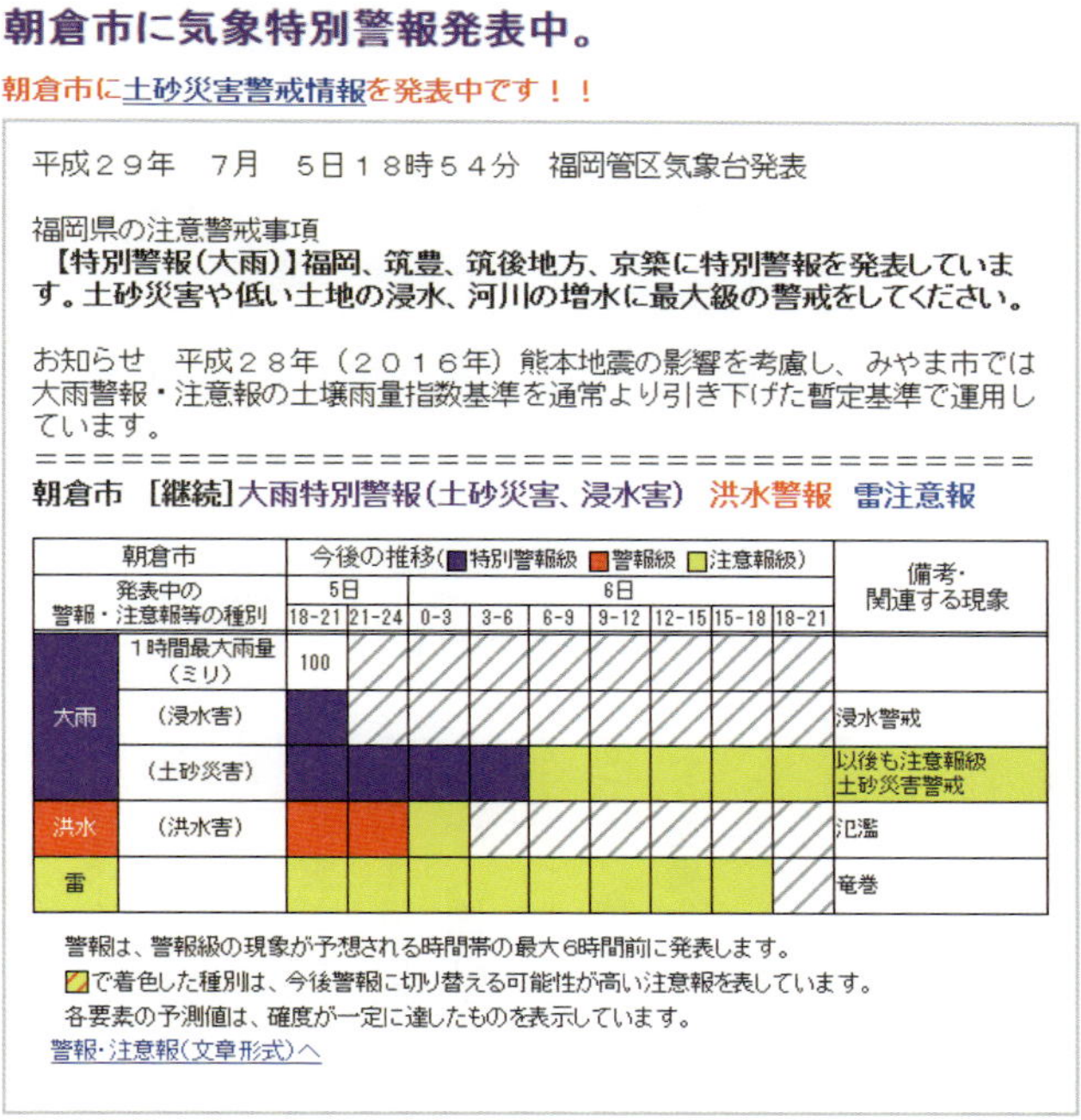

朝倉市に気象特別警報発表中。

朝倉市に土砂災害警戒情報を発表中です！！

平成２９年　7月　5日１８時５４分　福岡管区気象台発表

福岡県の注意警戒事項
【特別警報(大雨)】福岡、筑豊、筑後地方、京築に特別警報を発表しています。土砂災害や低い土地の浸水、河川の増水に最大級の警戒をしてください。

お知らせ　平成２８年（２０１６年）熊本地震の影響を考慮し、みやま市では大雨警報・注意報の土壌雨量指数基準を通常より引き下げた暫定基準で運用しています。

＝＝

朝倉市　[継続]大雨特別警報(土砂災害、浸水害)　洪水警報　雷注意報

朝倉市		今後の推移(■特別警報級 ■警報級 ■注意報級)									備考・関連する現象
発表中の警報・注意報等の種別		5日		6日							
		18-21	21-24	0-3	3-6	6-9	9-12	12-15	15-18	18-21	
大雨	1時間最大雨量(ミリ)	100									
	(浸水害)										浸水警戒
	(土砂災害)										以後も注意報級 土砂災害警戒
洪水	(洪水害)										氾濫
雷											竜巻

警報は、警報級の現象が予想される時間帯の最大6時間前に発表します。
▨で着色した種別は、今後警報に切り替える可能性が高い注意報を表しています。
各要素の予測値は、確度が一定に達したものを表示しています。
警報・注意報(文章形式)へ

図５・29　気象警報・注意報。気象庁ホームページより。

の発表状況しかいわないことがほとんどですが、気象庁のホームページで**気象警報・注意報**［8］を見ると、市町村毎にいつからいつまで何に気をつけなければならないかが書いてあります（図5・29）。積乱雲発生の可能性を考える上では**雷注意報**をチェックするのが重要になります。さらに、このページの「備考・関連する現象」には、雷注意報とともに「突風」「竜巻」「ひょう」が表示されることがあります。このような場合には鉛直シアが大きく、マルチセルやスーパーセルの可能性があると読むことができます。

積乱雲が発生する前でも、**降水短時間予報**［9］を使って6時間先までの面的な雨量予測の情報が使えます（図5・30）。夏の晴れた日の午後の積乱雲などについては、発生前の予測情報として非常に有効です。積乱雲が組織化して線状降水帯を形成するような場合にも、雨量が大きくなるのでわかりやすいです。レーダーによる高解像度降水ナウキャストなどの雨量情報はその瞬間の降水強度を意味するものですが、ここでの雨量は前1時間で積算した降水量です。そのため、移動速度の大きいスーパーセルなどは、降水強度では強く見えますが、雨量としては小さい値で表現されるということに注意が必要です。

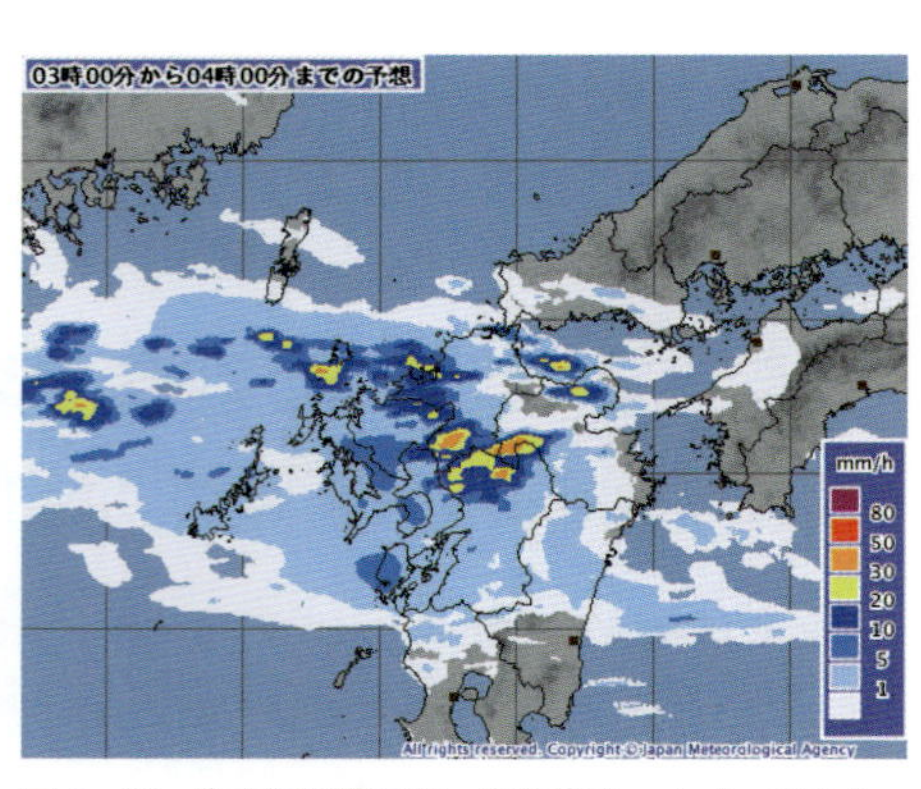

図5・30　降水短時間予報。気象庁ホームページより。

そして実際に積乱雲が発達し、重大な災害の発生するおそれのあるときに**気象警報**が発表されます。その土地で数年に1度程度しか発生しないような短時間の大雨が発生した場合には**記録的短時間大雨情報**、土砂災害の危険性が極めて高い場合には**土砂災害警戒情報**、河川氾濫については**指定河川洪水予報**の氾濫危険情報・氾濫発生情報などで警戒が呼びかけられます。どこで浸水害や土砂災害、河川氾濫の危険性が高まっているのかは高解像度降水ナウキャストと同じページで**危険度分布**として閲覧できます（図5・31）。これらが発表されたら雲を見ている場合ではなく、自治体の避難情報に従って身を守る必要があります。

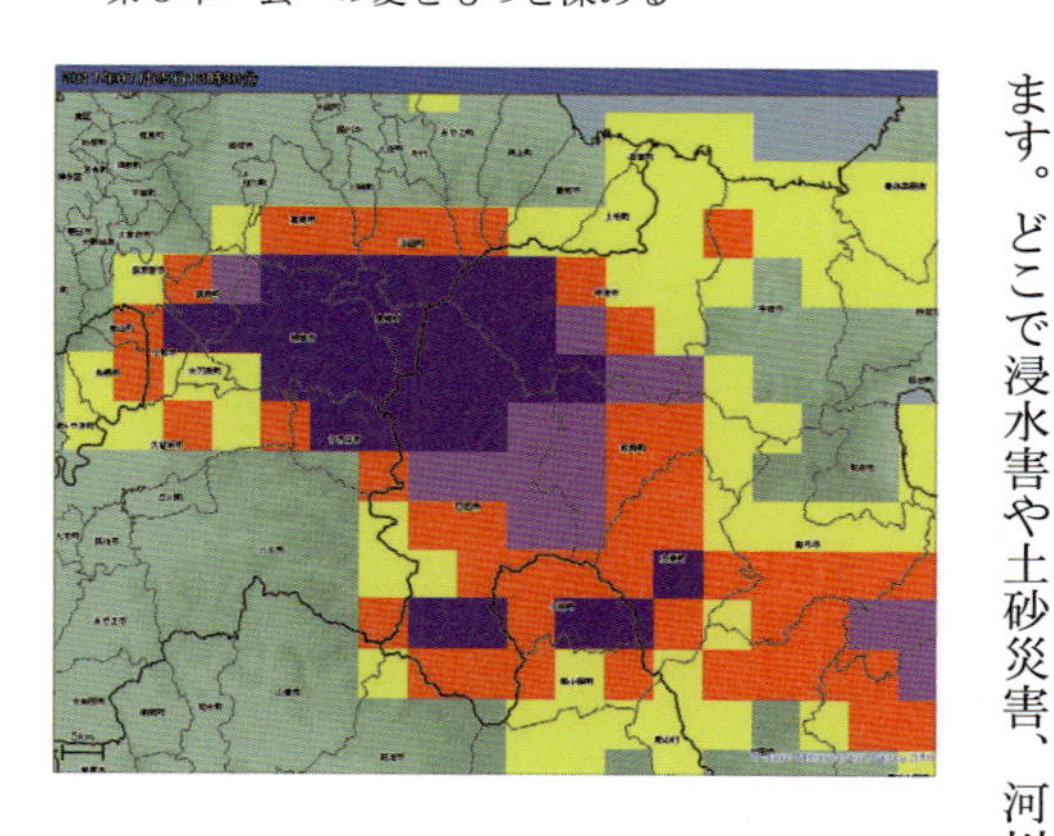

図5・31　土砂災害の危険度分布（土砂災害警戒判定メッシュ情報）。気象庁ホームページより。

気象警報のうち「**特別警報**」は重大な災害の発生するおそれが著しく高

まっているか、もしくはすでに重大な災害が起こっている異常な状況にだけ発表されます。特別警報が発表されたら、ただちに命を守る行動をとる必要があります。ただし、**特別警報が発表されていないからといって安心なわけではなく、警報が発表されていれば重大な災害は起こりえます。**

日頃からここで紹介したような雲の先読みツールを使い倒していけば、積乱雲と出会えるようになり、かつ「感天望気」によって積乱雲と上手い距離感で付き合うことができるようになります。さらに、実際に積乱雲によって災害の危険性が高まったときには、これらの先読みツールは自分の命を守るための重要な情報としても活用できるのです。

来るのがわかればゲリラじゃない

ゲリラ豪雨という言葉は、観測網の充実していなかった1970年代に、リアルタイムでの観測の難しい大雨という意味で使われ始めました。その後、レーダー観測や地上観測網の充実してきた現代では、予測の難しい大雨という意味に変化しています。しかし、世間でゲリラ豪雨と呼ばれている雨は、予測できている豪雨だったり、災害にも至らないただの通り雨であることが多いのが現状です。

気象関係者の中には、ゲリラ豪雨という言葉を毛嫌いしている方が多くいらっしゃいます。私も以前、地方気象台の現場で予報をしていた頃、局地的大雨の発生前予測にはいつも頭を悩ませていました。ある大気の状態が不安定な日に、刻々と変化する状況の中で必死に解析を行い、局地的大雨発生前の段階で適切にピンポイントの大雨警報を発表できたのですが、その日の夕方のＴＶ番組でゲリラ豪雨と報道されていて怒り心頭に発したことがあります。ゲリラ豪雨という言葉を毛嫌いする方の多くは、予測できているのにゲリラと呼ばれることに違和感を覚えていることと思います。

ところが、事前に局地的大雨の可能性を呼びかける情報を出していても、その情報を受け取っていない方にとっては、突然降ってきた不意打ちの大雨はゲリラ豪雨でしかないのです。また、予測できているといっても情報の種類によって表現の仕方は異なります。気象情報や雷注意報で事前に局地的大雨の可能性を呼びかけたとしても、現状ではせいぜい県単位くらいの範囲に対しての情報となっており、時間・場所ともにピンポイントで予測できているわけではありません。そもそも現状の技術ではピンポイントの正確な予測は困難なのです。

私は自身が過去に予報現場に身を置いていた経験と、現在雲研究をしているという立場から、気象関係者の方が「ゲリラ豪雨という言葉を使うな」と無闇にいうのはエゴなのではな

図5・32　レーダーを使って待ち伏せして激写した局地的大雨。2015年6月23日茨城県つくば市。

いかと思うのです。何でもかんでもゲリラ扱いする風潮はよろしくないですが、実際にピンポイント予測の難しいゲリラ豪雨と呼べるような大雨は多くあるのです。ではゲリラ豪雨という言葉をなくすためにはどうすればよいかというと、予測技術向上のための研究や現場での予報技術研鑽（けんさん）だけでなく、そもそも気象に興味のない多くの方に気象情報を使ってもらえるようにする努力が必要なのではないでしょうか。

局地的大雨の可能性を呼びかける気象情報を踏まえ、リアルタイムのレーダー情報を使い倒せば、世間でゲリラ豪雨と呼ばれるような雨でも、ただの通り雨になることが多いと思います（図5・32）。**来るのがわかればゲリラではないのです。**しかし、そもそも気象に興味がなければ気象情報やレーダー情報は使われませんし、ゲリラ豪雨もそのほかの気象災害もなくなりません。この現状を打破するための1つのアプローチが、雲を愛する技術なのです。

5・4　雲への愛を伝えよう

あるとき、親しい友人や家族が、「すごい」「ヤバい」などと口にしながらめっちゃ笑顔で空の写真を撮りまくっていたとしましょう。何を撮っているのか気になりますね。そしてその空に浮かんだ雲がいかに愛おしいかを、めっちゃ笑顔で語り始めたとしましょう。どんな雲なのか少し気になってきますね。

楽しい気持ちは伝わります。その想いが親しい人に伝わると、その親しい人の想いが別の親しい人にも伝わります。これを繰り返していくと、多くの人に楽しい気持ちが伝わって、広がっていきます。雲への愛が伝わって広がれば、もっと雲を楽しむために「**雲を愛する技術**」を育むきっかけとなります。雲を愛する技術を身につければ、美しい雲や空に出会えるようになるだけでなく、「感天望気」を通して天気の急変をもたらす雲も含めて雲や空とちょうど良い距離感で上手く付き合い、自分の身を守れるようにもなります（図5・33、5・34、320ページ）。つまり、**雲への愛を大事な人に伝えることが、その人の命を守ることにも繋がるのです。**

（上）図5・33　この積乱雲は棚雲を見せながら「気をつけて！」と危険を呼びかけてくれています。2014年6月13日茨城県つくば市。
（下）図5・34　何気ない青空も好き。2016年8月14日茨城県つくば市。

雲への愛を語るのに遠慮はいりません。愛の形は様々です。雲の姿を褒めちぎる愛、少し離れたところで写真や動画を撮りまくる愛、雲の中に入って深呼吸をして雲粒を体内に取り込む愛、レーダーで雲内をスキャンした挙句に数値シミュレーションで雲を再現しようとする愛……。雲友の数だけ愛の形があるといっても良いでしょう。

雲への愛を存分に語り、仲間と一緒に愛を深め、大事な人にも愛を伝えましょう。直接会って伝えるだけでなく、Twitter や Facebook、インスタグラムなどのＳＮＳ上で愛を発信するのもオススメです。雲友は世界中にいます。これを読んでいるみなさんは、少なくともすでに私と雲友になっています。雲友と一緒に雲への愛を広め、美しい雲や空を楽しみながら、危険が迫っているときには備えるように呼びかけましょう。みなさん１人ひとりが雲を愛する技術の伝道師となって、大事な人や信頼できる雲友と一緒に、充実した雲ライフを送れることを願っています。

あとがき

毎年のように日本のどこかで気象災害が起こり、TVなどのメディアで大きく取り上げられます。被災された方へのインタビューがあると、ほとんど必ず「まさかこんなことが起こるとは思っていなかった」という言葉を耳にします。

平成27年（2015年）9月関東・東北豪雨では茨城県常総市で鬼怒川が氾濫して大規模な水害が発生したほか、関東地方や東北地方の各地で土砂災害が発生しました。実は、2014年9月に常総市の鬼怒中学校、2015年1月に常総市教育委員会で、それぞれ学生や教職員向けに気象防災に関する講演をしていました。その講演の中でも「集中豪雨はどこでも起こりうるので、ハザードマップ等を活用して日頃から備えてほしい」と話していました。

しかしながら、実際に災害が発生してからその講演に参加されていた方に再度話を聞くと、やはり「まさかこんなことが起こるとは思っていなかった」という言葉を口にされていました。

「天災は忘れた頃に来る」という言葉がありますが、物理学者で随筆家の寺田寅彦先生が随筆『天災と国防』の中でこれに相当することを述べています。この随筆は昭和9年（1934年）に発表されたもので、現在から約80年以上も前のことなのです。私自身、気象学を志し、気象災害の現場を目の当たりにするまでは、災害の脅威についてさほど深く考えたことはありませんでした。TVで報道される被災現場を見ても、あくまでテレビ画面の向こう側の出来事であり、自分とは関係のない他人事だと思っていました。しかし、災害が自分事になってからでは遅いこともあるのです。

気象や防災に関する出前講座などが行政機関やNPO等の団体によって各所でなされていますが、そのような機会で講演をした経験からわかったのは、参加者が受動的に講座に参加している場合には身につかないことが多いということです。特に印象的なのは、同じ内容の講演をしても、小学生は盛大なリアクションを返してくれたのに対し、仕事で仕方なく参加している大人は極めてリアクションが薄い傾向があるということでした。このことから、そもそも興味を持っていない方に対して防災を説いても、一時的には意識するかもしれませんが、すぐに忘れてしまうことは明らかです。

私自身は雲研究者として、豪雨や豪雪、竜巻等の災害をもたらす雲のしくみの研究をしています。雲の実態解明を通して、観測技術開発や予測精度向上に関わる研究もしており、防災気象情報の高度化を目指しています。しかしながら、いくら防災情報が高度化したとしても、その情報を使ってもらえなければ防災・減災をなすことは不可能です。国民のみなさん1人ひとりが、気象災害を自分事と考えて向き合っていくことが必要なのです。

しかし、「防災をしなくてはならない」と気を張っていると疲れます。疲れることは続けられないのが人の性です。一方、好きこそものの上手なれというように、楽しくて好きなことは継続できますし、詳しくなっていったり、自分の大事な人にオススメしたくなるのも人の性です。

本書『雲を愛する技術』は、日常的に雲を愛でて親しみ、楽しむために使い倒している気象情報や顕著な現象の観天望気を通して、いつの間にか気象防災力が身につくという「**能動的で楽しい防災**」を目指しています。これこそが「**感天望気**」といい換えられると思います。雲愛を深め、伝えていくことで、自分自身や大事な人、さらには自分の知らない誰かの命も守れるようになります。雲愛の道が、災害0の未来に繋がるのです。願うだけでは届かない想いを叶えるために、私は進もうと思っています。この空の繋ぐ世界で、私たちがたどり着く場所は一緒だと信じています。

本書の執筆にあたり、出版前に先読みキャンペーンを実施して本書の内容についてのご意見を広く募集しました。先読みには685名の雲友のみなさまにご参加いただき、非常に多くの大変有益なコメントを頂戴しました。僭越ながら、巻末のスペシャル・サンクスにお世話になった方のお名前を記載します。特に筆の遅い著者に粘り強くお付き合いいただいた編集担当の廣瀬雄規さんには、最上級の感謝の意を示したいと思います。どうもありがとうございました。

解説動画

動画一覧

各章の概要の解説動画と、動画で見たほうがわかりやすい現象の映像資料については、下記の URL で公開しています。雲愛を深めるためにご活用ください。

●動画リスト：https://goo.gl/bHdrWA

●解説動画
はじめに：https://goo.gl/7ttpZ2
第 1 章：https://goo.gl/MqTMds
第 2 章：https://goo.gl/KyRtWM
第 3 章：https://goo.gl/vz3Wxb
第 4 章：https://goo.gl/Dh9ZcM
第 5 章：https://goo.gl/QhQjzg
読み終えた方へ：https://goo.gl/GMUhyk

●映像資料
動画 1・1 お味噌汁で雲核形成：https://youtu.be/6_luRJOSafU
動画 1・2 寒冷渦：https://youtu.be/iRkGnX68Vm8
動画 3・1 彩雲：https://youtu.be/UHh6EOZkbJs
動画 4・1 波状雲：https://youtu.be/Jg3dDe7HZ8o
動画 4・2 地形性巻雲：https://youtu.be/GlY1_BrFwqs
動画 4・3 カルマン渦列：https://youtu.be/A3O268FcaYA
動画 4・4 朝焼け飛行機雲：https://youtu.be/bXgO1FmYosw
動画 4・5 発達する積乱雲たち：https://youtu.be/0sTDkSmqwzo
動画 4・6 アーククラウド：https://youtu.be/a4u9-2d1_g0
動画 4・7 ガストを待ち伏せ：https://youtu.be/3pnJO_W-EgU
動画 4・8 スーパーセル特有の雲：https://youtu.be/-B1f-PCPdcA
動画 4・9 局地的大雨の姿：https://youtu.be/2dasWkCU_CA
動画 4・10 平成 29 年 7 月九州北部豪雨：https://youtu.be/uPMExVxT8_o
動画 4・11 地形性降水：https://youtu.be/iA-brjxR_EY
動画 4・12 降雹：https://youtu.be/XFh9nxdRZOw
動画 4・13 竜巻と漏斗雲：https://youtu.be/757PTsy22Bo
動画 4・14 台風の一生：https://youtu.be/5FmgoGsroNg
動画 4・15 台風の眼の中を覗く：https://youtu.be/UHGOzpVR7R8
動画 4・16 冬季日本海の雲システム：https://youtu.be/3zPqqTh7dUY
動画 5・1 霧の中に入る：https://youtu.be/RN2PhBmsjyQ
動画 5・2 彩雲にズームしてみましょう：https://youtu.be/e-KJy5gawOk
動画 5・3 タイムラプスで好天積雲：https://youtu.be/vzwsNQvFHmE
動画 5・4 大気と雲の流れを愛でる：https://youtu.be/ZMEduTqOTX8
動画 5・5 雪結晶の融解：https://youtu.be/XuA3CFgkAuI
動画 5・6 お味噌汁の熱対流：https://youtu.be/WQfVQ_KQTEU
動画 5・7 コーヒーカップの渦：https://youtu.be/WLDuttd6pLg
動画 5・8 桜で可視化された渦：https://youtu.be/vtmNL-HTowU
動画 5・9 カルマン渦遊び：https://youtu.be/lTRO2cKoH0M

参考文献

荒木健太郎，2014：雲の中では何が起こっているのか．ベレ出版，pp343.
荒木健太郎，2017：局地的大雨と集中豪雨．豪雨のメカニズムと水害対策—降水の観測・予測から浸水対策、自然災害に強いまちづくりまで—，エヌ・ティー・エス，17-27.
小倉義光，2016：一般気象学 第2版補訂版．東京大学出版会，pp320.
三隅良平，2014：気象災害を科学する．ベレ出版，pp271.
西條敏美，2015：授業 虹の科学：光の原理から人工虹のつくり方まで．太郎次郎社エディタス，pp157.
柴田清孝，1999：光の気象学．朝倉書店，pp182.
大野久雄，2001：雷雨とメソ気象．東京堂出版，pp309.
斉藤和雄，鈴木修，2016：メソ気象の監視と予測 —集中豪雨・竜巻災害を減らすために—．朝倉書店，pp160.
上野充，山口宗彦，2012：図解・台風の科学．講談社，pp240.
筆保弘徳，伊藤耕介，山口宗彦：台風の正体．朝倉書店，pp184.
Pruppacher and Klett, 1996: Microphysics of clouds and precipitation. *Springer*, 2nd Ed., pp954.
Cotton, Bryan, and van den Heever, 2010: Storm and cloud dynamics. *Academic Press*, 2nd Ed., pp820.
Markowski and Richardson, 2010: Mesoscale meteorology in midlatitudes. *Wiley*, pp430.
Tape, 1994: Atmospheric halos. *American Geophysical Union*, Antarctic Research Series, pp144.
Tape and Moilanen, 2006: Atmospheric halos and the search for angle x. *American Geophysical Union*, Special Publications, pp238.

荒木健太郎ほか，2017：地上マイクロ波放射計を用いた夏季中部山地における対流雲の発生環境場の解析．天気，**64**，19-36.
荒木健太郎，2016：南岸低気圧．天気，**63**，707-709.
Araki et al., 2015: Ground-based microwave radiometer variational analysis during no-rain and rain conditions. *Scientific Online Letters on the Atmosphere*, **11**, 108-112.
Araki et al., 2014: Temporal variation of close-proximity soundings within a tornadic supercell environment. *Scientific Online Letters on the Atmosphere*, **10**, 57-61.
荒木健太郎ほか，2015：2015年8月12日につくば市で観測されたメソサイクロンに伴うWall Cloud．天気，**62**，953-957.
Araki et al., 2015: The impact of 3-dimensional data assimilation using dense surface observations on a local heavy rainfall event. *CAS/JSC WGNE Research Activities in Atmospheric and Oceanic Modelling*, **45**, 1.07-1.08.
Araki and Murakami, 2015: Numerical simulation of heavy snowfall and the potential role of ice nuclei in cloud formation and precipitation

development. *CAS/JSC WGNE Research Activities in Atmospheric and Oceanic Modelling*, **45**, 4.03-4.04.
足立透，2012：宇宙機関側による超高層放電研究の新展開．早稲田大学高等研究所紀要，**5**, 5-26.
Kikuchi et al., 2013: A global classification of snow crystals, ice crystals, and solid precipitation based on observations from middle latitudes to polar regions. *Atmospheric Research*, **132-133**:460-472.
Manda et al., 2014: Impacts of a warming marginal sea on torrential rainfall organized under the Asian summer monsoon. *Scientific Reports*, **4**, 5741.
Schultz et al., 2006: The mysteries of mammatus clouds: Observations and formation mechanisms. *Journal of the Atmospheric Sciences*, **63**, 2409-2435.
Suzuki et al., 2016: First imaging and identification of a noctilucent cloud from multiple sites in Hokkaido (43.244.4°N), Japan. *Earth, Planets and Space*, **68**:182.
Yamada et al., 2017: Response of tropical cyclone activity and structure to global warming in a high-resolution global nonhydrostatic model. *Journal of Climate*, **30**, 9703-9724.
山本真行，2010：高大連携最先端理科教育「高校生スプライト同時観測」の6年間．高知工科大学紀要，**7**，167-175.

[1] International Cloud Atlas：https://cloudatlas.wmo.int/
[2] American Meteorological Society Glossary of Meteorology：http://glossary.ametsoc.org/
[3] 気象庁気象研究所「# 関東雪結晶 プロジェクト」：http://www.mri-jma.go.jp/Dep/fo/fo3/araki/snowcrystals.html
[4] 気象庁 アメダス：http://www.jma.go.jp/jp/amedas/
[5] ひまわり8号リアルタイム Web：http://himawari8.nict.go.jp/
[6] NASA EOSDIS Worldview: https://earthdata.nasa.gov/labs/worldview/
[7] 気象庁 高解像度降水ナウキャスト：http://www.jma.go.jp/jp/highresorad/
[8] 気象庁 気象警報・注意報：http://www.jma.go.jp/jp/warn/
[9] 気象庁 降水短時間予報：http://www.jma.go.jp/jp/radame/

スペシャル・サンクス

雲愛を深めるにあたり、お世話になった雲友のみなさまを記させていただきます（敬称略）。本当にありがとうございました。今後ともよろしくお願いします。

廣瀬雄規、三隅良平、藤吉康志、島伸一郎、中井専人、池田圭一、綾塚祐二、藤野丈志、中村おりお、佐々木恭子、片平敦、茂木耕作、斉田季実治、寺川奈津美、Jari Luomanen、新海誠、原口一博、橋田俊彦、堀家久靖、隈健一、斉藤和雄、森田清輝、宇野沢達也、穂川果音、眞家泉、松雪彩花、ウェザーニュース・サポーターの皆様、松本直記、柏野祐二、猪熊隆之、平松信昭、青木豊、長谷乾伸、山本由佳、小松雅人、吉田史織、下平義明、安田岳志、藤原宏章、伊藤純至、山下克也、兒玉裕二、矢吹裕伯、上野健一、松田益義、縫村崇行、むらくも、財前祐二、加藤護、村井昭夫、足立透、岡部来、ぬまがさワタリ、菊池真以、國本未華、二村千津子、岩永哲、森田正光、千種ゆり子、中山由美、木山秀哉、和田光明、野嵩樹、田村弘人、伊藤耕介、高梨かおり、寺本康彦、平松早苗、高木育生、荒川和子、町田和隆、小沢かな、酒井清大、関根久子、塩田美奈子、新垣淑也、田地香織、松岡友和、三島和久、沖野勇樹、大澤晶、岡田敏、まりも、菅家優介、横手典子、ミッシェル、辻優介、梅原章仁、佐藤美和子、杉田彰、諸岡雅美、岩淵志学、津村幸雄、津村京子、斗ヶ沢秀俊、的場一峰、大山博之、今泉瑠衣子、山下陽介、石塚正純、山崎秀樹、太田佳似、林広樹、野島孝之、井上創介、そらんべ、細谷桂介、加藤秀成、古田泰子、禮、鈴木康之、ためにしき、馬場ひろみ、佐野ありさ、池辺豊、辻村裕紀、井上智史、山内雅志、戸塚紗織、おくにほら、森本由実子、内藤邦裕、山本昇治、實本正樹、船田久美子、前田香織、朱野帰子、おちみずき、板倉龍、白形富子、武田叡司、相澤和世、舛澤慧、岡部眞由美、arca、中村僚、向めぐ美、竹谷理鯉、内山常雄、嶋田香奈子、木村愛、宍戸由佳、宇田和正、岡村志以、沢田之彦、川端裕人、松尾一郎、岡田みはる、島下尚一、安田由香、小田幸雄、八尋裕司、白戸京子、平岡裕理子、由井秀一、森川浩司、新井勝也、江口有、池上榮、折本治美、高橋亨、上園佳奈、松本恵美、佐藤美穂子、木村琢、小谷鐵穂、尾林彩乃、中尾克志、福島万里子、藤若燈、エル、伊藤聡美、相澤直、浅井孔徳、重田絵里奈、豊島志津子、りおかん、竹下愛実、前田智宏、長谷部愛、福岡良子、村木祐輔、鈴木智恵、池田美樹、三浦まゆみ、本岡なり美、岸上風子、小川豪、小幡英文、氏家信弘、高崎万里子、高崎翼、宮杉正則、merinon、西岡正三、あんどうりす、楽茶 @rakti、下田啓司、杉原寛、小越久美、野田裕人、坂本安子、中井未里、青木力、鹿島田祥太、伊藤茉由、永井秀行、左貫俊一、縣孝子、手塚知代乃、入江文平、前崎久美子、古田五月、佐藤健一、桂東、川瀬きう、中村みゆき、眠大葉、大久保知恵、Arim、水谷しのぶ、砂間隆司、杵島正洋、杵島裕樹、川本八千代、池田淳、marzipan、大須賀駿、脇澤裕太、松本理子、光魁ミサキ、前川恵美子、ほんまかおり、DOPP、田村栄理子、黒須美央、斎藤悦子、吉岡祐子、荒川知子、天陽耕司、@yamachu3、高橋知宏、本島英樹、奥山進、水越将敏、一橋圭那、高橋八重子、madoka（香人）、井上きよと、加納正俊、小林志穂美、山下恵美子、中川泉、ダルマーシュカ、sasnori、Minori Shinozaki、長尾祐樹、佐野奈々、勝野寛子、勝野龍哉、阿部修一郎、mitsukura、渡ひろこ、武林久美、阿部久夫、中川康子、飯田奈々、ヒゲキタ、森口梨奈、おさんぽんだ、小柳夏希、松岡史哲、中村のぞみ、門林史枝、神田静江、橋本典和、浅野賀生、伊東啓一、増永仁、佐藤奈緒子、浅村芳枝、貝原美樹、森木和也、岡田恵、菅原光恵、幸基、星有子、村田大希、石坂美代子、石川里桜、有川奈積、佐藤孝子、nibo、ゆいがかりな、上林颯、宮本直美、下村奈緒、竹上裕子、張天逸、xxdaijoubuxx、引地慶、小川有紀、田中剛、高森泰人、大矢康裕、古久根敦、佐野栄治、山本恵美、丸山深雪、宮野みさほ、谷口啓悟、井戸井さやか、内田ゆう子、杉山肇子、Kobayashi.Y、藤本理枝子、田中由起、雲好き大学生、TFJ43、熊谷直樹、阿部一章、荒井玲子、結城摂那、斎藤雅文、山火和也、Rieko Toyofuku、石原由紀子、福原直人、福原佳子、さぶろう、松下真世、紅碧、ryon、廣瀬美幸、林みき、吉川容子、青木朝海、凍、池田りか子、二塚衛、島村之彦、松葉佐欣史、高尾裕子、ちー、寺内さおり、N-train、@merlomic、Kura、和田峻汰、田口大、落合直子、坂本泰之、秋山たくじ、前田るり、Ai Lewis、秋本絹江、長村真里、石井克典、篠原雅貴、大平由美、野谷美佐緒、牧野嘉晃、樽林宏之、りしゃる☆、ふらみんご、伊藤未歩、しろクマー、すきーやー、はらでぃー、鈴木聡、中村直樹、中野博文、佐藤千鶴、わたぐも、happydancebozu-ハピダン♪、bibi、@_piro910、天野淳一、チョコ太ろう、都築茂一、ゆか、舛田あゆみ、岡田小枝子、わたなべきょうこ、まえだいちろう、山下ナミ、内藤雅孝、小野寺文子、山本道明、sksat、阿達勝則、森田秀樹、大石真士、松村太郎、川田和歌子、竹之内健介、豊田隆寛、纐纈丈晴、鈴木絢子、菊、箭川昭生、北原秀明、成川貴章、谷雅人、村上賢司、坂本玲奈、荒川真人、寒川優子、益山美保、吉田ひろみ、谷口勝也、長尾久美、浜田浩、竹内めぐみ、竹内なな、竹内りか、金子晃久、菊地隆貴、南雲信宏、荒木めぐみ、荒木凪、姫路市・星の子館、岡山天文博物館、中谷宇吉郎 雪の科学館、台湾国家宇宙センター・国立成功大学ISUALチーム、National Aeronautics and Space Administration（NASA）、国立研究開発法人情報通信研究機構（NICT）、キバンインターナショナル、てんコロ.、日本雪氷学会関東・中部・西日本支部、気象庁、気象庁気象衛星センター、気象庁気象研究所

雲友のみなさまへ

本当にありがとうございました!!

今後ともよろしくおねがいします。

荒木健太郎

力士の作りかた

『雲を愛する技術』　@arakencloud

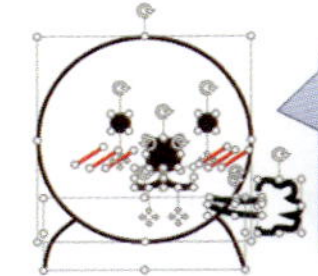

『雲を愛する技術』に掲載したイラストは全部パワポです。ここでは力士を例にして、どんな感じで作るのか見てみましょう！

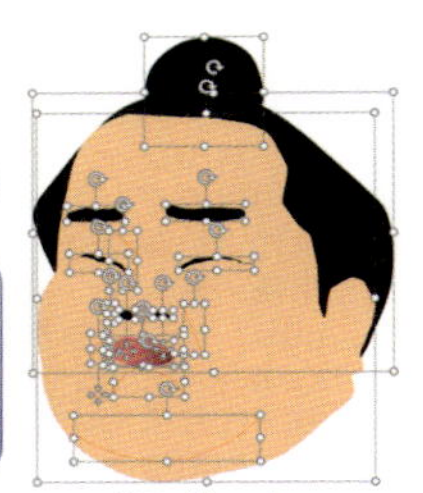

パワポっす。

①パワポいじってみる

「書式」→「図形描画」で図形を選択して遊びます。パーセルくんの顔とか単純な形については楕円とか線、曲線とか使います。形が複雑なものはフリーハンドで描くか、フリーフォームの図形で大体の形を作ってから頂点を編集して滑らかにしてあげちゃいます。

グラデーションで塗るとそれっぽい。

※鼻とか目とか塗り潰す部分に枠線つけると拡大したり縮小するときに厄介なので枠線はつけない。

②力士の輪郭を作る

＋

＝ 重ねて調整

輪郭の部分でちょっと細かい部分があるので、フリーフォームの図形で大体描いて頂点を編集。滑らかにしたい部分は頂点選んでスムージングしたりして調整。始点と終点を繋げば図形として囲まれて色つけやすいです。背面に配置する部分は適当に繋げればOK。

③力士の顔を作る

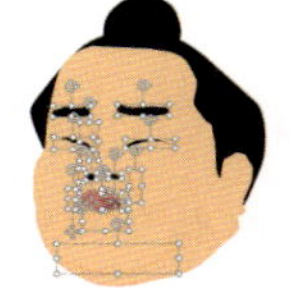

もっと細かい部分はフリーハンドでやる。気合いです。描いたらグループ化を忘れずに。

④コピペして量産

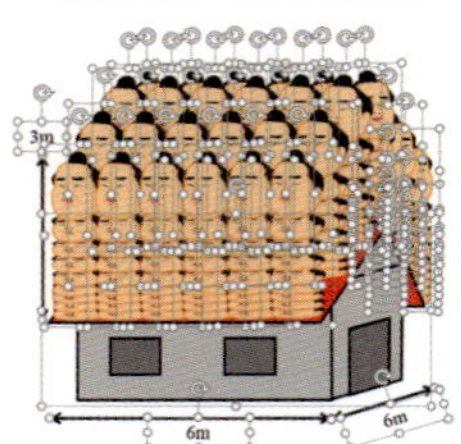

一度作ってしまえばコピペするだけで色々な所で遊べます。ただし1スライドに含まれるオートシェイプの数が多いと、めちゃくちゃ重くなって最悪パワポが落ちるので要注意。

光文社新書

914
2025年の銀行員
地域金融機関再編の向こう側
津田倫男

地銀・第二地銀、信金・信組の再編が進まない理由は、勲章にあった!?――最新情報に基づく地域金融機関の再編予測と、その中でも生き残る銀行員・地金パーソン像を解説。

978-4-334-04320-9

915
医学部バブル
最高倍率30倍の裏側
河本敏浩

「東大文系より私立医学部」の時代――医学部進学予備校を主宰する著者が、その最前線の闘いを活写。また、豊富な指導経験をベースにした効果的な勉強法を提示する。

978-4-334-04321-6

916
女子高生　制服路上観察
佐野勝彦

膝上スカート、ずり下げリボン、なんちゃって制服…「だらしない」では現象の本質は見えない。街で20年、観察とインタビューをしてきた著者が明かす10代のユニフォームの全て。

978-4-334-04322-3

917
「家事のしすぎ」が日本を滅ぼす
佐光紀子

「手づくりの食卓」「片付いた部屋」……「きちんと家事」への憧れと呪縛が日本人を苦しめる――。多くの聞き取りや国際比較を参照しながら気楽な家事とのつきあい方を提案する。

978-4-334-04323-0

918
結論は出さなくていい
丸山俊一

『ニッポンのジレンマ』『英語でしゃべらナイト』『爆笑問題のニッポンの教養』等、NHKで異色番組を連発するプロデューサーによる逆転の発想法。強迫観念・過剰適応の時代のヒント。

978-4-334-04324-7

909
テロvs.日本の警察
標的はどこか？
今井良

いま、ヨーロッパを中心に世界中でテロが頻発している。日本に暮らす私たちも、テロと決して無縁ではない。民放テレビ局で警視庁担当記者を務めた著者が、テロ捜査の最前線を描く。

978-4-334-04315-5

910
小説の言葉尻をとらえてみた
飯間浩明

小説の筋を追っていくだけでなく、ことばにこだわってみるのも楽しい。『三省堂国語辞典』編集委員のガイドで、物語の中で語られることばの魅力に迫っていく、異色の小説探検。

978-4-334-04316-2

911
炭水化物が人類を滅ぼす【最終解答編】
植物vs.ヒトの全人類史
夏井睦

前作で未解決だった諸問題や、「糖質セイゲニストの立場から生命史・人類史を読み直す」という新たな試みに挑む。19世紀的知識の呪縛とシアノバクテリアの支配から人生を取り戻す。

978-4-334-04317-9

912
労働者階級の反乱
地べたから見た英国EU離脱
ブレイディみかこ

トランプ現象とブレグジットは似て非なるものだった！　英国在住、労働者のど真ん中から発信を続ける保育士兼ライターが、常に一歩先を行く国の労働者達の歴史と現状を伝える。

978-4-334-04318-6

913
ブラック職場
過ちはなぜ繰り返されるのか？
笹山尚人

電通の社員だった高橋まつりさんの過労死事件は、私たちの社会に大きな課題を突きつけた。なぜ、ブラックな職場はなくならないのか？　豊富な事例を交え、弁護士が解決策を示す。

978-4-334-04319-3

荒木健太郎（あらきけんたろう）

雲研究者。気象庁気象研究所研究官。博士（学術）。1984年生まれ。茨城県出身。慶應義塾大学経済学部を経て気象庁気象大学校卒業。地方気象台で予報・観測業務に従事した後。現職に至る。専門は雲科学・気象学。防災・減災のために、豪雨・豪雪・竜巻などによる気象災害をもたらす雲の仕組み、雲の物理学の研究に取り組んでいる。著書に『世界でいちばん素敵な雲の教室』、『雲の中では何が起こっているのか』、『せきらんうんのいっしょう』、『ろっかのきせつ』など、監修に映画『天気の子』（新海誠監督）、『天気と気象の教科書』（Newton 別冊）、『気象のきほん』（Newton ライト）などがある。Twitter：@arakencloud、Facebook：@kentaro.araki.meteor

雲を愛する技術

2017年12月20日初版1刷発行
2019年8月30日　　4刷発行

著　者 —— 荒木健太郎
発行者 —— 田邉浩司
装　幀 —— アラン・チャン
印刷所 —— 近代美術
製本所 —— 榎本製本
発行所 —— 株式会社光文社
東京都文京区音羽1-16-6（〒112-8011）
http://www.kobunsha.com/
電　話 —— 編集部03（5395）8289　書籍販売部03（5395）8116
業務部03（5395）8125
メール —— sinsyo@kobunsha.com

 ISBN 978-4-334-04329-2

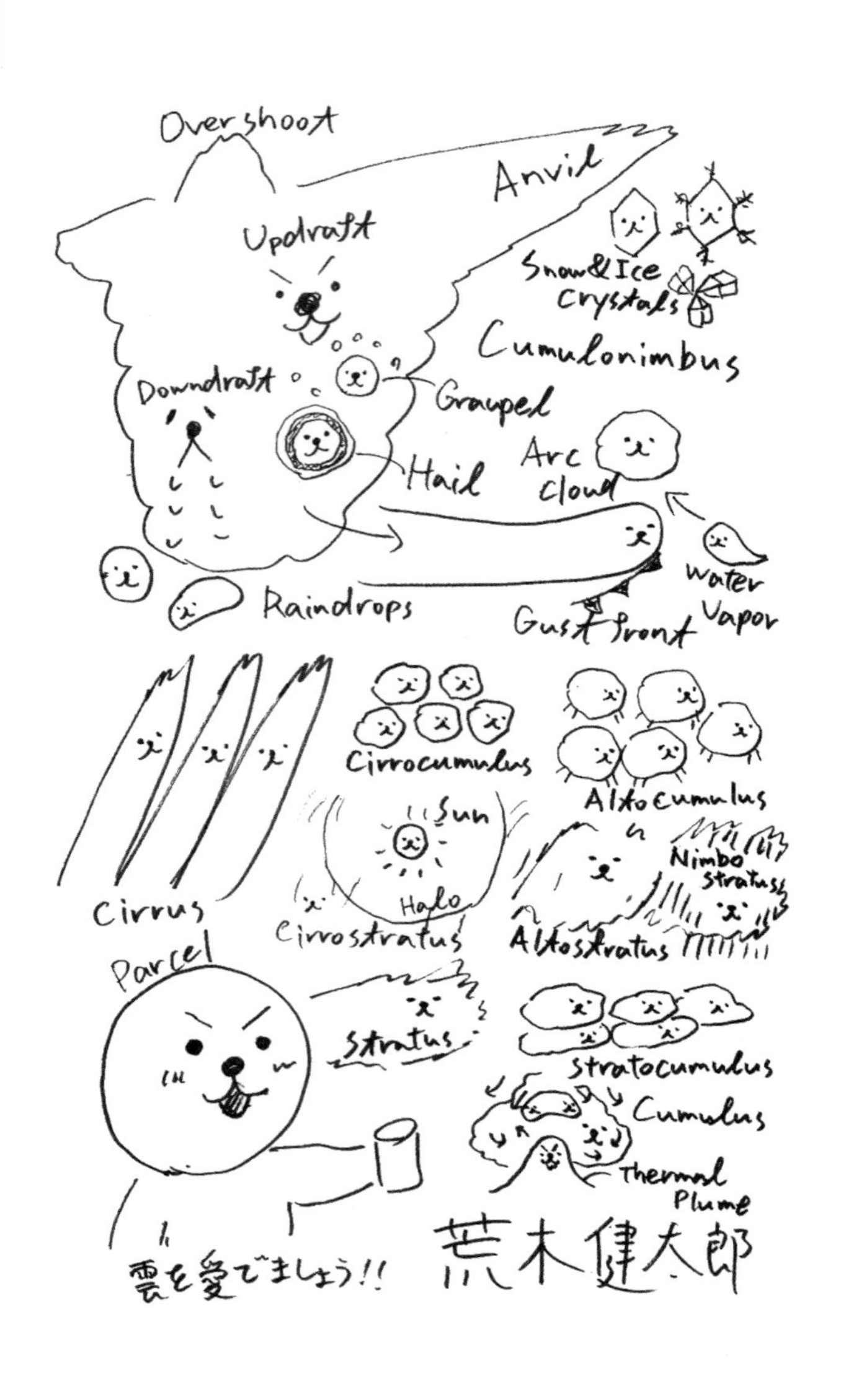
Overshoot
Anvil
Updraft
Snow&Ice crystals
Cumulonimbus
Downdraft
Graupel
Hail
Arc cloud
Water Vapor
Raindrops
Gust front
Cirrocumulus
Altocumulus
Sun
Nimbo stratus
Cirrus
Halo
Cirrostratus
Altostratus
Parcel
Stratus
Stratocumulus
Cumulus
Thermal Plume
雲を愛でましょう!!
荒木健太郎

索引

あ行

か行

さ行

た行

な行

は行

ま行

や行

ら行

わ行